KB195762

명령에 따랐을 뿐!?

명령에 따랐을 뿐!?

복종하는 뇌, 저항하는 뇌

초판 1쇄 펴낸날 2025년 1월 24일
초판 2쇄 펴낸날 2025년 1월 31일
지은이 에밀리 A. 캐스파
옮긴이 이성민
펴낸이 한성봉
편집 최창문·이종석·오시경·이동현·김선형
콘텐츠제작 안상준
디자인 최세정
마케팅 박신용·오주형·박민지·이예지
경영지원 국지연·송인경
펴낸곳 도서출판 동아시아
등록 1998년 3월 5일 제1998-000243호
주소 서울 중구 필동로8길 73 [예장동 1-42] 동아시아빌딩
페이스북 www.facebook.com/dongasiabooks
전자우편 dongasiabook@naver.com
블로그 blog.naver.com/dongasiabook
인스타그램 www.instargram.com/dongasiabook
전화 02) 757-9724, 5
팩스 02) 757-9726

ISBN 978-89-6262-642-1   03400

만든 사람들
총괄 진행 김선형
편집 전인수
교정교열 채재용
크로스 교열 안상준
디자인 페이퍼컷 장상호

명령에 따랐을 뿐!?

복 종 하 는 뇌, 저 항 하 는 뇌

에밀리 A. 캐스파 지음
EMILIE A. CASPAR

이성민 옮김

JUST FOLLOWING ORDERS

ATROCITIES AND THE BRAIN SCIENCE OF OBEDIENCE

동아시아

일러두기

1   도서는 『 』, 신문, 잡지, 저널은 《 》, 영화나 시, TV 프로그램은 〈 〉로, 논문이나 수필, 기사는 「 」
    로 표시했다.
2   전문용어는 KMLE 의학 검색 엔진과 (사)한국심리학회 심리학 용어사전을 참고했다.
3   본문의 각주는 지은이의 주이고, 옮긴이의 주일 경우 따로 표기했다.
4   독자의 이해를 돕기 위해 주요 개념이나 한글만으로 뜻을 이해하기 힘든 용어의 경우에는 원
    어를 병기했다.

#1968년　베트남 미라이 마을. 관측용 경량 헬리콥터 조종사인 휴 톰슨 주니어Hugh Thompson Jr.는 어니스트 메디나 대위가 지휘하는 제20보병연대 1대대 C중대를 도우라는 정찰 임무를 부여받았다. 그런데 마을에 진입한 미군 병사들은 곧장 70~80여 명의 민간인을 살해하고 여자들을 강간하고 오두막에 불을 질렀다. 톰슨은 헬리콥터를 타고 앞뒤로 정찰하다가 아이들을 포함해 수많은 시체가 널려 있는 것을 보았다. 아직 살아 있는 민간인에게 병사들이 접근하자 놀란 그는 헬리콥터를 중간에 착륙시켰다. 그리고 1소대 지휘자인 윌리엄 캘리 소위에게 따졌다.

"소위님! 지금 무슨 짓을 하는 거죠?"

"당신이 신경 쓸 일이 아니야."

"이게 뭐죠? 이 사람들은 다 뭡니까?"

"그냥 명령을 따랐을 뿐이야."

"명령이라고요? 누구의 명령을요! 이들도 인간이고 무장도 안 한 민간인이란 말입니다!"

이들이 말하는 사이 캘리의 부대원인 미첼 병장이 뒤쪽의 민간인을 모조리 쏘아 죽였다. 톰슨은 자신의 헬리콥터 승무원에게 병사들이 민간인을 다시 쏘면 그 병사를 사살하라고 명령했다. 그리고 그렇게 생긴 대치 상황을 이용해 톰슨은 베트남 민간인들을 숨기려 사방으로 뛰어다녔다.

#1944년 9월　노르망디 상륙작전이 성공한 후 연합군은 르아브르 항구를 포위했다. 히틀러는 최후의 한 사람까지 항복하지 말고 도시를 방어하라는 명령을 내린 상태였다. 왕립기갑군단 소속 윌리엄 더글러스 홈William Douglas Home 중위는 연락장교로 근무 중이었다. 폭격 둘째 날 그는 연합군이 도시를 공중 폭격하기 전에 민간인만이라도 대피하게 해달라는 독일군의 요청을 거절한 것을 알게 되었다. 이에 더글러스 중위는 공격에 참여하기를 거부했다. 도덕적으로 받아들일 수 없는 결정이라는 이유였다.

총 2,000명이 넘는 프랑스 민간인과 19명의 독일군이 죽고 난 뒤 그는 군법회의에 넘겨졌다. 2시간의 재판 후 더글러스 중위는 **명령에 불복종했다**는 죄목으로 유죄판결을 받고 1년간의 중노동형을 선고받았다.

하지만 이 사건이 영국의 한 신문에 알려지자 연합군은 칼레 포위 작전에서는 시민들에게 대피할 시간을 주었고 수많은 사람이 목숨을 구했다.

#1962년　안병하 경무관은 육사 8기 출신으로서 총경 특채로 경찰의 길을 걷게 되었다. 1971년에는 경무관에 승진했고 1979년에는 전남 경찰국장에 임명되었다. 그리고 바로 다음 해 광주에서 5·18 민주화운동이 일어났다. 그는 부하들에게 "절대 희생자가 생기지 않도록 하라. 일반 시민의 피해가 없도록 하라, 경찰봉 사용에 유의하라"라는 지시를 내렸다.

시민군이 전남도청에 진입한 후에는 상부의 **발포 명령을 거부하며** "상대는 우리가 생명과 재산을 보호해야 할 시민인데 경찰이 어떻게 총을 들 수 있느냐"라고 말했다. 5월 27일 그는 직무유기 및 지휘포기 혐의로 체포되었고 혹독한 고문을 받고 직위도 해제되었다. 하지만 2005년 명예가 회복되고 국가 유공자로 인정받았으며 국립묘지에 안장되었다.

앞의 세 가지 이야기는 부당한 명령을 받았을 때 그것에 거부하거나 항의하는 역사적 사례를 옮긴이가 찾아본 것이다. 손으로 꼽을 정도로 적다. 명령을 거부하는 예는 명령을 받아들인 수많은 예에 가려져 독특한 사건이 된다. 그렇게 받아들여진 명령으로 콩고, 아르메니아, 유대인 집단수용소, 난징, 르완다, 킬링필드, 보스니아 등에서 각각 인간이 인간을 수천~수백만 명씩 대량학살했다.

자연스레 온갖 의문과 질문이 따라온다. "그토록 따뜻하고 이성적인 사람이 인간을 죽이라는 명령에 어떻게 그리 쉽게 복종했을까?", "집단학살을 유발하는 사회적, 정치적, 문화적 환경으로는 무엇이 있을까?", "명령을 수행할 때 우리의 책임감은 어떤 식으로 변화할까?", "어느 뇌 영역이 이 일을 담당해 신경 활동의 변화를 보이는가? 그리고 그 진화적 기원은 무엇인가?", "세대를 통해 이어지는 복수와 갈등은 어떤 신경학적 기원이 있는가?" 등등.

꼬리를 물고 이어지는 질문에 이 책이 답을 한다.

저자인 에밀리 A. 캐스파 박사는 사회신경과학과 인지신경과학을 전문으로 하는 학자로서 이렇게 인류 역사를 점철하고 있는 집단학살의 배경이 되는 심리와 신경과학을 연구했다. 그 과정에서 명령 복종과 명령 거부는 주된 실험 주제였고, 가해자와 피해자 대상의 각종 인터뷰와 실험실 실험을 통해 명령을 받았을 때 우리 뇌에서 일어나는 책임감과 죄책감, 공감, 수치심 등의 작용기전을 탐구했다. 특히 뇌파검사와 fMRI 같은 방법으로 실시간으로 뇌 영역에서 변화하는 모습을 실험한 것이 인상적이다.

저자는 학문적 현상탐구에 그치지 않고 제6장에서는 이러한 전쟁과 갈등이 가져오는 트라우마의 폐해를 지적하고 제7장에서는 역사 속의 구조자를 찾아보며 향후 인간이 정당한 불복종을 할 수 있게 하는 신경과학적 접근을 다룬다. 특히 부당한 명령이나 상황에 복종하거나 거부해야 하는 일이 군대뿐만 아니라 회사나 학교 등 사회 모든 곳에서 나타나는 현상이라는 점에서 이 책은 커다란 확장성을 보여준다.

우연하게도 그리고 슬프게도 책의 번역을 마칠 때쯤 대통령이 계엄을 선포했고 TV에서는 각각 명령을 대하는 다른 식의 자세를 보여준 두 명의 인물이 나타났다.

한 명은 법무부 감찰관으로 계엄 상황에서 비상소집이 있을 때 법무부 장관에게 "이 회의가 혹시 계엄과 관련한 회의입니까? 그렇다면 계엄과 관련한 **불법적인 명령과 지시는 따를 수 없습니다**"라고 하며 사표를 쓰고 회의실을 나갔다. 그 뒤 여러 방송 인터뷰에서 "출발 자체가 위법한 명령이라면 그 뒷부분이 통상적인 공무원 업무라도 그것을 따르는 것은 아우슈비츠 가스실의 간수와 같은 입장이 되는 것입니다"라고 의견을 피력했다.

다른 한 명은 계엄의 주요 지휘관으로 "맞고 틀리고를 떠나 위기 상황에 군인은 **명령을 따라야 한다고 생각합니다**", "명령을 받고 이행해야 한다는 의무감과 이로 인해 빚어질 결과 사이에서 심각하게 고민했으나 결국 군인으로서 명령을 따랐습니다"라고 말했다.

책의 저자가 말한, 명령에 대한 인간의 두 반응인 복종과 저항을 직관하고 있다는 현실감이 들었다. 덧붙여 안도감을 준 뉴스도 있었다. 저자는 벨기에에서 온갖 실험 환경을 조절해 3.66퍼센트에 불과한 친사회적 불복종의 비율을 올려보려 노력했지만 쉽지 않았다고 말했는데, 그에 비해 계엄임에도 시민이 다치지 않게 조심하는 군인, 죄송하다며 머리 숙이는 군인, 태업으로 부당한 명령에 불복종하려는 수많은 우리나라 군인의 비율을 보고 희망을 얻었기 때문이다.

이 책이 이러한 성숙함을 키우고 책임과 관련한 뇌 수준 작용의 이해를 도와, 건강한 책임감과 공감이 넘치는 사회가 되는 데 이바지하길 기대한다.

몇 년 전만 해도 누군가 나에게 "당신은 서른세 살에 르완다와 캄보디아에서 집단학살 가해자들과 대화하고 실험하고 인터뷰하며 신경과학 경력을 쌓고 있을 겁니다"라고 말했다면, 절대 믿지 않았을 것이다. 어떤 기회를 맞닥뜨린 대로 받아들이다 보면, 인생이 어디로 흘렀는지 되돌아보는 것은 매우 흥미로운 일이다. 이 책에 등장하는 군인이나 집단학살 가해자 등 특정 인구 집단을 대상으로 수행한 대부분의 연구는 대체로 적절한 사람들을 우연히 만난 결과였을 뿐, 당시 내 경력 과정에서 계획한 것이 아니었다.

　사실 예전부터 나는 줄곧 범죄 행동에 관심이 있었고 사람들이 왜 다른 사람들에게 폭력적인 행동을 하기로 결정하는지 이해하고 싶었다. 이러한 탐구를 목적으로 신경과학 박사 학위를 준비하는 동안 벨기에의 브뤼셀자유대학교Université libre de Bruxelles에서 2년간 법과학과 법정신의학 과정을 이수했다. 법정신의학은 잔혹행위를 저지른 사람, 때로는 매우 사이코패스적이거나 자기애적 성격 특성이 강한 개인을 연구하는 데 통찰력을 제공했기 때문에 내게 깊은 관심을 불러일으켰다. 하지만 나에게 직접 그런 연구를 할 기회가 생기리라고는 전혀 예상하지 못했다. 더군다나 내 연구 관심사로 인해 르완다나 캄보디아로 갈 것이라고는 생각지도 못했다.

그 일은 2016년에 시작되었다. 당시 나는 영향력 있는 과학 저널에 '명령에 따르는 것이 뇌 기능에 어떤 영향을 미치는지'를 알아보는 획기적인 연구를 발표했다. 사람들에게 서로 전기 충격을 주라고 명령한 뒤, 그들이 명령을 얼마나 자주 따르는지 알아보고 뇌에서 무슨 일이 일어나는지 살펴보는 실험 연구였다. 연구는 전 세계 언론의 큰 관심을 받았고 수많은 인터뷰가 이어졌다. 《BBC 퓨처》의 기자와 나눈 인터뷰에서는 내 연구와 부당한 권위에 맞서기 위해 필요한 것을 이야기했다. 더불어 복종을 이유로 잔혹행위가 저질러지는 것을 예방하기 위해 개인의 책임감을 강화하는 프로그램을 개발하고 싶다는 과학적 포부도 언급했다. 다음은 그 포부의 스포일러니까 주의하라! 불행히도 나는 아직 성공과는 거리가 멀지만, 여전히 희망을 가지고 있다. 그리고 그때는 몰랐지만, 이 인터뷰가 예상치 못하게 내 커리어에 긍정적인 영향을 미치게 됐다.

현장 조사를 한다는 아이디어는 실제로 2018년 BBC 인터뷰 이후에 떠올랐다. 어느날 조르주 바이스Georges Weiss에게서 이메일을 받았다. 그는 비영리 단체인 라디오 라 베네볼렌치야 인도주의 지원 도구 재단Radio La Benevolencija Humanitarian Tool Foundation의 이사였다. 라디오 라 베네볼렌치야는 라디오 연속극과 교육 프로그램을 개발하는 네덜란드 NGO로, 취약한 사회의 시민들이 혐오 발언과 폭력 선동을 인식하고 이에 저항할 수 있도록 돕는 것을 목표로 한다. 조르주는 그 인터뷰를 읽고 우리가 강력한 인도주의적 가치와 이념을 공유한다고 생각해 나에게 연락한 것이었다. 라디오 라 베네볼렌치야의 본사는 암스테르담에 있었고, 당시 나는 네덜란드신경과학연구소the Netherlands Institute for Neuroscience에서 박사후연구원으로 재직하고 있었다. 그래서 우리는 곧장 만나 핫초콜릿(나)과 커피(그)를 마셨다.

　르완다에서는 라디오 라 베네볼렌치야가 전국적으로 방송되는 라디오 프로그램인 〈무세케웨야Musekeweya〉('새로운 새벽'이라는 뜻)를 제작한 것으로 유명하다. 이 프로그램의 메시지는 매사추세츠대학교의 심리학과 명예교수이자 집단학살과 기타 집단 폭력의 기원에 관한 책을 쓴 어빈 스타우브Ervin Staub의 학문적 연구에 기반을 두었다. 〈무세케웨야〉는 르완다의 두 마을 주민들의 이야기를 다룬 라디오 드라마다. 두 마을은 습지를 사이에 두고 각각 맞은편 언덕에 자리 잡고 있다. 쓸 만한 토지가 부족했기 때문에 두 마을 간의 분쟁은 수년에 걸쳐 심화되었다. 분쟁은 두 마을의 민족적 정체성이 서로 다르다는 이유로 갈수록 심각해졌다. 〈무세케웨야〉는 각 마을의 다양한 인물들의 이야기를 보여줌으로써 집단 폭력이 어떻게 악화될 수 있었는지 설명하고, 이를 적극적으로 예방하는 방법을 알려주고자 했다.

　조르주는 르완다를 포함한 여러 지역에서 집단 갈등을 줄이기 위한 개입 방안을 테스트하는 데 협력할 과학자를 찾고 있다고 말했다. 이 방식이 특히 흥미로웠던 것은 이해관계자들이 신경과학자들과 협력하여 자신들의 개입 효과를 검증하려는 시도가 그리 흔하지 않기 때문이다.

　그가 르완다와 집단학살을 이야기했을 때 내 가슴은 두근거리기 시작했다. 이미 복종이 인지 작용에 어떤 영향을 미치는지 연구 중이었지만, 비교적 최근에 집단학살이 일어난 나라에 가는 일은 전혀 생각해 본 적이 없었다. 그 시점에 나는 실제 가해자를 만나는 것은 아직 고려하지 않았고, 대신 제한적인 경험을 가진 대학생들에게만 초점을 맞춰 복종의 재앙적인 결과를 연구하고 있었다. 이 책의 뒷부분에서 설명하겠지만 신경과학에서는 우리가 다른 국가나 다른 환경에서 모집단을 모집할 수 있다는 사실을 실제로 배우지 않는다. 그동안 우리가 받은 교육이나 우리가 읽은 대부분의 과학 논문은 주로 대학생을 대상으로 한 연구였다. 다르게 생각하려면 기존의 틀에서 벗어나 미지의 세계로 들어가야 한다.

조르주를 만난 후 나는 복종 문제를 연구하기 위해 르완다로 가기로 했다. 여러 해 동안 많은 동료가 나에게 르완다에서 이런 신경과학 프로젝트를 수행하는 것이 실제로 가능하다고 생각하는지, 그들 말로 표현하자면 '좋은 생각'이라고 여기는지 물었다. 이전에 아무도 이런 일을 한 적이 없었기 때문이다. 솔직히 말해서 내 대답은 잘 기억나지 않는다. 그 아이디어를 생각해 낸 순간과 실행한 순간 사이에 일종의 '블랙홀'이 있었기 때문이다. 하지만 결과적으로 기회를 잡은 것이 믿을 수 없을 정도로 과학적이면서 인간적인 모험이 됐으므로 나는 그 결정을 전혀 후회하지 않는다.

특히, 내가 이 책에서 제시하는 연구는 실험실과 현장에서 수행되었으며, 명령에 따르는 것이 인지 작용에 어떤 영향을 미치는지, 그에 따라 어떻게 다른 사람에게 폭력 행위를 저지를 수 있는지에 대해 우리에게 필요한 새로운 관점을 보여준다.

나는 이전 학자들처럼 실험실에서 명령에 따라 '폭력'이 발생하는 모습을 관찰했는데 그 결과는 놀라웠다. 지난 8년 동안 나는 다른 사람에게 실제 고통을 주는 전기 충격을 가하라는 명령을 4만 5,000건이나 내렸다. 그중 약 1,340건의 명령만이 거부되었다(대략 2.97퍼센트). 다시 말해 1,500명 중 약 44명만이 다른 사람에게 해를 가하라는 명령을 거부했다. 물론 그들도 지시받은 모든 명령을 거부한 것은 아니다.

훗날 각종 언론이 다루게 되는 이 복종에 대한 실험을 설계하고 연구를 시작할 당시에는 다른 사람에게 진짜로 고통스러운 충격을 가하는 데 아무도 동의하지 않으리라고 생각했다. 특히 충격당 0.05유로 정도의 금전적 보상밖에 없다면 더욱 그러리라 믿었다. 게다가 내가 검사한 사람들 대부분은 1960~1970년대에 파괴적인 복종을 연구한 사회심리학 분야의 유명한 과학자 스탠리 밀그램Stanley Milgram의 실험을 알고 있었다. 그렇다면 왜 그들은 다른 사람에게 실제로 신체적 고통을 가하라는 명령에 복종했을까?

인간이 명령에 복종하는 능력, 심지어 끔찍한 명령까지도 따르는 능력은 더 이상 증명할 필요가 없다. 하워드 진Howard Zinn은 1997년에 출간된 그의 책에서 "역사적으로 전쟁, 집단학살, 노예제도 같은 가장 끔찍한 일들은 불복종 때문에 생긴 것이 아니라 복종 때문에 일어났다"라는 유명한 말을 했다.[*] 많은 사회는 위계질서가 있는 시스템을 바탕으로 한다. 인간은 엄격한 조직 속에 살며 사회의 대표자가 요구하는 규칙을 시민들이 따르는데, 만일 그러한 조직이 없었다면 이렇게 높은 수준의 연결망과 상호작용을 이룰 수 없었을 것이다. 그러나 복종의 어두운 측면은 사회가 인구 집단 전체를 말살할 수 있는 능력을 갖추게 된다는 것이다. 비극적이고 안타까운 사례로는 나치의 집단학살(1939~1945)이 유명하다. 당시 나치는 수백만 명의 유대인과 기타 소수 민족뿐만 아니라 동성애자, 집시, 공산주의자, 장애인 등 자신들이 배제해야 한다고 여겼던 사람들을 몰살시켰다. 또 다른 예로는 폴 포트Pol Pot가 이끈 크메르루주Khmer Rouge 군대가 1975년부터 1979년 사이에 자신의 가치와 정치적 이상에 반대하거나 적

---

[*] H. Zinn. *The Zinn Reader: Writings on Disobedience and Democracy*. (Seven Stories Press, 1997), p. 420.

대시하는 캄보디아 시민 170만~220만 명을 몰살시킨 것을 들 수 있다.

하지만 이러한 사례가 집단학살 전쟁 중에 명령을 받은 군인들에게서만 발견되는 것은 아니다. 수많은 역사적 사건을 통해 민간인 역시 권위자의 지시를 따르며 다른 집단에 잔혹한 행위를 저지를 수 있다는 사실이 드러났다. 예를 들어 1994년 르완다에서 투치족에 대한 집단학살이 일어났을 때 많은 민간인이 인테라함웨Interahamwe 민병대에 가담했는데, 후투족 민병대는 이전에 사람을 죽인 적이 없던 사람들이었음에도 종종 투치족 집단학살에 책임이 있는 것으로 드러났다.

그렇다면 어떻게 이러한 끔찍한 사건들을 성공적으로 도모할 수 있었을까? 그리고 그러한 폭력을 조직한 자들은 어떻게 민간인을 설득해 그 행위에 참여하게 했을까?

이 책의 주요 목표는 바로 이와 같은 '어떻게'라는 질문에 답하는 것이다. 각 장에서 르완다와 캄보디아의 과거 가해자들과 진행한 심층 인터뷰를 비롯해 심리학과 신경과학의 실험 연구를 철저히 파헤칠 것이다.

처음에 나는 이 책을 '의인들Righteous'에게 바치고자 했다. 여기서 의인들이란 집단학살 중에 선전에 저항하고 말살 위협에 직면한 인간들을 구한 자들이다. 그러나 이 책을 그저 의인들에게만 바치면 전달하려는 더 큰 메시지를 놓치게 될 것이다. 전 세계적으로 많은 구조자가 의인으로 인정받기 전에 죽었다. 어떤 사람들은 자신의 영웅적 행동에 대한 어떤 공로도 인정받기를 거부해서 공식적으로 인정받지 못했다. 게다가 공식적인 지위 없이도, 그리고 집단학살 외의 상황에서도 여러 용감한 행동을 한 사람들이 세계 곳곳에 존재한다. 부도덕한 명령에 저항하는 것은 집단학살 같은 극단적인 상황에서뿐만 아니라 일상적인 행동에서도 중요하다. 예를 들어

직원을 고용할 때 차별을 두라는 상사의 압력에 저항하거나, 괴롭힘이나 희롱 또는 차별 행위의 피해자를 보호하기 위해 목소리를 내고 개입하는 것도 용감한 저항의 예다.

그러므로 어떤 상황에서든 부도덕한 명령을 거부했고, 그 결정으로 인한 결과를 감수하면서도 자신의 선택을 지킨 모든 이들에게 이 책을 바친다. 세계 각지에서 고통받는 사람들이 꾸준히 보내준 다양한 고민와 질문을 떠올리며, 이 책이 여러분에게 영감과 해답을 제공하는 원천이 되기를 바란다.

명령에 따랐을 뿐!?

서론: 집단학살을 예방하려면 이해가 필요하다 022

1 집단학살 가해자들의 말 들어보기 062

2 복종에 관한 실험 연구의 간략한 역사

3 우리는 어떻게 우리 행동에 주인의식과 책임감을 가지는 것일까?

4 복종할 때의 도덕적 감정 188

5 명령을 내릴 때 명령자의 뇌 속에서는 236

JUST FOLLOWING ORDERS

서론: 집단학살을 예방하려면

이해가 필요하다

2023년 1월과 2월에 나는 캄보디아 바탐방국립대학교National University of Battambang에 있었다. 시내 중심가에서 그리 멀지 않은 작은 호텔에 머물렀는데 그곳 직원 중 한 명은 10년 전부터 캄보디아에 머물던 프랑스 이민자였다. 그는 캄보디아 여성과 결혼해 자녀를 두었고 크메르어를 유창하게 구사했다.

어느 날 그가 한 말이 강하게 뇌리에 남아 있다. 그는 1975년과 1979년 사이에 일어난 캄보디아 대량학살을 언급하면서 "이 사람들은 본성적으로 매우 친절하고 착합니다. 이 착한 사람들이 어떻게 그렇게 서로를 죽이기 시작했는지 설명할 길이 있나요?"라고 말했다.

바로 이 질문을 조사하면서 나는 많은 사람이 그저 명령을 따랐을 뿐이라고 대답하리라는 것을 알게 됐다.

전 세계적으로 '나는 그저 명령을 따랐을 뿐이다was just following orders'

라는 표현은 사람들이 '나쁘다,' '부도덕하다,' '불법적이다'라고 할 수 있는 행동을 정당화하는 데 거의 모든 맥락에서 사용된다. 나는 이 간단한 문장을 너무 자주 들어서 마치 머릿속에서 끊임없이 반복되는 합창처럼 느껴질 정도다.

실제로 '그저 명령을 따랐을 뿐'이라는 주장은 역사적으로 서로 다른 국가, 대륙, 그리고 매우 다양한 문화권에서 벌어진 전쟁과 집단학살에서 반복적으로 사용되었다. 이 같은 변명이 시간과 장소를 불문하고 일관되게 사용되는 이유는 무엇일까? 이는 가해자의 뇌에서 나타나는 근본적인 신경 메커니즘을 부분적으로나마 반영하고 있는 것은 아닐까? 다시 말해 우리 인류가 공통적으로 가지고 있을 수 있는, 자신을 인식하는 방식의 본질적 인지 구조를 의미하는 것은 아닐까? 더 나아가 명령에 복종하는 것이 우리가 타인에게 해를 끼치지 않으려는 본능적인 혐오감을 변화시키는 것은 아닐까? 진화론적 관점에서 보면 이런 발견은 의미가 있을 것이다. 결국 규칙을 따르는 것은 고도로 사회화된 동물의 축복이자 '저주'이기도 하다. 덕분에 우리는 많은 장애물을 극복할 수 있었지만 동시에 잔혹 행위를 저지를 수 있게 되었다.

인간의 행동은 연구하고 이해하기 매우 복잡하며, 생물학적 요인과 유전적 요인에서부터 사회적, 경제적, 문화적, 역사적 요인에 이르기까지 수많은 요인의 영향을 받을 수 있다. 이러한 복잡성은 집단학살 같은 현상에도 확실히 해당된다.

집단학살은 어느 날 갑자기 일어나지 않는다. 여러 해 동안 일어난 수많은 사건과 상황, 그리고 개인적인 결정의 결과로 발생한다. 예를 들어 르완다의 대량학살은 과거와 현재의 민족적 긴장이 경제적 어려움과 정치적 불안정으로 꾸준히 악화된 상황에서 발생했다. 르완다의 식민 통치 기간 동안, 독일과 그 후 벨기에의 지배하에서 투치족(소수 민족)은 식민지 정책의 혜택을 받는 경우가 많아서 후투족(다수 민족)이나 다른 종족에 비해 경제적 자원과 훌륭한 일자리, 그리고 교육 기회에 훨씬 쉽게 접근할 수 있었다. 르완다가 1962년에 독립을 쟁취했을 때 후투족이 지도자가 되었고, 그들은 투치족을 모든 위기의 원인으로 자주 묘사했다. 1993년에는 정부의 지원을 받는 《RTLM Radio Télévision Libre des Milles Collines(천 개 언덕의 자유 라디오와 텔레비전이라는 뜻)》이 투치족에 대한 증오 선전 메시지를 방송하고 그들을 비인간화하기 시작했다. 투치족이 후투족을 죽이고 나라를 점령할 계획이라고 보도했다. 1994년 4월, 비행기 추락 사고로 정부의 후투족 지도자인 하비아리마나Habyarimana 대통령이 사망하자 투치족이 그 원인으로 지목되었고, 집단학살이 시작되었다. 투치족은 단 3개월 만에 약 50만 명에서 60만 명이 살해되었다.[1]

캄보디아에서도 크메르루주 이념을 따르지 않는 사람들에게 비슷한 양상이 나타났다. 1975년 캄보디아에서 살로스 사르Saloth Sâr(폴 포트Pol Pot라는 이름으로 더 잘 알려져 있다)와 크메르루주는 공산주의 이념의 영향을 받아 계급 없는 농업 사회를 만들겠다는 의지로 집권했다. 사건은 내전과 베트남전쟁 이후 수년간의 불안정한 상황에 이어 발생했다. 크메르루주는 캄보디아 사회를 급진적으로 재편하기 시작했다. 그들은 도시 사람들을 농부로 일하도록 강요하고 가족을 흩어놓았다. 지도자들의 계획에 따라, 온 나라가 1년에 3톤의 쌀을 생산해야 하는 거대한 논으로 바뀌었다. 농업의 완전 집단화를 추진했던 중국의 전 주석 마오쩌둥Mao Zedong이 실시했던 '대약진Great Leap Forward' 운동에서 영감을 받은 계획이었다. 크메르루주의 새로운 사회에서는 개인마다 성별과 나이에 따른 역할이 주어졌다. 반대파와 (때로는 단순히 안경을 쓴) 지식인 들은 살해되거나 재교육을 받았다[*]. 불평하거나, 정해진 만큼 일하지 않거나, 강제 결혼을 거부하거나, 쌀을 충분히 생산하지 못하거나, 모임을 갖거나, 반란을 일으키거나, (사실 여부와 상관없이) 반역자로 고발된 사람은 모두 고문당하거나 살해당했다. 전국 곳곳에 무덤이 무더기로 생겨났다. 4년 만에 캄보디아 인구의 4분의 1이 크메르루주에 의해 살해당하거나 기아나 질병으로 사망했다. 이른바 이와 같은 '자가집단학살auto-genocide'은 1979년 베트남군이 캄보디아를 점령하면서 끝났다.

나치의 집단학살 또한 오랜 기간 지속된 불안정의 여파로 일어났으며, 이 불안정의 책임이 일부 특정 집단에 전가되었다. 이미 전쟁으로 큰 충격을 받았던 독일 국민은 제1차 세계대전의 종식으로 더욱 불안한 상황에 빠졌다. 베르사유조약The Treaty of Versailles(1919년 6월 28일)으로 맺은 평화 협정은 독일 경제에 엄청난 영향을 미쳤다. 조약에 따라 독일은 무장을 해제하고, 영토를 잃고, 여러 국가에 배상금을 내야 했다. 이 배상 비용을 2022년 가치로 환산하면 4420억 달러(한화로 약 574조 6000억 원)에 달할 것으로 추산된다. 독일 국민은 굶주림과 절망에 빠져 있었으며, 이 때문에 아돌프 히틀러Adolf Hitler와 국가사회주의독일노동자당National Socialist

---

[*] 크메르루주 정권 당시 "안경 쓴 사람은 살해당했다"라는 말을 자주 들을 수 있다. 그러나 단순히 안경을 착용했다고 해서 전부 사형을 당한 것은 아니었고, 그것이 크메르루주 정권의 공식적인 규칙도 아니었다는 점을 기억해야 한다.[2] 그와 같은 사건이 발생하긴 했지만, 주로 크메르루주가 지식인을 위험한 개인으로 간주해 표적으로 삼은 데 따른 결과였다. 수천 명의 사람들이 농촌 출신이 아니라는 이유로, 그저 교육을 받았거나 사회경제적 계층이 높다는 이유만으로 살해당했다. 안경을 쓴 사람은 사회적 지위가 더 높은 것으로 여겨졌고, 그 때문에 정권의 통제나 표적이 될 가능성이 더 컸다.

German Workers' Party은 대중에게 상당한 지지를 받게 되었다. 그의 정당은 국가 불안을 유대인, 집시, 신체적 또는 정신적 장애가 있는 사람들 탓으로 돌렸다. 현대적이고 교육 수준이 높은 사회였지만 나치 지도자들은 '부적합자'들을 반드시 '말살'해야 한다고 대중을 설득시키는 데 성공했다.

앞에서 언급한 세 가지 예는 매우 복잡한 상황을 단순화해서 요약한 것으로, 각 상황을 완전히 이해하려면 책 한 권만으로는 부족하다. 단일 학문 분야만으로는 이런 현상이 어떻게 그리고 왜 발생하며, 왜 특정한 방식으로 전개되는지를 설명할 수 없다. 학제 간 과학적 접근이 필요하다. 예를 들어 심리학은 개인의 특성과 정신 건강에 초점을 맞출 수 있다. 역사학은 과거의 집단 갈등을 탐구할 수 있다. 정치학은 국가의 정치 상황을 살펴볼 수 있다. 사회학은 집단과 사회 환경을 조사할 수 있다. 인류학은 특정 집단이 왜 표적이 되는지 이해하는 데 도움을 줄 수 있다.

그리고 이 책의 주요 초점인 뇌과학에서는 뇌의 구조와 기능을 연구할 수 있다.

따라서 집단학살과 집단 잔혹행위가 어떻게 발생할 수 있는지 이해하려는 시도는 엄청나게 복잡한 일이다. 한편, 즉각적인 고문이나 죽음과 같은 신체적 위협에 처한 상황은 타인을 죽이라는 명령에 복종했을 때 '정상 참작 사유mitigating circumstance'가 된다는 점을 우리는 일반적으로 인정해 왔다.* 하지만 분명 그러한 위협 없이도 대량학살에 가담한 사례는 존재한다. 전쟁과 집단학살에는 수천, 수만 명의 개인이 가담하며, 그들의

---

* International Military Tribunal at Nuremberg, No. 21948 - 04 - 09, "The Einsatzgruppen Case, Case No. 9, United States v. Ohlendorf et al., *Opinion and Judgment and Sentence*" (1948), 480, accessed June 8, 2016.

집단적, 개인적 행동을 설명하는 데는 수많은 요소가 얽혀 있다. 과학자로서의 우리의 역할은 이러한 파괴 행위로 이어지는 과정을 규명하는 것이다.

책의 후반부에서 좀 더 자세히 살펴보겠지만, 가장 중요한 것은 집단 잔혹행위를 설명하는 요인들을 이해하고 연구하는 것이 가해자의 행동을 정당화하거나 개인의 책임을 경감시키는 것은 아니라는 점이다.

복종에 따라 잔혹행위를 실행하는 것과 관련된 신경 메커니즘을 파악하는 일은 아직 갈 길이 멀다. 그럼에도 맹목적인 복종을 막기 위한 효과적인 개입 방안을 개발한다는 희망 섞인 잠재력을 가지고 있다. 하지만 안타깝게도 신경 수준의 연구, 즉 특정 행동을 예방하거나 촉진시키기 위한 개입이 계획될 때의 연구는 최근 신경마케팅neuromarketing 같은 몇몇 학문을 제외하고는 거의 고려된 적이 없다. 다시 말하면, 설사 개입의 결과로 변화가 일부 관찰되었다 하더라도, 그러한 변화가 어떻게 발생했는지 누구도 정확히 알 수 없을 뿐 아니라, 더 큰 행동 변화를 일으키려면 개입의 어떤 측면을 더 강조해야 하는지 알 수 없다는 뜻이다.

현대 사회에서 신경마케팅은 이런 일반화의 유일한 예외라고 할 수 있다. 소비자 행동은 설문조사로 감지할 수 없는 잠재 의식적 동기에 의해 결정된다고 폭넓게 가정한다. 따라서 이 분야에서는 뇌 스캐닝이나 생리학적 추적 같은 좀 더 객관적인 방법을 사용한다. 신경마케팅이 사람들의 행동에 효과적으로 영향을 미친다는 것은 확실하게 입증되었다. 따라서 타인에게 해를 끼치는 사람들의 유해한 행동을 바꾸려 할 때 신경 기반 개입이 도움이 될 수 있다는 것은 당연한 이치다.

그러나 복종의 경우 여전히 다음과 같은 의문이 남는다. 이러한 개입이 공감과 연민을 목표로 삼아야 할지, 아니면 개인의 행동에 대한 책임감을 강화하는 데 초점을 맞춰야 할지, 그 외 다른 메커니즘을 목표로 해야 할지 말이다. 좀 더 객관적이고 정확한 방법을 통해, 복종 상황에서 우리 뇌가 정보를 어떻게 처리하는지 이해한다면, 사람들이 맹목적인 복종에 저항할 수 있는 전략을 발견할 수 있을지도 모른다.

신경과학의 역할

사람들은 전쟁이나 비극적인 상황에서 자신이나 가족에게 무슨 일이 일어났는지 답을 찾고자 나에게 연락을 하곤 한다. 이들은 자신들이 견뎌야 했던 고통을 신경과학적으로 설명받고자 하는 것이다. 치유 과정에서 답을 찾는 것은 분명 중요하다. 하지만 안타깝게도 답은 간단하지 않다. 학자들은 잔혹한 행위가 저질러진 방법과 이유를 설명하기 위해, 여러 생물학적, 사회적, 문화적, 역사적 요인을 탐구해 왔다. 비록 신경과학은 최근에야 이 문제를 다루기 시작했지만, 탐구의 빈 곳을 메워줄 새로운 정보가 되어줄 가능성이 있다. 따라서 이 책의 목적은 복종과 폭력 행사와 관련해 뇌의 구조와 기능을 살펴봄으로써 새로운 요소를 이 논의에 추가하는 것이다.

한 가지 짚고 넘어갈 것은 신경과학이 집단학살이나 기타 대규모 잔혹행위를 이해하는 데 기적의 해결책을 제시하는 것은 아니라는 점이다. 앞서 언급했듯이 단일 학문 분야만으로는 그렇게 광범위하고 복잡한 질문에 답을 내놓을 수 없다. 하지만 이 책은 다른 사람을 해치라는 명령을 수용하고 그것에 복종한 사람의 뇌에서 무슨 일이 일어나는지 설명하며, 그들이 어떻게 그런 잔인한 행동을 저지를 수 있는지 이해하는 데 중요한 통찰력을 제공한다. 이 책은 복종에 대한 기존의 책과 과학적 연구를 넘어서, 권위에 대한 복종 때문에 생긴 부도덕한 행동을 더 깊고 개별적인 차원, 즉 신경 차원에서 이해하고자 한다.

우리가 내리는 모든 결정과 우리가 수행하는 모든 행동은 뇌에서 기원한다. 뇌는 수조 개의 뉴런으로 이루어진 복잡한 구조로, 우리의 생각, 감정, 결정, 기억, 감각을 담당하고 신체를 조절한다. 다양한 환경적 요인과 사회적 요인이 우리 뇌가 정보를 처리하고 결정을 내리는 방식에 영향을 주긴 하지만, 그럼에도 뇌는 핵심적인 처리 시스템이다. 행동을 생성하기 위해 뇌는 환경에서 수집된 정보와 과거 및 현재의 경험을 연속적으로 처리해 결정을 계산하고, 그 결정은 근육으로 전달되어 움직임을 수행하게 한다. 따라서 사람들이 명령에 복종할 때 잔혹행위를 저지를 수 있는 방식에 대해 더 완전한 이해와 관점을 얻기 위해, 신경과학은 중요한 통찰을 제공할 수 있다.

신경과학 연구에서 가장 일반적으로 사용되는 접근법은 생리학적 측정인데, 그중에서도 신경영상기술neuroimaging에 의존한다. 신경영상기술에서 가장 중요한 두 가지 차원은 공간적 해상도(어디에서 활동이 발생하는지)와 시간적 해상도(언제 활동이 발생하는지)다. 이를 통해 뇌 활동의 위치와 시간을 알 수 있다. 자기공명영상magnetic resonance imaging, MRI은 매우 우수한 공간적 해상도를 이용해 특정 관심 영역('어디서')의 해부학적 구조를 밝히는 데 사용한다. 자기공명영상은 뇌 손상이 의심될 때뿐만 아니라 의사가 발의 골절 여부를 확인하거나 신체에 종양이나 낭종, 기타 이상이 있는지 확인하고자 할 때도 사용한다. 기능적 자기공명영상functional magnetic resonance imaging, fMRI은 특히 혈액의 산소포화도를 측정하는 자기공명영상의 한 종류다. 우리가 생각하거나 말하거나 움직이면 뇌의 특정 부분이 관여하는데, 이때 그곳의 신경세포는 갑자기 더 많은 에너지를 요구한다. 이러한 국소 부위의 에너지 요구는 신경 활동 후 약 4~6초 후에 혈류를 증가시킨다. 특히 해당 영역에 있던, 산소가 풍부한 혈액이 쏠린다. 이러한 변화는 자기공명영상 스캐너에 의해 공간적으로 포착할 수 있지만, 표적 신경 활동과 혈류 증가 사이의 지연 때문에 자기공명영상 스캐너가 뇌 기능의 시간적 해상도를 제대로 알려주지는 못한다.

　여기서 뇌파검사electroencephalography, EEG와 뇌자기검사magneto-encephalography, MEG가 등장한다. 이러한 기술은 공간적 해상도는 약하지만, 뇌 기능의 시간적 역동성('언제')을 매우 잘 포착한다. 우리가 생각하거나 말하거나 움직여 신경세포 다발이 발화하면 전류가 조직과 뇌척수액, 두개골을 통해 두피로 전달된다. 두피에 전극을 부착하면 이 전류는 밀리초ms 단위의 정밀도로 기록된다. 그러나 이러한 활동의 구체적인 근원을 파악하는 것은 훨씬 어렵다. 두피가 전기 정보를 가리기 때문이다. 예를 들어 기능적 자기공명영상의 공간 해상도는 일반적으로 1~2밀리미터(때로는 그보다 작을 수도 있다)이지만, 뇌자기검사의 경우 일반적으로 약 2~3밀리미터, 뇌파검사의 경우 약 7~10밀리미터로서[3] 두 종류의 검사 사이에 수십만 개의 뇌세포 차이가 발생한다. 뇌파검사 전극을 두개골 내부의 뇌 표면에 직접 삽입하면 공간적 해상도는 좋아지지만, 이러한 방법은 동물 연구나 수술 중인 환자에게만 적용할 수 있다.

　심리생물학과 신경과학에는 안면 근전도 검사, 전기 피부 반응, 심박수 모니터링, 신경약리학, 신경 조절, 병변 연구 등 훨씬 더 많은 기술이 존재한다. 이러한 방법 중 일부는 다른 장에서 필요할 때마다 다룰 것이다. 그러나 이 책에서 언급하는 대부분의 연구는 (기능적) 자기공명영상이나 뇌파검사에 기초를 두고 있다.

이 책의 핵심 전제는 인간이 행동을 수행할 때 명령을 따를지 말지 결정하는 것은 인간 자신이라는 점이다. 특히 앞서 언급했듯이 직접적인 위협이 없을 때는 더욱 그렇다. 따라서 이 연구의 수행으로 복종에 의해 끔찍한 행동을 저지르는 이유를 설명하는 신경 메커니즘을 밝혀내는 것이 자신의 행동을 정당화하려는 사람들에게 변명이나 탈출구를 주는 것이 아니라는 점을 재차 강조한다. 비록 명령을 따르는 것이 법의 관점에서 자신의 책임을 낮추는 요소로 여겨질 수는 있어도, 명령을 따르기로 했다고 해서 가해자의 행위가 완전히 사라지지는 않는다는 점을 잊어서는 안 된다. 사실 사람들이 때로 명령에 따른다는 핑계를 대며 더 끔찍한 짓을 저지른 사례는 역사에 여러 번 있었다.

예를 들어 르완다에서 투치족에 대한 집단학살이 일어났을 때, 인류 역사상 가장 잔혹한 행위가 기록되었다. 가해자들은 단순히 다른 인간을 죽이라는 명령에 복종한 것이 아니었다. 그들은 단순히 사람을 죽이는 데 그치지 않고 상상을 초월하는 잔혹행위와 고문 행위를 저질렀다. 복종은 맹목적일 수도 있지만 종종 잔인하기도 하다. 또한 이 책에서 살펴보겠지만 역사에는 (낯선 사람일지라도) 타인을 구하려고 커다란 위험을 감수한 사람들의 사례로 가득 차 있다. 따라서 명령에 따르는 것이 유일한 선택은 아닐 수도 있다.

WEIRD가 아닌 인구 집단은 거의 만나지 않는 신경과학자들

서구적이고, 잘 교육받았으며, 산업화되고, 부유하며, 민주적인 사회 출신을 흔히 '위어드Western Educated Industrialized Rich Democratic, WEIRD'라고 부른다.

2020년, 미국의 인류학자 조지프 헨릭Joseph Henrich은 『세상에서 가장 위어드WEIRD한 사람들: 서구는 어떻게 심리적으로 독특해지고 특별히 번영하게 되었는가The WEIRDest People in the World: How the West Became Psychologically Peculiar and Particularly Prosperous』*를 출간했다.[1] 그는 위어드 출신들이 그들만의 문화와 사고방식, 행동 방식을 가지고 있고, 이것이 서기 1500년경에 서구가 세계 대부분을 정복할 수 있게 만든 요인이라는 점을 매우 자세하게 분석했다.

서구의 발전에 힘입어 중요한 과학 지식도 발전할 수 있었기에 많은 과학 분야가 위어드 중심이 되었다. 예를 들어 사회학이나 심리학에서 사용하는 설문지는 거의 모두 위어드 표본을 기반으로 개발되고 검증되었다. 설문지 내용은 위어드 교육을 받고 위어드 문화의 영향을 받은 위어드 연구자들이 썼다. 위어드 연구자들은 설문지에 그들만의 위어드 정의와 그들만의 위어드 인생관을 적었다.

신경과학도 이러한 위어드 중심주의에서 벗어나지 못했다. 그리고 신경과학 기술이 등장하면서 이러한 현상은 더욱 심해졌다. 신경과학은 수십억 원의 비용이 드는 최첨단 기술에 의존하며 오랫동안 특별한 대학 교

---

* 국내에는 2022년 21세기북스에서 『위어드』란 제목으로 출판되었다. ─옮긴이

육을 받은 사람들이 주로 사용한다. 이러한 기술은 지구상의 많은 지역에서는 이용할 수 없다. 그 결과 대부분의 위어드 연구자들은 자기가 속한 위어드 사회에서 주로 참여자를 모집하는데, 흔히 그 대상은 쉽게 접근할 수 있어서 검사가 편리한 대학생들이다. 연구자들은 이 제한된 표본을 바탕으로 인간의 뇌에 대한 결론을 도출한다.

당연히 여기에는 커다란 문제가 있다. 첫째, 위어드는 지구 인구의 대다수를 대표하지 않는다. 2008년 미국의 심리학자 제프리 아넷Jeffrey Arnett은 행동 연구 보고서의 모집 참가자 중 약 95퍼센트가 위어드 사회 출신이라고 분석했다.[5] 그러나 위어드 인구는 전 인류의 12퍼센트에 불과하다. 여기에 문제가 있다는 것은 분명하다. 요즘에는 전 세계 다수의 학회에서 신경과학 장비를 확보하고 신경과학 연구를 진행하고 있다. 예를 들어 중국이나 일본에서는 여러 신경과학자팀이 활발히 활동하고 있다. 그러나 여전히 전 세계 대다수 지역은 배제되어 있다. 한 연구진은 2016년 사회신경과학 분야의 유명 저널에 제출된 논문 중 중남미, 남아시아, 아프리카, 중동에서 제출된 논문이 3퍼센트에 불과하다고 밝혔다.[6]

둘째, 알다시피 사회적 환경은 뇌에 강력한 영향을 미칠 수 있다. 가령 신경과학의 최근 연구 결과는 다양한 인지적, 정서적, 지각적 또는 주의력 관련 작업을 수행하는 동안 사회문화적 환경이 신경 활동에 영향을 미친다는 사실을 보여준다.[7, 8] 위어드 인구 집단에서 발견된 신경심리학적 기능이 '모든 인간의 뇌'에 적용되는지, 아니면 위어드 문화에 특화된 것인지 판단하기가 어렵다는 것이다. 따라서 위어드가 아닌 인구 집단으로 연구를 확대하지 않는 것은 신경과학의 엄청난 결함이며, 이는 모든 학문 분야에 해당된다.

게다가 확실히 실험실에만 머물며 편리한 표본만을 검사하는 것으로는 집단학살 가해자와 대규모 잔혹행위의 동기를 완전히 이해하기에 충분하지 않을 것이다. 실험실 연구는 어떻게 복종이 우리의 자연스러운 혐오감을 변화시켜 타인을 해치도록 하는지를 이해하는 데 매우 중요하지만, 그러한 상황에 놓인 사람들과 이야기를 나눠본 적이 없다면 어떻게 복종에 대한 이론을 발전시킬 수 있겠는가? 사람들과 인터뷰를 통해 주관적인 경험을 알아보지 않고 어떻게 인간 행동을 완전히 이해할 수 있겠는가?

더불어 이러한 질문은 내가 신경과학 분야에서 매우 이례적으로 현장 연구를 수행하기로 결정하는 데에도 힘을 실어주었다. 나는 이제 휴대용 뇌파검사 장비와 녹음기를 가지고 전 세계를 돌아다니며 인간 행동을 더 잘 이해하기 위해 노력하고 있다. 또한 집단학살을 저지른 사람들을 만나서 이야기를 나누고 그들을 이해하고자 했다. 나는 사람들이 하는 말과 뇌에서 이해하는 것을 맥락적 요인과 함께 고려해야만 복종 때문에 잔혹행위가 행해지는 이유의 정답을 얻을 수 있다고 확신했고, 지금도 그렇게 믿고 있다.

그럼에도 불구하고 신경과학에서 현장 연구를 수행하는 것은 여러 가지 이유로 분명 큰 도전이다. 내가 처음에는 르완다에서, 그다음에는 캄보디아에서 이러한 연구를 고려하기 시작했을 때 동료들은 절대 불가능한 일이라고 말했다. 내 연구 프로젝트를 평가한 과학 심사위원들 중 일부는 "실현 가능성에 깊은 우려가 있다"라며 연구비를 지원하지 않기도 했다.

실제로 넘어야 할 산은 많았다. 특정 장소로 신경과학 기기를 운반하는 문제, 자신이 저지른 잔혹행위에 관해 낯선 사람과 만나거나 이야기하는 것을 주저할 가능성이 있는 모집 대상자를 구하는 문제, 난생 처음 전자기기를 보는 사람들의 머리에 뇌파검사 장비를 착용시키는 문제, 먼지가 많고 통제되지 않는 환경에서 검사하는 문제 등 이루 말할 수 없었다. 이 것이 신경과학에서 현장 연구가 극히 드물고 전 세계적으로 이를 수행하는 연구자가 극소수에 불과한 이유다.

이 책의 목적에는 이러한 연구 프로젝트가 어떻게 진행되었는지 자세히 설명해 앞으로 더 많은 연구가 이루어질 수 있도록 하는 것도 포함된다. 그러므로 이제부터 고려해야 할 몇 가지 중요한 단계를 간략하게 설명하고자 한다.

세계에는 신경과학에서 사용하는 연구 방법이 존재하지 않는 나라들도 있으므로 연구 용품을 비행기로 보내야 한다. 가장 간단한 방법은 비행기 수화물 가방에 용품을 넣는 것이다. 하지만 그것이 얼마나 위험한지는 누구나 알고 있을 것이다. 2006년에 발표한 조사에 따르면, 제트기 한 대당 약 일곱 개의 가방이 분실된다고 한다.[9] 최근의 또 다른 조사에 따르면 항공사에서 가방을 분실하는 일이 급격히 증가하고 있다.[10] 나는 그런 끔찍한 통계의 일부가 되고 싶지 않았다. 특히 고가의 귀중한 화물을 운반할 때는 연구 용품을 수화물 가방에 넣겠다는 생각은 아예 하지 않았다. 물론 여러 보험에 가입해 두었지만, 화물이 분실되면 몇 달 동안 행정 서류를 처리해야 하고 중요한 연구 활동을 놓칠 수 있었다. 그래서 나는 비용이 훨씬 더 많이 들더라도 외교 수화물 시스템을 이용해 물품 상자가 가장 가까운 대사관에 안전하고 확실하게 도착하도록 했다.

신경과학자들은 연구를 진행할 때 매우 깨끗하고 통제된 환경을 선호한다. 즉 전기가 공급되고 주변 소음이 없으며 시각적으로 방해하는 요소가 없는 적절한 실험실이어야 한다. 현장에서는 이런 5성급 검사 조건을 찾기가 쉽지 않다. 장비에 묻는 먼지, 지나가는 염소 떼, 닭이나 개, 온종일 쳐다보고 있는 아이들, 함석지붕 위에서 시끄럽게 우는 까마귀들, 쏟아지는 열대성 폭우 등, 이는 맞닥뜨릴 수 있는 검사 조건 중 일부에 불과하다. 나는 보통 종일 배터리를 유지할 수 있는 전기가 있는 건물을 선호한다. 르완다의 여러 마을에서는 주민들의 집에 전기가 들어오지 않아 교회나 술집에서 검사를 진행했다. 캄보디아에서도 우리는 논으로 둘러싸인 작은 상점 뒷마당에서 검사를 진행했다. 시각적 방해를 최소화하려고 아주 기본적인 목공 기술을 활용해 나무나 주변에서 찾을 수 있는 재료로 벽을 만들기도 했다.

그러고 나면 지역 주민들에게 뇌파검사가 무엇인지 설명하고 그것이 해를 끼치는 검사가 아니라는 확신을 주어야 했다. 우리가 모집한 사람 중 다수는 평생 키보드를 사용해 본 적이 없었고 심지어 컴퓨터 화면을 본 적도 없었다. 그런 사람들에게 외계인처럼 보이게 만드는 이상한 장치를 머리에 쓰게 만들어야 했다. 당연히 그들 대부분은 그 장치가 자신을 다치게 하거나 건강에 영향을 줄까 봐 우려했고, 우리가 그들의 마음을 읽을 수 있다고 생각하는 바람에 두려워했다. 단순히 안전하고 비침습적인 기술이라고 말하는 것만으로는 그들을 안심시키기에 충분하지 않았다.

따라서 뇌파검사와 컴퓨터 작업을 설명할 때는 매우 간단한 언어를 사용해야 했다. 대개 우리는 누군가 열이 있을 때 이마에 손을 대 체온이 너무 높은지 아닌지 느끼는 상황을 예로 들었다. 그런 다음 그 기계도 똑같은 식으로 머리에 대서 뇌가 보여주는 것을 기록할 뿐, 무엇인가를 주입하거나 마음을 읽는 것은 아니라고 설명했다. 가끔은 우리 중 한 명이 대상자들 앞에서 뇌파검사장치를 착용해 완전히 안전하다는 것을 보여주는 시연을 하기도 했다.

마지막으로 우리는 다른 문화나 역사, 감성을 지닌 나라의 손님이라는 사실을 항상 기억해야 한다. 특히 집단학살의 트라우마를 겪은 사람들을 대상으로 신경과학 연구를 수행할 때는 문화적 차이와 감성에 깊은 이해와 존중을 가지고 조사에 접근해야 한다. 이러한 인구 집단은 흔히 심오한 경험의 무게로 인해 독특한 방식으로 집단적, 개인적 심리를 형성한다. 문화적 규범과 신념, 그리고 그러한 재난적 사건의 사회적 영향은 이러한 공동체가 과학 연구를 인식하고 해석하고 참여하는 방식에 중요한 역할을 한다. 종종 위어드 맥락에서 개발한 표준 방법론과 해석은 다양한 환경에 직접 적용하기 어렵거나 적합하지 않을 수 있음을 알아야 한다. 따라서 지역 개개인과의 협력이 중요한데, 그들이 특정 문화적, 역사적 배경 속에서 연구의 맥락을 찾는 데 필요한 귀중한 통찰력을 제공하기 때문이다.

분명 신경과학 분야의 현장 조사는 어려운 일이지만, 위어드를 기준 삼아 인간의 뇌를 결론짓는 것을 피한다는 점과, 인류가 위어드 아닌 사람들의 역사와 현상을 이해하도록 돕는다는 점에서 가치가 있다.

연구 방법론으로서의 인터뷰 수행

이 책은 심리학과 신경과학의 과학적 연구와 집단학살 가해자와의 인터뷰를 결합한 것이다. 앞서 언급했듯이 인터뷰와 실험적 접근 방식을 결합하는 것은 잔혹행위를 더 잘 이해하는 강력한 방법이다.

가해자에 대한 인터뷰 기반의 질적 연구qualitative study는 집단학살이나 기타 대규모 잔혹행위가 우리 사회에서 어떻게 일어나는지 이해하는 데 중요하다. 학자들은 연구실 실험을 개발하거나 인구 통계 자료나 역사적 선례에 대한 심층 분석을 할 수도 있다. 그러나 그러한 잔혹행위를 저지른 사람들과 직접 대화를 하지 않는다면 실험의 결과가 의미하는 바를 절대 완전히 이해할 수 없을 것이다. 이러한 접근 방식은 이론과 실무, 실제 사례를 통합해 더 큰 그림을 그리는 데 좀 더 포괄적인 관점을 제공한다. 문제를 가능한 한 완벽하게 파악하려면 이 모든 요소는 중요하다. 당연히 사무실이나 연구실에 머무르는 것만으로는 충분하지 않다.

따라서 잔혹행위를 저지를 당시 가해자의 주관적 경험을 조명하는 단계는 그런 사건을 더 잘 이해하는 데 필수적이다. 하지만 집단학살 가해자의 행동을 이해하려는 노력이 일반 대중에게 항상 좋은 반응을 얻는 것은 아니다. 대중문화에서는 가해자를 정신병자나 냉혈한이나 피해자가 고통받는 것을 보고 쾌감을 느끼는 괴물로 묘사한다. 가해자 중 일부는 그런 사람일 수도 있지만 현실은 훨씬 더 복잡하고 문제가 많다. 사실 그런 단순한 관점은 일반인이 끔찍한 행위의 가해자가 될 수 있는 모든 요소를 부정한다.

단순히 특정한 성격적 특성이나 정신과 질환, 또는 신경학적 기능 장애가 원인일 수는 없다. 나치 집단학살에 가담한 사람들이 모두 뇌 손상을 입었거나 정신 질환을 앓고 있었다고 말할 수는 없다. 또한 르완다에서 투치족 집단학살에 가담한 수십만 명의 후투족에게 비슷한 문제가 있다고 말할 수도 없다. 캄보디아에서 모든 성인은 크메르루주의 새로운 사회에서 역할을 부여받았다(예: 야자나무 부대, 기동 부대, 군인, 교사, 의료 부대, 감옥 경비, 간부 등). 이에 대한 거부는 반역자로 간주되고 살해당할 위험이 생긴다는 뜻이다. 따라서 대부분의 사례에서 가담은 정신병이나 '괴물이 되어서' 생긴 결과가 아니었다. 평범한 사람들이 사악한 가해자로 변한다는 생각은 분명 쉽지 않지만 이것이 바로 집단학살을 이해하려는 사람들의 과제다.

충격적인 진실은 가해자들이 우리와 크게 다르지 않다는 점이다. 과거 연구를 예로 들면 연구자들은 테러 공격을 계획하는 지하드 구성원들에게 정신 건강 문제가 있다는 사실을 발견하지 못했다.[11] 실제로 그들은 대부분 교육을 받았고 결혼했으며 자녀도 있었다. 그들은 비록 외로움과 고립감을 느끼며 자신과 강하게 연결된 가치를 공유하는 집단의 운동에 참여할 의향이 있었지만, 정신 질환을 앓고 있지는 않았다. 유명한 정치 철학자이자 나치 집단학살의 생존자인 한나 아렌트Hannah Arendt는 나치의 주요 기획자 중 한 명인 아돌프 아이히만Adolf Eichmann이 괴물이 아니었다고 이미 결론을 내렸다. 그보다는 총통Führer을 섬기며 총통의 이념을 공유하는 관료적 광대로 보았다.[12] 유대인 생존자 엘리 위젤Elie Wiesel은 이렇게 말했다. "그들이 악마가 아니었다는 것이 악마적이다."[13]

그동안 집단학살 가해자들과의 인터뷰는 자주 이루어지지 않았다. 일부 연구자들은 대량학살 가해자와의 인터뷰가 드문 것은 형언할 수 없는 잔혹행위를 청취하고 가해자의 결정을 이해하려고 하면서 겪는 심리적 어려움 때문이라고 주장한다. 그것은 즉흥적으로 할 수 없는 일이고 깊은 심리적, 감정적 준비가 필요하다고 말한다.[14] 가해자가 교회에서 무차별적으로 사람들을 마체테로 공격하는 이야기,[15] 어떤 가해자가 아기를 나무에 집어 던져 죽이는 이야기, 일부 사람들이 어린 소녀들을 강간한 후 몸을 갈라 간을 먹는 이야기[16]를 읽거나 듣는 것은 감정적으로 당연히 무척 힘들다. 전쟁과 집단학살로 저질러진 잔혹행위에 대한 장황한 설명은 듣기에 끔찍할 수 있다. 집단학살 가해자를 인터뷰하려는 학자나 언론인은 자신의 심리적 안녕을 보호할 준비가 되어 있어야 한다. 모든 사람이 이런 이야기를 듣고 싶어 하거나 들을 준비가 되어 있는 것은 아니다.

게다가 인터뷰에는 방법론적 어려움이 있다는 점을 반드시 알아야 하는데, 이러한 어려움은 인터뷰의 신뢰성을 떨어뜨릴 수 있는 측면이기도 하다. 실제로 주요 과제 중 하나는 결과를 객관적으로 검증할 수 없다는 것이다.[17, 18] 인터뷰는 대상자가 공유하기로 동의한 내용에 의존하므로 일부 답변은 의식적이든 무의식적이든, 거짓이거나 왜곡되었거나 약화되었거나 불완전할 수 있다. 더욱이 과거에 집단학살을 한 가해자 중 다수는 외상 후 스트레스 장애post traumatic stress disorder, PTSD[19, 20]나 중독[21] 같은 정신 질환을 앓고 있다. 예를 들어 우리가 인터뷰하는 동안 르완다의 과거 집단학살 가해자 한 명은 완전히 술에 취해 있었다. 술이나 약물 같은 물질을 남용하면 가해자가 자신이 저지른 일에 무감각해지므로 이런 문제는 매우 흔하게 발생한다. 물론 이 사례에서 인터뷰 대상자는 술 때문에 매우 수다스러워졌다. 하지만 그의 말이 인터뷰에 포함될 만큼 충분히 신뢰할 수 있을까?

어떤 사람은 이미 범죄로 처벌을 받았더라도 법원에서 훗날의 판결이나 추가적인 유죄 판결을 막기 위해 다른 범죄를 숨길 수도 있다. 다른 사람은 자신을 긍정적인 이미지로 재구성하려는 심리적 과정의 일환으로 범죄를 부인할 수도 있다. 어떤 이는 책임을 경감시키기 위해 자신의 대답을 왜곡하거나 외부에 원인을 돌릴 수도 있다. 사람들은 대개 자신이 한 일을 부끄러워하거나 잊고 싶어 한다. 예를 들어 캄보디아에서는 인구의 4분의 1을 학살한 혐의로 캄보디아특별법원Extraordinary Chambers in the

Courts of Cambodia, ECCC(1997~2022)에서 재판을 받은 사람이 겨우 다섯 명에 불과하다. 따라서 살인자 중 공식적으로 인정되거나 형을 선고받은 사람은 거의 없다. 그들 대부분은 복수나 기소를 피하려고 자신이 한 일을 아무에게도 말하지 않기로 결심했던 것이다.

질적 자료qualitative data를 분석하는 문제 역시 까다로운데, 연구자의 주관적 평가가 자료 분석에 반영되는 것을 피해야 하기 때문이다. 심리학에서도 마찬가지지만 주관적 관점의 문제를 방지하기 위해 흔히 사용하는 방법은 질적 인터뷰를 분석하는 것이다. 즉 주요 연구자는 먼저 인터뷰에서 언급된 내용을 기준으로 각 답변을 다양한 범주로 분류한다. 그런 다음 몇몇 독립적인 심사자에게 모든 답을 읽고 어느 범주에 속하는지 표시하도록 책임을 부여한다. 그다음 다양한 심사자의 답변을 모은 뒤 다수결로 최종 순위를 결정한다.

앞에서 언급한 장애물을 극복하는 것은 분명 가치가 있다. 인터뷰는 풍부한 정보의 원천이기 때문이다. 인터뷰를 통해 가해자들이 직접 자신들의 관점에서 어떻게 살인을 저질렀고, 왜 그렇게 했는지에 대한 통찰을 얻을 수 있다.

그렇지만 집단학살 가해자를 찾아내 인터뷰하는 일은 여러 가지 이유로 매우 복잡하다. 첫째, 사례는 대부분 사건이 수십 년 전에 발생했기 때문에, 사건이 진행 중일 때나 그 여파가 가시기 전에 빠르게 가해자를 만나는 일은 쉽지 않고 때로는 거의 불가능하다. 결과적으로 가해자가 전부 사망했을 수도 있다. 둘째, 최근이나 현재 진행 중인 여러 집단학살의 사례는 해당 국가의 정치적 상황 때문에 집단학살 자체가 주로 부인될 수도 있고, 현재 진행 중이라는 특성 때문에 연루된 개인과의 인터뷰가 사실상 불가능할 수도 있다.

그렇긴 해도 집단학살을 인정한 국가에 아직 살아 있는 집단학살 가해자들이 있어서 인터뷰가 허용되는 때가 있다. 이러한 예로는 르완다와 캄보디아를 들 수 있다. 하지만 이들 가해자들도 점점 늙어가고 있다. 캄보디아에서 크메르루주는 10대 초반의 어린이 수천 명을 세뇌해 주저 없이 살인 명령을 따르도록 가르쳤다.[22] 캄보디아에서 대량학살이 시작되었을 당시 가장 어렸던 아이라 하더라도, 오늘날 그 가장 어린 '가해자'는 적어도 55세가 되었다. 세계은행이 추정한 평균 수명 70세의 나라에서 이 정도 나이는 이미 상당히 고령이다.

게다가 캄보디아에서는 '진정한 가해자'가 누구인지 아는 게 복잡하다. 크메르루주 구성원들 또한 굶주림으로 가족을 잃거나, 조직에 의해 갑자기 반역자로 간주되어 투옥, 고문, 살해까지 당한 경우가 많았다. 또한 집단학살이 끝난 후 일어난 '복수의 해year of revenge' 동안 살해되었을 수도 있다. 캄보디아에서는 가해자들도 대부분 고통을 겪은 것으로 보이므로 가해자뿐 아니라 '생존자'나 심지어 '피해자'로 여겨지기도 한다. 집단학살에 총체적인 책임이 있다고 재판에 회부된 사람은 다섯 명에 불과했고, 많은 가해자가 이미 사망했으며, 아직 살아 있는 사람들도 침묵을 유지하려고 하기 때문에, 얼마나 많은 사람이 학살과 '말살' 과정에 가담했는지 추정하기는 매우 어렵다.

이 모든 것을 고려할 때, 캄보디아에서 집단학살 가해자로 공식 인정된 사람들을 찾아내 그들이 자신의 속마음과 감정을 이야기하고 밝히게 하는 것은 극도로 힘든 일이다.

르완다에서는 투치족에 대한 집단학살이 일어난 후 법원이 사법 절차를 시작했지만 가해자와 피의자가 너무 많아서 모든 사람을 기소하는 것은 불가능했다. 모든 절차를 완료하려면 수십 년이 걸렸을 것이다. 가해자들은 재판을 기다리다 감방에서 죽었을 것이고, 교도소는 이미 수용 인원을 초과해 있었다. 그래서 르완다 정부는 2002년에 집단학살 가해자들을 재판하기 위해 가차차법원Gacaca courts을 설립했다.[23] 지역사회 법원의 형태로, 전문 판사를 고용하는 대신 일반인이 재판을 진행했다. '강직한' 사람으로 인정받은 사람들이 판사 역할을 맡았고 지역사회 전체가 재판에 참여하도록 독려되었다. 일반인 판사들은 모든 사람의 말을 듣고 누가 무엇을 했는지 판단한 후 적절한 처벌을 내려야 했다. 가차차법원을 통해 대규모 집단학살을 저지른 가해자를 파악할 수 있었다.

그러나 르완다에서의 집단학살에 얼마나 많은 사람이 적극적으로 가담했는지는 아직도 논란의 여지가 있다. 과거 연구에 따르면 르완다 성인 남성 인구의 14~17퍼센트가 집단학살에 가담한 것으로 나타났으며, 이는 약 17만 5,000명에서 21만 명에 해당한다.[24] 가차차 재판 이후 실제로는 60만 명에서 70만 명이 가담했을 것이라는 의견이 제시되었지만, 이 수치에는 약탈을 저지르거나 도로 봉쇄에 참여한 사람들도 포함되었다.

인터뷰 진행

2021년 8월, 나는 파트너인 기욤Guillaume과 함께 신경과학 연구 활동과 가해자 인터뷰를 위해 르완다로 떠났다. 그런데 코로나 확진자 수가 급격히 늘어나 감옥에서 인터뷰할 수 없다는 말을 들었다. 르완다에 있는 동료와 지인들은 내년에 인터뷰하는 게 아마 더 나을 거라고 말했다. 하지만 나는 이미 그곳에 도착한 상태였고, 전 세계를 강타한 코로나19 팬데믹이 어떻게 번질지 예측할 수 없었기에 인터뷰를 다음 해까지 연기하는 것이 더 안전한 선택은 아니었을 것이다. 하지만 감옥 밖에서 혼자 힘으로 과거의 집단학살 가해자를 찾아내는 일은 거의 불가능했다. 사람들은 당연히 집단학살 당시 자신이 저지른 일에 관해 이야기하는 것을 피하는 경향이 있었고 특히 낯선 사람에게는 더욱 심했다.

나는 단념하지 않았다. 르완다에서 수행해야 하는 연구 활동을 위해, 다행히 현지 NGO인 프리즌펠로십르완다Prisons Fellowship Rwanda와 연락이 닿았다. 이 단체는 집단학살 이후의 심리적 치유뿐 아니라 과거 가해자와 생존자 간의 화해를 촉진하는 것을 목표로 하고 있다. 프리즌펠로십르완다는 과거 가해자들의 교도소 복역 기간과 석방 이후에도 이들을 지원하기 때문에, 누가 공식적으로 집단학살의 과거 가해자로 인정되었는지 알고 있었다. 그리고 내가 계획한 신경과학 연구 활동에 이미 그러한 가해자들을 모집하는 것이 포함되어 있었으므로, 출소한 과거 가해자들과 인터뷰를 진행하는 것에도 동의했다. 이 접근 방식은 효과가 있었다.

첫 번째 인터뷰와 실험을 실시하기로 한 날, 우리는 오전 5시 30분에 일어났다. 요일은 정확히 기억나지 않는다. 우리는 약 30킬로그램에 달하는 장비를 서둘러 챙겨야 했는데, 여기에는 뇌파검사기 2대, 노트북 4대, 전극, 전극용 젤, 그리고 소중한 설문지와 인터뷰에 사용할 오디오 녹음기가 들어 있었다. 우리는 차에 모든 전자 장비를 싣고 두 명의 연구 조교와 함께 키갈리에서 차로 1시간 정도 떨어진 르완다 동부 지방으로 향했다.

코로나 팬데믹 때문에 통금 시간이 오후 8시에 다시 시작되므로 서둘러야 했다. 르완다에서 통행 금지를 어기는 것은 결코 가볍게 넘길 일이 아니다. 우리 연구 조교가 말하길, 통금 시간 20분 후에 적발되면 15만 르완다프랑RWF(약 17만 원 상당)의 벌금을 내야 하고 키갈리Kigali 경기장에서 숙박해야 하며 5일간 차가 압수된다고 했다. 게다가 온라인 지도가 알려준 1시간 10분 정도 걸린다는 설명은 순전히 이론상 시간이었다. 동부 지방 방향으로는 아스팔트로 포장된 도로가 하나뿐이었으며 각 방향 차선도 하나뿐이었다. 그리고 그 유일한 도로에는 매우 오래되고 느린 트럭들이 끝없는 행렬을 이루고 있었다. 그래서 돌아오는 데 걸리는 시간이 보통 4시간 정도였으므로 연구 활동과 인터뷰를 진행할 수 있는 시간은 겨우 몇 시간뿐이었다.

우리가 방문한 첫 번째 화해마을reconciliation villages에서 프리즌펠로십르완다의 대표인 프랑수아François를 만났다. 화해마을은 프리즌펠로십르완다의 지원을 받는 곳이며 르완다의 여러 지방에 있다. 이러한 마을에서는 생존자와 가해자가 이웃으로 나란히 살고 있다. 사람들은 이 마을에 살 것인지 아닌지를 스스로 결정한다. 만일 거주를 결정하면 새로운 집을 짓는 데 필요한 자재가 제공되는데, 이는 저소득 국가 사람들에게 매우 중요한 지원이다. 또한 마을의 일원이 되면 집단학살의 피해자와 과거 가해자 사이에 관계 재건을 목표로 하는 사회치료 시간과 활동에도 참여해야 한다.

마을에 도착하자마자 프랑수아가 우리를 맞이했다. 우리는 진흙으로 짓고 짚으로 지붕을 덮은 집들이 있는 르완다의 시골 마을에 커다란 사륜구동차를 타고 들어갔다. 우리는 멀리서도 눈에 띄는 방문객이었다. 프랑수아는 클래식한 긴 바지에 셔츠와 브이넥 스웨터를 입은 매우 우아한 차림이었다. 집단학살 이전에 태어난 여러 르완다인처럼 프랑수아도 프랑스어를 알고 있었고 우리와 함께 일하는 것을 매우 기뻐하는 듯했다.

그 당시 전기 콘센트가 있는 유일한 건물이었던 교회는 실험실로 개조되어 있었다. 건물에 장비를 설치한 후 나는 그와 함께 짧은 산책을 했다. 그는 집단학살 동안 자신과 그의 가족에게 일어났던 일에 대해 설명했다. 우리가 대화를 나누던 중 불현듯 한 노인을 만났는데 그는 우리와 눈을 거의 마주치려 하지 않았다. 프랑수아는 조용히 이렇게 말했다. "이 남자를 보세요. 그는 집단학살 중에 13명을 죽였답니다." 그러고는 다시 이야기를 이어갔다.

솔직히 말해서 나는 등골이 살짝 오싹해지는 기분을 느꼈다. 과거에 나는 가해자를 항상 감옥에서 만났다. 그들의 범죄 정보를 예상하고 있었다. 내가 르완다를 방문한 것이 이번이 처음도 아니었고 여기 온 이유도 당연히 그들을 만나기 위해서였다. 그동안 그들 중 많은 사람을 만나게 되리라는 생각에 익숙해지려고 애를 쓴 것은 맞지만, 이처럼 프랑수아가 태연하게 던진 그 말은 전혀 예상하지 못했다.

나는 프랑수아에게 그 남자가 집단학살 당시 저지른 일에 대해 낯선 사람인 나와 인터뷰할 의향이 있을 것 같은지 물었다. 그는 남자가 내 질문에 분명히 솔직하게 대답할 준비가 되어 있을 것이라고 말했다. 화해마을에 참여한다는 것은 집단학살 당시 자신의 범죄를 공개적으로 인정하고 사회치료 시간에 이를 공개적으로 논의할 준비가 되어 있음을 의미한다.

결국 이 남자는 마을에 사는 많은 가해자 중에서 우리와 가장 먼저 이야기를 나눈 사람이 되었다.

캄보디아에서는 과거 크메르루주 구성원과 인터뷰를 진행할 방법을 찾기 전까지 많은 어려움에 부딪혔다. 여러 협회에 연락했지만 응답을 하지 않거나 도움을 거절했는데, 그 이유는 "그들의 신뢰를 얻기까지 너무 오랜 시간이 걸렸고 그들이 어떤 연구 프로젝트에도 참여하는 것을 원하지 않았기 때문"이었다. 사실 실현 불가능할 것 같아서 몇 번이나 포기할 뻔했다. 최후의 수단으로 나는 라디오 라 베네볼렌치야의 이사인 조르주 바이스에게 연락했고, 그는 캄보디아문서센터가 도움을 줄 수 있을 것이라고 말했다.

캄보디아문서센터The Documentation Center Cambodia, DC-Cam는 집단학살 생존자의 증언을 수집하는 것을 주요 임무 중 하나로 삼고 있는 비영리 기관이다. 또 다른 실패가 될 수도 있었지만, 나는 프로젝트를 설명하기 위해 문서센터 소장인 유크 창Youk Chhang에게 연락했다. 놀랍게도 유크는 단 하루 만에 내게 답장을 보내며 온라인 미팅을 제안했다.

그는 권위에 대한 복종 문제가 중요하다고 말했다. 왜냐하면 대부분의 전직 크메르루주들은 자신들이 명령에 따라 살인을 저질렀다는 것을 설명하려고 이 문제를 제기했기 때문이다. 그 역시 이 현상을 더 잘 이해하고 싶어 했다. 그렇지만 그는 뇌파검사가 무섭게 들린다고 말했다.

캄보디아문서센터는 전국에 여러 센터를 두고 있으며 집단학살 생존자들(즉 '피해자'와 '전직 크메르루주 간부')과 함께 일하고 있었다. 유크는 나를 해당 센터의 소장인 안롱벵평화센터Anlong Veng Peace Center(북부)의 리 속 켕Dr. Ly Sok-Kheang박사, 캄퐁참문서센터Kampong Cham Documentation Center(중부)의 세앙 첸다 씨Mr. Seang Chenda, 타케오문서센터Takeo Documentation Center(남부)의 펭 퐁 라시 씨Mr. Pheng Pong-Rasy와 연결해 주었다. 인터뷰가 쉽지 않으리라 예상했다. 생존자들이 자신들이 저지른 일에 대해 거의 이야기하지 않는다는 말을 여러 번 들었기 때문이다. 하지만 이

부분은 예상보다는 덜 어려웠다. 캄보디아문서센터는 20년 이상 운영되어 오면서 생존자들의 신뢰를 얻었고, 그들은 집단학살 당시의 경험에 관해 이야기하는 데 동의했다. 하지만 그들이 경험에 관해 이야기한다는 것이 그들이 무엇을 했는지 이야기한다는 뜻은 아니다. 이는 제1장에서 자세히 다룰 내용이다.

뇌파검사는 그 과정 중에서도 복잡한 부분이었다. 일부 센터 책임자들은 이 장비가 완전히 생소했기 때문에 사용하기를 매우 꺼렸다. 어떤 책임자는 문화적 이유로 생존자들이 컴퓨터 작업에 참여하는 것을 원하지 않는다며 처음에는 거절하기도 했다. 잠재적인 참가자들을 설득하는 것 외에도 우리는 센터 소장들에게 모든 것을 설명해야 했다. 분명 신경과학자와 지역 주민 사이의 역사적인 만남이라고 할 수 있었다.

또한 캄보디아 농촌의 마을 조직은 매우 계층적이다. 마을 사람들을 만나기 전에 우리는 마을의 촌장을 만나야 했다. 그래서 자료 수집을 시작하기 전날이면 해당 마을로 이동해 촌장이나 부촌장을 만났다. 그들의 승인을 받은 후에야 마을 사람들을 만나 프로젝트에 관해 설명할 권한을 얻을 수 있었다.

캄보디아에서의 검사는 르완다보다 훨씬 더 어려웠다. 만약 참가자 중한 명이 어떤 이유에서든 뇌파검사에 만족하지 못하면(가령 시간이 너무 길거나, 컴퓨터 앞에 40분 동안 앉아 있는 걸 원하지 않거나, 컴퓨터 화면을 보는 것이 불편한 경우) 마을 전체가 검사를 받지 않을 가능성이 매우 컸기 때문이다. 그래서 하루하루가 전혀 예측 불가능했다. 그런데도 약 60명의 전직 크메르루주들과 인터뷰를 할 수 있었고 그들의 보고서를 분석할 수 있었다.

이 책에 관하여

이 책은 르완다와 캄보디아에서 폭력 행위를 저지른 가해자들과의 일대일 인터뷰와 내가 수년에 걸쳐 해온 신경과학 연구를 결합해 얻은 통찰을 제시한다. 내가 발견한 바에 따르면, 우리가 다른 사람에게 주는 고통과 그 행위에 대한 책임을 이해하는 데 중요한 부분, 즉 일부 뇌 영역의 활동이 사람들이 자유롭게 행동할 때보다 명령을 따를 때 감소한다. 다시 말해 사람들이 다른 사람의 명령을 받아들이고 따를 때 자신의 행동에 따른 결과를 충분히 고려하지 않는다는 뜻이다. 그들의 뇌는 정보를 제대로 처리하지 않는다.

이러한 결과는 집단학살 가해자들에게 왜 학살에 가담했는지 물었을 때 대답한 내용과 일치할까? 이 결과가 복종이라는 이유로 집단 잔혹행위가 자행되는 이유를 이해하는 데 중요한 열쇠일까?

이러한 질문은 다음에 나올 장에서 탐구해 볼 질문이다.

이 책의 대부분은 권위에 복종하는 상황에 초점을 맞추고 있지만, 나는 집단 잔혹행위에 가담하는 매우 복잡한 문제를 두고 더 광범위한 관점을 제시하고 싶었다. 복종은 복잡하고 중요한 요소이기는 하지만, 그러한 사건을 특징짓는 복합적인 역학구조에서 하나의 요인에 불과하다. 다른 결정요소들도 간과되어서는 안 된다. 따라서 일부 장에서는 비인간화나 집단 간 편견 같은 중요성을 가진 다른 메커니즘의 작용을 탐구하는 데에도 시간을 할애할 것이다. 또한 명령을 내리는 사람들의 뇌 메커니즘도 파헤쳐 볼 것이다. 그들은 위계질서가 있는 모든 시스템에서 중요한 부분을 차지하며, 저질러진 잔혹행위에 무거운 책임감을 느껴야 하기 때문이다. 또한 한 장을 할애해 갈등, 전쟁, 집단학살이 피해자와 가해자 모두에게 미치는 심리적, 신경학적 결과에 대해서도 다룰 것이다. 이런 사건의 여파로 무슨 일이 일어나는지 이해하고 지식을 얻는 것은 사회가 그러한 잔혹행위에서 어떻게 회복할 수 있는지를 이해하는 데 중요하다.

책은 폭넓은 독자층이 이해할 수 있도록 썼지만 어떤 부분은 다른 부분보다 어려울 수 있다. 그래서 각 장의 마지막에 일반적인 결론을 제시해 각 장의 주요 메시지를 요약했다.

제1장. 이 책은 대규모 잔혹행위가 우리 사회에서 어떻게 나타날 수 있는지 이해하기 위해 집단학살 과정에 가담한 개인의 이야기를 듣는 것으로 시작한다. 제1장에서는 르완다와 캄보디아에서 일어난 대량학살의 과거 가해자들과 진행한 여러 인터뷰를 분석한다. 살인 행위 중에 그들의 마음속에서 무슨 일이 일어났는지 깊이 이해하려면 그들의 말과 관점을 깊이 파고들어야 한다.

물론 내가 이 연구에서 던진 중요한 질문은 개인들이 왜 집단학살 범죄를 저질렀는가, 그리고 왜 그들이 정권을 위해 일하는 것을 멈추지 않았는가였다. 흥미로운 점은 르완다에서 대다수의 가해자가 살인의 이유에 대해 똑같은 말과 설명을 한다는 것이었다. 마치 무슨 대답을 해야 할지 이미 배운 듯했다. "내가 그렇게 한 이유는 투치족을 죽이라고 훈련시킨 나쁜 정부 때문이다", "나는 명령을 따랐다", "나쁜 정부에 책임이 있다", "나는 정부의 명령에 복종했기 때문에 책임이 없다"와 같은 문장들이 입을 맞춘 듯 반복되었다. 실제로 단순히 '나쁜 정부'의 명령을 따랐다는 주장은 내가 인터뷰했을 때 가해자 대다수가 주장한 매우 흔한 변명이었다.

르완다의 사례에서는 가해자들이 다 같이 감옥에 있었고 서로 이야기를 나누었으므로 가차차 재판에서 자신의 행위를 정당화하고 방어하려고 일종의 공통 서사를 지어냈을 가능성이 있다. 그러나 캄보디아에서도 동일한 평계가 반복적으로 사용되었다. 전직 군인이든 수감자를 처형장으로 이송했던 사람이든 응답자 중 누구도 그 기간에 나쁜 짓을 했다는 것을 인정하지 않았다. 하지만 이 질문에 답하기로 동의한 응답자들은 전부 명령에 따라야 했다고 말했다. 따라서 집단학살 동안 명령에 대한 복종이 각자의 행동에 큰 영향을 미쳤던 것으로 보인다.

제2장. 이 장에서는 실험실 환경에서 복종을 어떻게 연구했는지 설명하기 위해 과거의 실험 연구를 살펴볼 것이다. 이러한 실험은 이후의 신경과학 연구를 이해하는 기초가 된다. 이러한 실험 연구는 많은 논란을 불러온 스탠리 밀그램Stanley Milgram의 연구가 대표적인데, 그 실험은 인간이 상대방의 비명과 애원 소리를 들을 수 있음에도 자신이 참여한 실험을 위해 다른 사람을 죽일 수 있다는 사실을 밝힌 것으로 유명하다. 이러한 실험은 특정 상황에서 대다수의 개인이 일반적으로 받아들일 수 없는 수준까지 다른 사람에게 해를 끼치도록 강요받을 수 있다는 것을 보여주었다. 이는 군사 재판이나 실직 같은 구체적인 사회적 압력이 없더라도 마찬가지였다.

중요한 점은, 밀그램의 복종에 관한 연구와 그 이후 수행한 다양한 연구들은 주어진 상황에서 개인이 권위자의 명령에 복종할 것인지 여부만을 알려주었다는 것이다. 밀그램의 연구가 복종을 뒷받침하는 상황적 요인을 탐구하는 데 중요한 역할을 한 것은 맞다. 하지만 지금까지의 연구에서는 사람들이 명령에 따를 때 잔혹행위를 저지르는 것이 어떻게 가능한지 이해할 수 없었다. 권위 있는 인물의 독려를 받지 않았다면 그런 방식으로 행동하지 않았을 인간이 명령에 따르는 것만으로 어떻게 사악해질 수 있는 것일까? 명령에 따른다는 단순한 사실이 사람들의 행동에 어떻게 그토록 큰 영향을 미칠 수 있는 것일까?

'어떻게'는 중요한 질문이지만 이상하게도 수십 년 동안 과학계 내 대다수 실험자가 회피했던 질문이기도 하다. 그러나 이 책이 보여주듯이 '어떻게'라는 질문의 답은 인간 본성을 더 잘 이해하고 미래의 잔혹행위를 예방하는 데 중요하다. 따라서 제2장은 인간의 복종이 실험적 설정에서 어떻게 포착되는지 보여주고, 다른 연구 방법론이 신경학적 수준에서 '어떻게'를 이해하는 데 도움을 줄 수 있음을 보여준다. 복종의 메커니즘을 이해함으로써 우리는 파괴적인 복종을 방지할 수 있는 더 나은 준비를 갖추게 될 것이다.

제3장. 이어서 이 책은 복종이 행동을 어떻게 변화시키는지 더 잘 이해할 수 있게 해주는 신경과학 연구로 넘어간다. 인간이 명령에 복종하면서 어떻게 잔혹행위를 저지를 수 있는지 이해하기 위해, 나는 도덕적 의사 결정에 일반적으로 관여하는 신경인지 과정을 연구해야 했다. 결정을 내리는 데 가장 필수적인 인지적 구성 요소는 자신이 자기 행동의 주체이며 그 결과에 책임을 져야 한다는 느낌이다. 학자들은 이러한 주관적인 경험을 주체의식이라고 부른다. 자신이 자기 행동의 주체가 아니라고 느낀다면, 자기 행동의 결과에 책임감을 덜 느낄 가능성이 크다. 이러한 책임감의 감소는 좋은 행동과 나쁜 행동, 정의로운 행동과 그렇지 않은 행동을 결정하는 데 영향을 미칠 수 있다.

이론상 우리는 수행하는 모든 행동에 대해 동등한 주체성과 책임을 인정할 수 있어야 한다. 하지만 반드시 그런 것은 아니다.

사람들이 명령에 따를 때 그들은 의심할 여지 없이 자기 행동의 주체다. 그러나 제3장에서 볼 수 있듯이 권위에 복종해야 하는 상황처럼 행위에 따른 결과의 책임감과 주체의식을 약화하는 사회적 상황이 많이 있다. 이 장에서는 명령에 따르는 것이 뇌 수준에서 주체의식과 책임감에 영향을 미치는 것을 보여준다. 더불어 군대처럼 매우 계층적이고 때로는 강압적인 사회 구조에서 일하거나 생활하는 것도 사람들이 결정을 내릴 때 주체의식에 영향을 미칠 수 있다. 따라서 위계질서는 개인의 책임감과 주체성의 감소를 가져오는 강력한 요인인 것으로 보인다.

제4장. 의사 결정에 관여하는 또 다른 중요한 신경인지 과정에는 도덕적 감정이 있는데, 특히 다른 사람에게 느끼는 공감과 그들을 해치기로 한 결정에 느끼는 죄책감이 있다. 인간은 다른 포유류와 마찬가지로 다른 사람의 감정을 느낄 수 있는 능력이 있다. 인간은 공감 능력이 있다. 공감은 우리의 생물학적 본성에 깊이 뿌리박힌 능력으로서, 함께 고통을 겪을 때나 다른 사람의 고통을 목격할 때 공유되는 신경 활성화로 설명된다. 다른 사람의 고통이나 감정 상태에 공감하는 이러한 타고난 능력은 다른 사람을 상처 입히는 것을 막아주는 중요한 인지적, 정서적 과정이다.

권위에 복종하는 사례에서는 다른 사람을 해치는 것에 대한 내적 반감이 작용해, 위계질서가 있는 환경에서 다른 인간을 해치라는 명령을 받더라도 우리가 복종하지 않도록 막았어야 했다. 하지만 제4장에서 살펴보겠지만 명령을 따르면 이러한 내적 반감이 바뀔 수 있다. 이 장에서 소개하는 연구 결과는 명령을 따를 때 뇌가 다른 사람의 고통을 처리하는 양을 줄이는 것을 보여준다.

게다가 우리는 사회적 규범을 어길 때, 가령 누군가를 신체적 또는 정서적으로 해칠 때 보통 죄책감을 느낀다. 어떤 행동에 죄책감을 느끼면 미래에 같은 행동을 반복할 가능성이 작아지기 때문에 죄책감은 강력한 감정이다. 심지어 잘못을 바로잡고 용서를 구할 마음이 생기기도 한다. 하지만 나는 같은 행동이라 하더라도 자유롭게 결정할 때보다 명령을 따를 때 죄책감과 관련한 뇌 영역의 활동이 감소하는 것을 관찰했다. 제4장에서는 설사 비도덕적인 명령이라 할지라도 명령을 따를 때 도덕적 감정이 어떻게 영향을 받는지 설명한다.

제5장. 처음 네 개의 장에서는 명령에 따르고 폭력을 행사하는 사람들의 신경적 메커니즘을 밝히는 데 초점을 맞추지만, 제5장에서는 폭력 행위를 명령하는 사람들을 알아본다. 직접 행동을 실행하지 않더라도 자신의 명령에 따라 발생하는 폭력에 책임을 져야 한다. 실제로 권위 있는 위치에 있는 사람들의 행동은 그들 아래에 있는 사람들의 행동에 상당한 영향을 미치며, 권위가 어떻게 행사되고 명령자가 어떻게 결정을 내리는지 이해하는 것은 복종의 역학을 이해하는 데 필수적이다. 명령을 받는 사람뿐만 아니라 명령을 내리는 사람과 명령을 전달하는 사람 모두에게 초점을 맞추면 연구자들은 복종에 영향을 미치는 요소들을 더욱 완벽하게 이해하고 위계질서의 모든 수준에서 좀 더 윤리적이고 책임감 있는 행동을 촉진하는 전략을 개발할 수 있다.

신경과학 연구에 따르면 명령을 내릴 때도 뇌가 정보와 행동을 처리하는 방식에 영향을 미치는 것으로 나타났다. 다양한 연구에서 우리는 명령을 내리면 주체의식과 피해자의 고통에 대한 도덕적 감정이 감소하는 것을 확인했다. 또한 이 장에서는 중간자 위치에 있으면서 지시받은 명령을 전달하는 것만으로도 파괴적인 복종이 급격히 증가할 수 있음을 보여준다. 제5장에서는 위계질서 상황이 실제로 얼마나 위험할 수 있는지, 그리고 그것이 어떻게 끔찍한 행동으로 이어질 수 있는지 보여준다.

제6장. 전쟁과 집단학살은 황폐함만 가져올 뿐이다. 제6장에서는 전쟁과 대량학살에서 살아남은 것이 정신 건강에 어떤 영향을 미치고 복수심을 불러일으키는지 다룬다. 이는 결국 나중에 잔혹행위를 저지를 위험이 될 수 있다.

우리는 종종 말살 계획에서 살아남은 사람들이나, 가족이나 친구가 살해당하거나 불구가 되는 것을 목격한 사람들이 겪는 심각한 정신적 고통을 생각하곤 한다. 이런 사건에서 살아남고 정신적 고통을 극복하는 데 필요한 힘은 엄청나다. 대규모 정신적 외상은 개인에게 오래 지속되는 흔적을 남기며, 이들은 평생 외상 후 스트레스 장애post-traumatic stress disorder, PTSD 증상을 겪을 수 있다. 게다가 트라우마의 영향은 다음 세대까지 확대될 수도 있다.

중요한 점은 전쟁이나 집단학살의 여파로 나타나는 심리적 재앙이 피해자나 그 가족 혹은 후손에게만 영향을 미치는 것은 아니라는 것이다. 그러한 심리적 문제는 끔찍한 폭력 행위를 저지른 사람과 그 후손의 정신 건강에도 치명적인 영향을 미친다. 르완다에서는 많은 과거 가해자들과 그들의 자녀가 외상 후 스트레스 장애, 중독 등 정신 건강 문제를 겪고 있다. 예를 들어 그곳에서는 집단학살 이후에 태어난 아이들을 '금지된 세대'라고 부른다. 그 이유는 어린 시절에 학교에 다니고 아이로서 성장하는 대신 아버지가 범죄를 저질러 감옥에 갇힌 상황에서 나라를 재건하고 땅을 돌봐야 했기 때문이다. 또한 그들은 부모의 죄책감을 가족의 짐으로 짊어지고 살아가야 한다. 전투 중 도덕적 가치에 어긋나는 행위를 목격했거나 저지른 퇴역병이나 현역병도 외상 후 스트레스 장애뿐만 아니라 지속적인 죄책감, 수치심, 후회, 회한, 우울, 자기혐오, 무관심, 경멸, 냉소 또는 분노 같은 도덕적 상처를 입을 수 있다.

제6장에서는 이러한 갈등의 악순환을 멈추기 위해서 피해자와 가해자가 각자의 경험을 통해 심리적인 영향을 받는 방법과 심리적 극복을 돕는 방법을 이해하는 것이 필요함을 다룬다.

제7장. 마지막 장은 좀 더 긍정적인 이야기로서, 불복종과 역경 속에서 다른 사람을 구하기 위해 목숨을 걸었던 사람들에 초점을 맞추었다. 실제로 위험에 처한 사람을 용감하게 구출한 사람들의 이야기를 여럿 찾아볼 수 있다. 예를 들어 1994년 그라티엔 미신도Gratien Mitsindo라는 목사는 르완다에서 집단학살을 자행한 후투족 민병대 인테라함웨에 맞서 자신이 숨겨준 300명 이상의 투치족을 내주는 것을 거부했다. 그는 "내가 숨긴 사람들의 생명을 구하기로 결심했고 그 목적을 달성하기 위해 어떠한 대가라도 치를 각오가 돼 있었습니다"라고 말했다.[25] 그라티엔 미신도 목사는 공식적인 '열방의 의인Righteous Among the Nations[*]'으로 인정받았다. 이러한 이야기는 많은 사람에게 찬사를 받지만, 이처럼 고도로 이타적인 행동은 극히 드물고 오히려 국가의 역사는 수많은 생명을 잃게 한 부도덕한 행위로 점철되어 있다.

비록 이런 이야기는 드물지만 역사를 살펴보면 다행히 명령을 거부하는 데 따르는 사회적 비용보다 자신의 도덕성이 더 중요하다고 생각하며 저항하는 사람들이 있다는 것을 알 수 있다. 이 장에서는 전쟁 중에 낯선

---

[*] 유대인을 구한 비유대인에게 이스라엘 국가가 주는 영예.―옮긴이

사람을 구하기 위해 목숨을 걸었던 사람들의 특징을 더 잘 이해하기 위해 고안된 사회학적, 심리학적, 신경과학적 연구를 제시한다. 또한 이 작은 집단이 다른 사람들과 다르게 반응하는 이유는 무엇인지 그리고 사람들이 증오 선전에 저항하도록 고안된 개입에 어떤 희망을 줄 수 있는지 질문을 던진다.

구조자의 숫자가 적긴 하지만 이 장에서 보여주는 것처럼 그들은 모든 인간이 잠재적으로 증오를 극복할 힘이 있다는 희망의 빛을 보여준다.

단 하나의 생명도 중요하다

이 책의 각 장은 명령에 따르는 것이 뇌 기능에 영향을 끼친다는 나의 주장을 뒷받침하며, 이는 사람들이 명령에 따를 때 어떻게 잔혹행위를 저지를 수 있는지 설명하는 데 도움이 된다.

하지만 서문에서 언급했듯이 신경과학은 기적의 해결책이 아니다. 우리가 사람들이 가장 깊은 차원에서 부도덕한 명령을 따르는 이유를 완벽하게 이해하는 지점에 도달하더라도, '모든 사람'이 그러한 명령을 따르지 못하도록 막을 가능성은 매우 낮다. 규칙을 따라야 할 때와 그렇지 않을 때를 결정할 간단한 스위치가 있다고 생각한다면 유토피아적일 것이다. 더 나아가 특히 '옳은 것'이나 '그른 것'으로 간주하는 도덕성의 개념은 전쟁과 집단학살 동안 극적으로 바뀐다. 이는 극한 상황에서의 도덕적 행동이라는 이미 어려운 문제에 복잡성을 한 겹 더하는 꼴이다.

하지만 우리 주변의 모든 정보는 뇌가 처리하므로 신경과학은 확실히 이 연구 분야에 참여해야 한다. 이러한 정보를 이용해 결정을 내리는 것도 뇌고 근육에 명령을 보내 행동하게 하는 것도 뇌다. 신경과학 연구는 복종과 불복종을 처리하는 방식의 차이에 영향을 주는 신경 기능의 개인차를 파악하는 데 도움을 줄 수 있다. 이러한 지식은 개인의 고유한 성격 특성을 고려한 개인 맞춤형 개입을 개발하는 데 사용할 수 있다.

설사 그러한 접근 방식이 소수의 사람에게만 효과가 있다거나 단 하나의 생명밖에 구하지 못한다 해도 그 연구는 가치가 있다.

명령에

따랐을 뿐!?

JUST FOLLOWING ORDERS

1

집단학살 가해자들의

말

들어보기

ATROCITIES
AND
THE BRAIN SCIENCE
OF
OBEDIENCE

감정은 없었고 감정을 갖는 것도 허락되지 않았으며
그저 시키는 대로만 해야 했습니다.
감정은 없었고 죽이는 것이 일이었으며
일단 살인을 시작하면 살인은
다른 직업을 가질 수 없는 전업이 되었죠.

———

과거 집단학살 가해자 P171, 르완다, 2021년 8월 인터뷰.
키냐르완다어를 번역함.

2018년 폴란드 크라쿠프Krakow에서 열린 과학 컨퍼런스에 참석하면서 나는 아우슈비츠-비르케나우Auschwitz-Birkenau 기념관을 방문했다. 아우슈비츠 강제수용소는 제2차 세계대전(1939~1945) 동안 자행된 잔혹행위의 상징이 되었으며 이 수용소에서 약 110만 명이 사망한 것으로 추산된다. 나는 권위에 대한 복종을 연구하면서 이 수용소와 나치 학살 당시 일어난 일을 더 자세히 알고 싶었다. 물론 이 역사적 유적지를 방문하는 일이 강렬한 경험이긴 하지만 그곳에서 일어났던 고통을 완전히 이해하는 것은 불가능하다. 그럼에도 특정 상황에서 인간이 어떤 일을 할 수 있는지 기억하는 것은 중요하다.

먼저 원래의 강제수용소인 아우슈비츠 1 수용소부터 방문했다. 캠프에 들어가기 전에 우리는 정문에 걸쳐 있는 철제 간판 아래를 지나야 했는데, 간판에는 'Arbeit macht frei'라고 적힌 구호가 걸려 있었다. 직역하면 "일

하면 자유로워진다"라는 뜻이다. 나치는 노동 수용소의 존재를 정당화하
길 원했지만 대부분 죽음만이 수용자들을 자유롭게 할 수 있었기 때문에
그 표지판은 아이러니했다.

일부 막사는 전시실로 바뀌어 있었는데 나치가 수용소로 끌려온 사람
들에게서 훔친 수천 개의 개인 소지품을 전시하고 있었다. 방에 들어가기
전에 가이드는 우리에게 각 물건은 어느 한 사람의 것이었다고 상기시켜
주었다. 가족과 친구, 꿈이 있던 한 사람! 첫 번째 방에는 수천 개의 신발
이 쌓여 작은 산을 이루고 있는 것을 보았다. 너무 많아서 셀 수가 없었다.
다른 방에서는 가방, 안경, 주방용 냄비 등과 같은 물건들이 산처럼 쌓여
있는 것을 보았다. 역시 수천 개였다. 마지막 방은 더욱 끔찍했다. 그 안에
는 수용소에 끌려온 사람들의 머리카락을 나치가 자른 것이 들어 있었다.
남자와 여자의 머리카락, 노인의 백발, 그리고 그 더미 속에서 뚜렷하게
알아볼 수 있는 아이들의 머리카락도 있었다. 1945년 수용소가 해방되었
을 때 약 7톤의 머리카락이 발견된 것으로 추정된다. 나치는 인간성을 박
탈하기 위해 머리카락을 깎았지만 섬유 산업을 위한 용도도 있었다.

두 번째 수용소인 아우슈비츠 2 수용소 비르케나우는 실제 가장 큰 가
스실이 있었던 곳이다. 우리는 그곳에서 사람들을 죽음으로 실어 나르던
철로를 따라 걸었다. 철로 끝에 있는 주 가스실 근처에는 크기가 똑같은
작은 돌들이 전시되어 있었다. 각각의 돌에는 다른 언어로 쓰인 비문이 있
었다. 나는 프랑스어나 영어로 쓰인 글을 찾을 때까지 주위를 둘러보았다.
마침내 영어로 적힌 돌을 찾았다.

영원히 이 자리가 절망의 외침이 되게 하소서.

인류에 대한 경고가 되게 하소서. 이곳에서 나치는 대략 150만 명의 남자와 여자와 아이들을 살해하였습니다. 대부분은 유럽 여러 나라에서 온 유대인들이었습니다.

아우슈비츠-비르케나우

1940~1945

인류에 대한 경고.

이 비문이 경고가 됐으면 좋았을 텐데.

20세기에만 여러 정부가 집단학살, 대량학살, 집단 살인, 고의적인 기근으로 살해한 사람의 수는 최소 2억 6,200만 명으로 추산된다. 인류 역사상 가장 피비린내 나는 세기였다. 나치의 집단학살 이후 사람들은 "다시는 이런 일이 일어나지 않아야 한다"라고 외쳤지만, 그 이후에도 더 많은 사건이 발생했고 21세기에도 여전히 같은 일이 반복해서 일어나고 있다.

그런데 전쟁과 파괴 행위로 점철된 역사에서도 집단학살로 인정된 사례는 그렇게 많지 않다. 1948년 12월 9일 유엔 총회가 채택한 집단학살 협약 제2조는 집단학살을 "국가, 민족, 인종 또는 종교 집단의 전체 혹은 일부를 파괴할 의도로 자행하는 다음과 같은 행위"로 정의했다.

ⓐ 집단 구성원 살해

ⓑ 집단 구성원에게 심각한 신체적 또는 정신적 피해를 주는 경우

ⓒ 집단생활 조건에 의도적으로 영향을 끼쳐 전체적이든 부분적이든 집단의 실질적인 파괴를 초래하는 경우

ⓓ 집단 내에서의 출산을 막으려는 조치를 부과하는 경우

ⓒ 집단의 아이들을 강제로 다른 집단으로 옮기는 경우

1941년과 1945년 사이에 나치가 저지른 집단학살, 그리고 1994년 르완다에서 일어난 투치족과 온건파 후투족 집단학살은 잔혹행위가 발생한 국가에서 곧바로 집단학살로 분류되었다. 2013년 6월 7일에 캄보디아 국회는 범죄가 저질러진 후 거의 40년이 지나서 크메르루주 정권의 잔혹행위를 부정하는 것을 불법으로 규정했고, 1975년부터 1979년까지 크메르루주가 저지른 집단학살을 공식화했다. 가장 최근인 2021년에 독일은 20세기 초 나미비아를 식민지로 점령하는 동안 집단학살을 저질렀다는 사실을 공식적으로 인정했다.

하지만 인간 역사에는 집단학살의 정의에 잘 맞는 사례가 훨씬 더 많다. 일부 집단학살은 여전히 부인되거나 의도적으로 축소되는데, 특히 이러한 사건에 가담했다고 비난받은 사람들과 그들을 방관한 동료들이 여기에 해당한다. 예를 들어 1915년에서 1922년 사이에 오스만튀르크가 아르메니아인 집단학살을 저질렀는데 이 사건으로 아르메니아 인구의 약 90퍼센트가 사망한 것으로 추산된다.[26] 또는 1975년에서 1999년 사이에 인도네시아가 동티모르를 점령하는 동안 자행한 집단학살로 10만~30만 명이 사망한 사건도 있다. 또는 1932년에서 1933년 사이에 소련군이 일으킨 우크라이나 대기근으로 350만~500만 명이 사망한 예도 있다.

더 많은 사례가 있으며 나는 아주 일부 사례만 언급한 것이다. 게다가 이와 같은 사건은 전 세계에서 계속 일어나고 있다. 지하디스트 집단인 이슬람 국가Islamic State, IS가 이라크와 시리아에서 기독교도, 야지디족, 시아파 소수 민족을 살해한 것이 최근의 사례이며, 미얀마에서 로힝야족을 대랑학살한 사건, 그리고 중국에서 위구르족을 대상으로 강제 불임 수술, 강제 노동, 강간, 고문을 자행한 확실한 사례 등도 있다.

지구상의 수많은 사람이 수 세기에 걸쳐(그리고 지금까지도) 다른 인간에게 그토록 많은 고통을 유발할 수 있었던 이유는 무엇일까? 이러한 행위를 정당화할 수 있는 이유는 무엇일까? 이 장에서는 가해자 시점의 1인칭 서술을 살펴봄으로써 이러한 중요한 질문의 해답이 될 요소를 제공한다.

르완다와 캄보디아에서 진행한 많은 인터뷰에 따르면 응답자 대부분은 주된 이유가 그저 명령을 따랐기 때문이라고 밝혔다.[27] 그들은 복종했다. 그래서 흔히 그들은 책임이 없다고 느낀다. 그러나 그들의 답변에 나타난 추가적인 요소들은 각 상황이 얼마나 복잡했는지 보여주며, 그들이 가해자가 되도록 이끈 상황을 간파하게 해준다.

르완다와 캄보디아에서의 인터뷰 수행의 어려움

2021년 8월과 9월에 우리는 날마다 르완다의 여러 마을을 차로 다녔다. 코로나 팬데믹으로 이동 제한이 있어 카욘자Kayonza와 부게세라Bugesera 지구에 사는 과거 집단학살 가해자만 인터뷰했다. 우리는 감옥에서 풀려난 과거 집단학살 가해자 55명을 인터뷰했다.

인터뷰한 집단학살 가해자는 모두 남성이었다. 이렇게 대상이 모두 남성인 첫 번째 이유는 여성 가해자가 남성 가해자보다 훨씬 적었기 때문이다.[28] 두 번째 이유는 집단학살 이후 많은 남성이 감옥에 갇혔지만 여성은 일반적으로 직접 가해자로 간주되지 않아서 그렇다. 게다가 알려진 대부분의 여성 가해자는 이미 가차차법원에서 재판을 받고 징역형을 선고받았으며 연구 조사 당시에도 아직 감옥에 있었다.

응답자의 평균 연령은 60세였지만, 41세에서 79세까지 연령 차이가 있었다. 사실 일부 응답자는 집단학살에 가담했을 당시 미성년자였다. 가장 어린 응답자는 13세 때 한 무리의 사람들이 그에게 자기들이 붙잡은 여성을 죽이라고 요구했고 실제 그렇게 죽였다고 말했다. 그는 가차차법원에서 유죄 판결을 받았지만 이 일이 일어났을 당시 나이가 어렸기에 수년이 아닌 6개월만 복역했다.

우리는 인터뷰를 하면서 생각하지 못한 많은 어려움에 직면했다. 예를 들어 어느 날 인터뷰 대상자 중 일부가 예상치 못한 '파업'을 했다. 예정된 장소에 도착했지만 아무도 없었다. 무슨 일이 일어나고 있는지 전혀 알 수 없어서 프리즌펠로십르완다의 또 다른 대표인 실라스Silas에게 전화를 걸었다. 2시간 넘게 지나서야 그는 인터뷰 대상자들이 연구 활동을 거부하기로 했다는 사실을 알아낼 수 있었다. 아무도 그 이유를 설명해 주지 않았다. 알 수 있었던 것은 어떤 소문이 퍼졌다는 것과 아무도 돌아오지 않으리라는 사실뿐이었다. 우리는 하루를 헛되이 보낸 것에 조금 실망하며 짐을 챙겨 키갈리로 돌아왔다. 놀랍게도 그다음 날, 파업에 참여한 모든 인터뷰 대상자가 인터뷰하러 왔고 모든 일이 순조롭게 진행되었다. 그 사건은 아직도 의문을 안겨주는 사건이며, 실제로 무슨 일이 일어난 것인지 전혀 알 길이 없다.

개인의 행동과 신념 역시 우리 연구에 영향을 주었다. 인터뷰에 응한 어떤 가해자는 너무 취해서 답변을 신뢰하기 힘들었다. 우리는 실제로 그를 여러 번 불러 인터뷰를 진행하려 했고 그도 그렇게 했다. 하지만 인터뷰를 아침에 하든 저녁에 하든 그는 항상 취해 있었다. 어쩔 수 없이 그의 인터뷰를 포기했다. 응답자 중 다섯 명은 가차차법원에서 기소되었음에도 자신들이 전혀 죄가 없으며 어떠한 범죄도 저지르지 않았다고 주장했다. 우리는 집단학살에 적극적으로 가담했다는 것이 확실하고 모든 질문에 답하는 데 동의한 사람들에게 초점을 맞추고 싶었으므로 인터뷰의 최종 분석에는 이들을 포함하지 않았다. 실제로 무죄를 주장하는 사람들은 자신들이 죄가 없다고 말하는 것 외에는 질문에 대답하지 않았다.

전반적으로 응답자들이 유죄 판결을 받은 범죄는 집단 공격, 살인*, 약탈이라는 세 가지 주요 범주로 구분했다. 응답자 중 일부는 실제 여러 범죄로 유죄 판결을 받았는데, 집단 공격 중에 사람을 살해한 때도 있었다. 예를 들어 인터뷰 대상자 중 일부는 다음과 같이 말했다.

- 내가 투치족에게 저지른 범죄는, 투치족을 죽이라고 배웠기 때문에 마체테를 들고 가서 투치족을 죽이고 소를 약탈한 겁니다. (P132)

이 응답자는 살인과 약탈을 저지른 것으로 분류됐다.

- 나는 집단학살을 저질렀고, 사람을 죽였습니다. 나는 범죄 사실을 직접 신고해 용서를 구했습니다. 그들은 나를 석방했고, 나는 공

---

* 많은 응답자가 '살인murders'이 아니라 '죽이기killings'를 했다고 말했다. 죽이기는 누군가를 죽이는 그 행위를 말하고 살인은 이 경우처럼 의도를 가지고 누군가를 죽이는 것을 말한다. 그러나 그들이 살인 대신 죽이기를 언급한 것이 고의성 없음을 나타내려고 일부러 그런 것인지, 아니면 차이를 모르고 단순하게 그랬는지는 알 수 없다. 따라서 우리는 이 모든 것을 '살인' 범주에 포함시켰다.

동체 일을 했습니다. 당시 상황은 극도로 혼란스러웠습니다. 투치 족을 보면 마체테로 때리고 창으로 찔렀는데 손에 들고 있는 것에 따라 달랐습니다. 나는 세 사람을 죽였고, 사람들을 죽이는 부대에 합류하기도 했습니다. 만약 그들이 죽이지 않았다면, 내가 죽였을 겁니다. 그것이 나의 의도였으니까요. (P142)

이 응답자는 살인과 집단 공격을 저지른 것으로 분류됐다.

• 그건 집단학살입니다. 나는 살인을 저질렀습니다. 집단 공격을 해 사람을 죽였죠. 네 명을 죽였는데 두 명은 나 혼자서 죽였고 나머지 두 명은 그때 함께 있던 다른 사람들의 도움을 받아 죽였습니다. (P166)

이 응답자도 살인과 집단 공격을 저지른 것으로 분류됐다.

우리 표본에서 나온 각 범죄의 빈도를 분석하면 응답자 49명 중 19명은 집단 공격에 가담했다고 답했고, 29명은 사람을 살해한 혐의로 유죄 판결을 받았다고 답했으며, 11명은 타인의 물건을 약탈하거나 망가뜨린 혐의로 형을 선고받았다고 답했다.

전체적으로 인터뷰에 참여한 가해자들은 평균 9년간 수감 생활을 했으며 2004년경에 석방되었다. 가차차 재판은 2002년에 처음 열려 수년간 이어졌다. 인터뷰 응답자들은 가차차법원에서 유죄 판결을 받고 징역형을 선고받았지만, 이들 대부분이 집단학살 직후 바로 체포되어 투옥되었기 때문에 이미 감옥에서 보낸 기간이 형량에 반영되었다.

저질러진 잔혹행위를 고려할 때 가해자들에게 선고된 형량에 자주 놀라곤 했다. 일부 가해자들은 많은 사람을 살해했지만 겨우 7년에서 9년 정도만 복역했다. 내가 사는 벨기에라면 이런 범죄는 최소 20년의 징역형에 처한다. 그러나 르완다는 여러 가지 문제에 직면하고 있었다. 첫째, 국가를 재건하고 경제가 다시 돌아가게 만들어야 했다. 평상시라면 밭에서 일하거나 집이나 길을 지었을 많은 사람을 감옥에 가두는 것은 나라에 도움이 되지 않았을 것이다. 둘째, 교도소의 수용 인원이 완전히 초과되었다. 최대 4만 명의 수감자까지 수용할 수 있었지만 집단학살 이후 약 12만 명이 투옥되었다.[29] 유죄를 인정한 후 많은 사람이 범죄를 저질렀음에도 감옥에서 풀려나 고향으로 돌아갈 수 있었다.

집단학살이 끝난 후 작가이자 저널리스트인 장 하츠펠트Jean Hatzfeld가 인터뷰한 피해자 중 한 명은 이런 식으로 정의가 박탈당했음을 느꼈다고 말했다.[30] 피해자와 가족을 공격한 사람이 제대로 처벌받는 것을 보장받기는커녕 그저 가해자가 석방되는 것을 지켜봐야 했다.

일부 인터뷰 응답자들은 집단학살 이전에 학교에서 배운 프랑스어를 구사했지만 우리는 모든 인터뷰를 키냐르완다어Kinyarwanda로 진행하기로 했다. 따라서 르완다대학교University of Rwanda의 연구 조교 두 명이 인터뷰를 진행하도록 훈련을 받았다. 인터뷰 대상자들에게는 질문에 구두로 답할 것인지 서면으로 답할 것인지 선택권이 주어졌다. 우리는 그들의 취향에 맞추고 질문에 더 편안하게 답할 수 있도록 하기 위해 응답 방법을 그들이 직접 결정하도록 했다.

글을 쓸 수 있는 사람 중 일부는 누군가와 직접 대화하는 것보다 스스로 우리 질문에 답하는 것이 더 편안하다고 말했다. 다른 사람들은 글을 쓰지 못하기도 했고 르완다에는 구전 전승 문화가 있었으므로 구두로 논의하는 것을 선호했다. 구두 인터뷰의 경우 먼저 인터뷰 참여자에게 오디오 녹음기로 대화를 녹음하는 데 동의하는지 물었다. 그들의 동의를 얻고 나면 대화 전체를 녹음한 다음 연구 조교가 필사하고 최종적으로 외부 번역가가 영어로 번역했다. 모든 인터뷰는 응답자가 전적으로 자유롭게 이야기하고 신원을 보호하도록 익명으로 진행했다.

인터뷰 대상자에게 할 몇 가지 질문을 준비했지만 인터뷰 대상자가 원한다면 다른 측면에 대해서도 자유롭게 의견을 낼 수 있었다. 그들이 집단학살 당시 어떤 범죄를 저지른 것인지 알려준 후, 왜 그런 범죄를 저질렀는지, 그 범죄를 저지를 때 어떤 생각을 했는지, 무엇 때문에 살인을 멈추었는지 물었다.

인터뷰 대상자가 집단학살 가담을 스스로 중단했다는 사실을 언급하지 않은 경우에도, 그들이 생각하기에 어떤 내부적 요인이 살인을 중단하는 데 도움이 됐을 것 같은지 물었다. 이는 중요한 질문이지만 이상하게도 이전 학자들이 대체로 무시했던 질문이다. 이러한 인터뷰를 진행하는 목적이 미래에 집단학살 같은 사건을 예방하기 위한 수단을 개발하는 것이라면, 그와 같은 '살인'을 저지른 사람들에게 무엇이 그들을 막을 수 있었는지 물어보는 것도 매우 중요하다.

캄보디아에서의 인터뷰 진행은 완전히 다른 일이었다.

내가 처음 캄보디아문서센터의 유크 창에게 연락해 연구 프로젝트를 위해 캄보디아 집단학살의 피해자와 가해자를 찾고 있다고 말했을 때, 그가 당황한 것처럼 보였지만 나는 그 이유를 이해할 수 없었다. 내 생각에는 이전의 학술 연구에서 언급했듯이 피해자와 가해자의 구분이 매우 명확했다. 하지만 그는 내게 캄보디아에서는 집단학살 당시 무슨 일을 했든 모두 '생존자'로 간주된다고 말했다.

나는 당시 캄보디아 인구의 4분의 1이 죽은 것에 '책임이 있는' 사람들을 어떻게 달리 불러야 할지 전혀 알 수 없었다. 르완다에서는 '생존자'라는 단어는 피해자에게만 사용하고, 피해자들은 실제로 '피해자'라는 단어보다 '생존자'라는 단어를 선호했다. 왜냐하면 이 단어가 트라우마를 극복하는 그들의 강인함을 보여주기 때문이다. 그들의 관점을 이해하려면 외국인이 쓴 과학 기사를 읽는 것보다 현지인과 대화하는 것이 항상 더 효과적이었기에 캄보디아에 도착하면 나는 이 문제를 해결할 수 있으리라 기대했다.

이번에도 나는 파트너인 기욤과 함께 2023년 1월에 캄보디아에 도착했다. 우리는 캄보디아 북부의 태국 국경과 가까운 도시인 안롱뱅Anlong Veng까지 차를 몰고 가는 것으로 여정을 시작했다. 이 지역은 연구 프로젝트에 매우 중요했다. 베트남군이 캄보디아를 점령하고 집단학살을 종식한 후, 수많은 크메르루주가 그곳으로 피난해 1998년까지 저항을 계속했기 때문이다. 안롱뱅 지구는 크메르루주의 마지막 거점이었으며 폴 포트가 생을 마감한 곳이기도 하다. 크메르루주 간부 중 상당수가 안롱뱅에 거주했고 지금도 살고 있다.

나는 안롱뱅에 위치한 센터의 소장과 직원들에게 누가 '피해자'이고 누가 '크메르루주 조직의 과거 구성원'인지 알아야 한다고 설명했다. 하지만 나는 '가해자'라는 말을 감히 쓸 수 없었다. 분명히 사람들이 일관되게 불편한 반응을 보였기 때문이다. 이러한 구분이 중요한 이유는 인터뷰가 오직 '크메르루주 조직의 과거 구성원'을 대상으로 했기 때문이다. 그래서 누가 누구인지 알아야 했다.

나는 처음부터 많은 어려움에 직면했다. 인터뷰 참여자들에게 질문했을 때 거의 모두가 자신이 피해자라고 말했다. 심지어 번역을 도와준 연구조교들조차도 특정 인물이 피해자라고 이야기했지만, 센터 소장이 나중에 그들 역시 전 크메르루주였다고 말해주었다. 실제로는 예상보다 훨씬 더 복잡한 과정이었다. 다음 센터에서도 그러한 구분을 설명한 뒤 혼란은 이어졌다. 나는 "그 사람은 전직 크메르루주 간부였지만, 아시다시피 역할이나 책임 수준이 크지 않았으며 그저 명령을 따랐을 뿐입니다"라는 말을 여러 번 들었다.

캄보디아 전역에서 이러한 주의를 너무 많이 들어서 정말 혼란스러워지기 시작했다. 그들이 단지 명령을 따랐을 뿐이라고 말함으로써 인터뷰 참여자의 책임을 조직적으로 낮추는 이유는 무엇일까? 나는 인터뷰 참여자 본인에게서 그 이유를 들을 거라고는 예상했지만, 다른 사람에게서 들을 거라고는 생각하지 못했다.

캄보디아에서는 명령을 따른 행동이 금지되어야 할 행동을 정당화하거나 책임을 경감시키는 이유로 받아들여지고 있다. 캄보디아특별법원에서 유죄 판결을 받은 개인의 수는 실제로 이를 잘 보여주는 예인데, 16년 동안 단 다섯 명만이 유죄 판결을 받았다. 그들은 크메르루주 주요 지도자들만 심판을 받아야 한다고 여겼고, 심지어 간부나 사형 집행자 같은 다른 사람은 그저 명령을 따랐을 뿐이므로 심판을 받아서는 안 된다고 생각했다.

하지만 고려해야 할 또 다른 핵심 요소는 크메르루주가 국가를 점령한 후 가족을 흩어버리고, 어린이든 어른이든 여성이든 남성이든 모든 사람

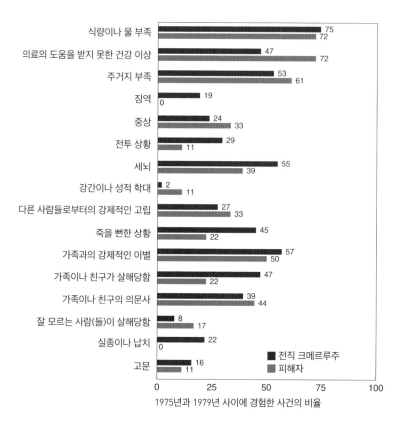

식량이나 물 부족 75 / 72
의료의 도움을 받지 못한 건강 이상 47 / 72
주거지 부족 53 / 61
징역 19 / 0
중상 24 / 33
전투 상황 29 / 11
세뇌 55 / 39
강간이나 성적 학대 2 / 11
다른 사람들로부터의 강제적인 고립 27 / 33
죽을 뻔한 상황 45 / 22
가족과의 강제적인 이별 57 / 50
가족이나 친구가 살해당함 47 / 22
가족이나 친구의 의문사 39 / 44
잘 모르는 사람(들)이 살해당함 8 / 17
실종이나 납치 22 / 0
고문 16 / 11

■ 전직 크메르루주
■ 피해자

0   25   50   75   100

1975년과 1979년 사이에 경험한 사건의 비율

그림 1 크메르루주 정권 당시 보고된 트라우마의 경험. 캄보디아에서는 '피해자'와 '가해자'를 명확하게 구분하는 것이 매우 어렵다. 이 그래프에서 알 수 있듯이 전직 크메르루주 조직원과 피해자 모두 크메르루주 정권 당시 비슷한 트라우마를 경험했다고 밝혔다.

에게 역할을 주기 시작했다는 점이다. 어떤 면에서 보면 국민 전체가 크메르루주에 속해 있었다. 캄보디아 사람들이 내게 말했듯이 '진짜 피해자'는 정권에 가담하지 않았기 때문에 죽었다. 모두가 유죄이거나 모두가 무죄인 상황이었다. 따라서 한편으로는 진짜 피해자는 거의 남지 않았고 오직 정권 구성원만 남은 것이고, 다른 한편으로는 모두 정권 아래에서 고통을 겪었고 '단지 명령에 따랐을 뿐'인 피해자만 남은 것이다.

[그림 1]은 내가 인터뷰한 사람들의 자료인데 센터 소장이 전해준 말을 토대로 1975년과 1979년 사이에 과거 크메르루주 조직원으로 확인된 사람들과 과거 피해자로 확인된 사람들이 경험한 사건의 수를 나타낸 것이다. 그림에서 알 수 있듯이 이 두 집단은 모든 범주에 걸쳐 비교적 비슷한 고통을 겪었다.

서론에서 언급했듯이 정권 아래에서는 야자나무 작업반, 의료반, 이동 작업반, 중년 이동 작업반, 여성 이동 작업반, 선생, 군대, 감옥 경비 등 많은 역할이 부과되었다. 그래서 인터뷰 대상자들에게 크메르루주 정권 동안 어떤 역할을 했는지도 물었다. 그들의 역할을 아는 것이 '다른 사람을 다치게 하거나 죽인' 사람과 아무에게도 해를 끼치지 않고 단순히 낮은 수준의 역할을 한 사람을 식별하는 데 도움을 줄 것으로 생각했다. 예를 들어 야자나무 작업반에서 일하는 사람들의 일은 매일 야자수에서 코코넛을 모으는 것이었고, 이동 작업반은 모아진 쌀을 운반해야 했다. 하지만 잠재적 가해자라는 역할을 결정할 때 누군가의 역할을 아는 것이 그리 쉬운 일이 아니라는 것은 금방 드러났다. 예를 들어 나는 의료반이 상처를 입은 사람이나 아픈 사람의 치료만 한 것으로 생각했다. 하지만 크메르루주 정권 당시 일부 의료반에서 끔찍한 행위가 저질러졌다는 사실을 알게 되었다. 크메르루주는 서양에서 온 것은 모두 거부한다는 것이 목표였으므로 서양 의학을 전면적으로 거부했다. 의료 자격증이 전혀 없는 사람들도 의료반에서 일하도록 선발되었는데 일부는 10대 초반에 불과했다.[31] 그 결과 수많은 고문과 사망이 발생했다. 보고된 바에 따르면 그들은 아직 살아 있는 사람의 몸을 갈라 코코넛 밀크를 주입한 뒤 건강에 긍정적인 효과가 있는지 확인했다고 한다. 어떨 때는 마취 없이 살아 있는 사람의 간을 제거하는 바람에 대상이 즉사하기도 했다. 그들 중 대부분은 자신이 무엇을 하고 있는지 전혀 몰랐고 캄보디아의 전통 의학에 대해서도 아는 것이 전혀 없었다.

그래서 나는 크메르루주에 소속되었던 사람이라면 누구나 인터뷰에 포함하기로 했다. 그들이 누군가를 죽이거나 다치게 했는지와 상관없이, 당시 모든 사람의 입장을 이해하는 것이 매우 흥미롭다고 생각했다. 그들이 크메르루주 조직 내에서 어떤 위치에 있었든지 말이다. 이와 같은 이해는 크메르루주 조직의 구조와 책임 분산 방식이 어떻게 실행되었고 어떻게 그렇게 오랜 기간 유지되었는지를 더 잘 이해하게 해주는 핵심 요소다.

또한 나는 대학의 연구 조교 대신 현지 센터 직원에게 인터뷰를 진행해달라고 요청했는데, 이는 인터뷰 대상자가 질문에 더 편안하게 대답할 수 있기를 바랐기 때문이다. 전직 크메르루주 조직원들은 무슨 일이 일어났는지 거의 말하려 하지 않았는데 심지어 가족에게도 전혀 알려주지 않았다. 나는 대량학살 이후 태어난 1세대 중 몇몇과 이야기를 나누었는데 그들 대부분은 정권 기간에 부모가 어떤 역할을 했는지 전혀 몰랐다고 했다. 몇몇은 당시 부모가 군인이었다는 사실을 알고 있었지만 그들이 한 일을 이야기한 적은 전혀 없었다고 덧붙였다.

전반적으로 나는 인터뷰에 큰 기대를 하지 않았다. 그리고 인터뷰 중에 그들이 말을 하지 않는 문제가 있으리라는 내 우려는 현실이 되었다. 르완다에서는 사람들이 공개적으로 범죄 가능성을 인정했지만 캄보디아에서는 60건의 인터뷰를 시행한 결과, "1975년과 1979년 사이에 누군가를 다치게 한 적이 있나요?"라는 질문에 모두 "아니요"라고 답했다.

물론 이 기간에 실제로 아무것도 하지 않은 사람들만 인터뷰 응답자로 모집했을 수도 있다. 그러나 10명은 1975년부터 1979년 사이에 군인이나 간수로서 수감자를 킬링 필드*로 이송한 적은 있다고 시인했다. 이 사람들은 모두 그때 누구에게도 해를 끼친 적이 없다고 말했고 한 명은 답변을 거부했다. 그래도 인터뷰에 응한 60명 모두 사람들이 조직적으로 살해당하는 것을 목격하거나 들었다고 말했다. 당시 100만 명이 넘는 사람이 살해당했고, 모든 사람이 그 사건을 목격하거나 들었다는 것은 인정하면서도 아무도 어떤 식으로든 가담했다고 인정하지 않았기 때문에, 우리는 르완다에서 진행한 인터뷰만큼 유익한 정보를 얻기는 힘드리라는 것을 바로 깨달았다.

다른 학자들도 크메르루주 정권 아래에서 발생한 폭력에 연루된 사람들과 인터뷰를 진행하면서 비슷한 어려움을 겪었다. 미국의 인류학자 알렉산더 힌튼Alexander Hinton은 박사후논문 연구를 위해 캄보디아에서 수개월을 보냈다. 논문 중 하나에서 그는 수천 명의 사람이 고문을 당하고 사망했던 악명 높은 구금 시설인 뚜얼슬렝Tuol Sleng(S-21이라고도 함)에서 일했던 전직 군인과 나눈 대화를 설명했다.[32] 힌튼은 다른 사람들로부터 이 전직 군인이 1975년에서 1979년 사이에 최소 400명을 죽였다는 사실을

---

* 킬링 필드는 크메르루주가 주로 국가의 적이라고 여겨지는 사람들, 지식인, 전문가, 종교인, 소수 민족을 표적으로 삼아 희생자를 처형하고 매장한 곳이다. 크메르루주 정권은 통치의 잠재적 위협을 제거하고 농민을 기반으로 한 동질적 사회를 만드는 것을 목표로 삼았다. 크메르루주가 무너진 후 법의학 팀은 다양한 킬링 필드의 집단 매장지를 발굴해 희생자들의 유해와 개인 소지품을 발견했다. 집단 매장지는 캄보디아 전역에 흩어져 있었는데, 주로 과거의 감옥이나 강제노동 수용소 근처였다. 널리 알려진 장소로는 쯔엉아익, 뚜얼슬렝 등이 있다. 후자는 원래 학교 건물이었지만 감옥과 고문 센터로 개조되었다. 이는 대량학살과 잔혹행위의 규모에 대한 반박할 수 없는 증거라고 할 수 있다.

들게 되었다. S-21에 수감되었던 또 다른 사람은 이 남자가 2,000명 이상의 남성, 여성, 어린이를 처형했다고 했다. 그러나 힌튼은 그에게 그러한 행위에 관해 말하게 하는 데 결국 실패했다. 그 인터뷰 대상자는 간수였다는 것과 수감자를 수송했다는 것만 인정했을 뿐 누군가를 처형한 적은 없다고 부인했다. 힌튼의 추가 심문 끝에 그는 마지못해 한두 명을 죽였다고 인정했지만, 다른 사람들이 자신을 신뢰할 수 없다고 비난하는 것을 피하기 위해 그렇게 했다고 덧붙였다.

인터뷰 대상자가 인터뷰에 응하도록 설득하는 어려움 외에도, 사건이 거의 50년 전에 일어났고 대부분의 인터뷰 대상자가 상당히 나이가 많았다는 또 다른 난관이 있었다. 우리는 일부 인터뷰에서 날짜나 때로는 역할이 일치하지 않는다는 것을 알게 되었다. 예를 들어 한 여성은 1975년에 남편과 같이 살기 위해 귀국했다고 보고했지만 그녀는 1977년에 결혼했다. 또한 여성은 1976년과 1977년 사이에 주방에서 일하고 요리를 했다고 말했다. 그러나 그녀는 같은 인터뷰에서 당시 군에 입대해 97명으로 구성된 부대의 지휘를 맡았다고 짧게 언급했다.

따라서 다음 섹션에서는 주로 르완다의 과거 집단학살 가해자로부터 얻은 답변에 초점을 맞추었다. 가능한 선에서 전직 크메르루주 조직원들의 이야기도 소개할 것이다.

인터뷰 해석

다음 페이지에서는 각 인터뷰에서 물어본 핵심 질문을 소개한다. 예를 들면 응답자가 집단학살에 가담한 이유나 가담했을 때 느꼈던 감정 등이 있다. 나는 공통점을 도출하고 어려웠던 점을 강조하며 해석을 제공할 것이다. 내용 사이에 가해자가 직접 말한 답변을 번역한 수많은 예도 제시할 것이다. 이러한 방식을 통해 우리는 심리적, 사회적, 정치적, 경제적, 문화적 요인들이 얽혀 나타나는 집단학살이라는 현상의 복잡성을 이해할 수 있다.

왜 그런 범죄를 저질렀나요?

르완다에서는 응답자의 대다수가 '나쁜 정부'의 명령을 따랐기 때문에 범죄를 저질렀다고 말했다. 일부는 강요 때문에 그런 범죄를 저질렀다고 말했고, 다른 일부는 집단의 영향을 받아 범죄를 저질렀다고 말했다. 이 세 가지 이유는 사람들의 행동을 유발할 수 있는 세 가지 형태의 사회적 영향력을 나타낸다. 바로 복종obedience, 순응compliance, 사회적 동조social conformity다.

동조conformity는 어떤 집단에 동의하지 않더라도 그 집단에 맞추려고 자신의 행동을 바꾸는 것으로 정의할 수 있다. 개인이 동조할 때 그들은 단지 다수에게 받아들여지기를 원할 뿐이다. 하지만 복종과 순응의 차이는 미묘하다. 복종obedience은 어떤 사람이 권위 있는 인물의 직접적인 지시나 명령에 의심 없이 따르는 사회적 영향력의 한 형태를 말하며, 순응compliance은 다른 사람이나 집단의 요청을 따르는 것을 말한다.

순응의 예로는 교사가 엄격한 마감일을 공지한 후 벌칙을 피하려고 제때 과제를 제출하는 학생이나, 거리에서 모금 활동가에게 설득당해 자선단체에 돈을 기부하는 사람을 들 수 있다. 복종의 예로는 전쟁 중에 개인적으로는 도덕적 이의가 있더라도 전투에 참여하라는 명령을 따르는 군인이나, 회사 정책에 전적으로 동의하지는 않더라도 상위 경영진의 지시에 따르는 직원을 들 수 있다. 따라서 복종은 공식 권위자의 명령에 따르는 것과 관계되므로 더 형식적인 형태의 영향력이고, 순응은 어떤 이유로든 누군가의 명령을 따르는 데 동의하는 것을 의미한다. 특히 순응은 협박이나 처벌을 통해 준수율을 높일 수 있다. 순응과 복종은 구별하기 어려울 수 있는데, 이는 개인이 권위자와 그의 정당성을 어떻게 인식하는지에 따라 달라지기 때문이다. 따라서 '복종'의 주요 범주는 다음처럼 나눌 수 있다.

집단 공격

서론에서 언급했듯이 르완다의 무장 민병대인 인테라함웨는 1994년 집단학살에 책임이 있다. 이 단체 구성원들이 살인을 주도하고 다른 사람들이 이에 가담하도록 영향을 미쳤기 때문이다. 인테라함웨라는 단어는 문자 그대로 '함께 공격하는 자들'로 번역할 수 있다. 실제로 범죄에 관해 물었을 때 다수의 과거 르완다 가해자들은 어떻게 죽였는지 설명하기 위해 이기테로igitero(복수형은 ibitero)라는 단어를 사용했는데, 이는 집단 공격을 의미한다.[33] 르완다에 오기 전에 나는 그곳에서 인터뷰를 진행한 몇몇 학자들의 저술을 읽었다. 나는 키냐르완다어를 몇 단어만 알고 있었는데 이기테로가 그중 하나였다.

우리가 처음 인터뷰한 사람은 7년간 감옥에 갇혔던 61세 남성이었다. 그는 실제로 집단학살 당시 한 일을 이야기하고 싶어 하지 않았지만 서면으로 설문지에 답한 뒤 추가 질문이 있을 때 이야기하는 것에는 동의했다. 그가 설문지를 완성한 후 나는 연구 조교 한 명과 함께 키냐르완다어로 쓰인 답변을 읽었다. "왜 살인 행위에 가담했나요?"라는 질문에 이비테로BITERO가 대문자로 쓰인 것을 보았다.

나는 단순히 르완다에 도착하기 전에 읽었던 기존 인터뷰에서도 반복해서 나오는 문구인 "우리 집단이 한 일입니다"보다 훨씬 자세하고 정확한 이유를 알고 싶었다. 그래서 약속대로 그와 이야기를 나눴고, 그는 실제로 다른 이유는 없다고 말했다. 집단 내에서 살인 행위를 수행한다는 점이 그에게 큰 영향을 미쳐, 태어나서 한 번도 살인을 저지른 적이 없었는데도 살인을 저지를 수 있었다. 우리가 인터뷰한 49명의 가해자 중 19명은 집단 공격에 가담한 혐의로 유죄 판결을 받았으며, 아홉 명은 살인 행위를 저지른 이유가 이기테로라고 밝혔다.

다음은 우리가 진행한 인터뷰에서 발췌한 예다.

- 우리 무장집단은 일곱 명을 죽였습니다. 죄송합니다. 실제로는 아이 일곱 명과 그 어머니까지 총 여덟 명이었습니다. (P130)
- 나는 투치족을 쫓아 집단 공격에 가담했고 순찰을 돌며 많은 투치족을 죽였습니다. (P128)
- 나는 살인과 약탈을 저지르는 집단 공격에 가담해 범죄를 저질렀습니다. (P133)
- 어떤 습격에서 누군가를 죽였는데 나도 그 일에 가담했습니다. (P154)

그들이 자신의 행동을 정당화하기 위해 집단을 이용하는 것이 정말로 그들의 가담에 대한 이해를 반영하는 것인지, 아니면 죄책감을 덜기 위해 이런 논리를 만들어 낸 것인지는 알기 어렵다. 아마 그들 자신도 답을 모르고 있을 것이다. 제3장과 제4장에서 살펴보겠지만 집단은 행동에 엄청난 영향을 미칠 수 있는 강력한 사회적 구조다.

(나쁜) 권위에 대한 복종

1992년에 미국의 역사학자 크리스토퍼 브라우닝Christopher Browning은 제2차 세계대전 중 독일 질서경찰Ordnungspolizei, Orpo의 한 부대인 101예비경찰대대에 소속된 125명의 심리 분석을 담은 책을 출간했다. 이 책은 그들이 심문 중에 제공한 증언을 바탕으로 작성되었다.[34] 그들 중 다수는 가족이 있는 중년이었다. 그들은 나이가 많아 독일군에서 쓸모가 없다고 여겨졌기 때문에 독일 경찰에 배치되었다. 1942년 그들이 폴란드에 도착했을 때 지휘관인 빌헬름 트랩Wilhelm Trapp 소령은 그들에게 요제푸프시에 있는 유대인들을 모아 남자들은 수용소로 끌고 가고 여자와 아이들은 죽이라고 명령했다.

하지만 트랩은 예상치 못한 제안을 했다. 그는 자신의 부하들에게 총살 집행에 가담하기를 원하지 않는 사람은 면제받을 수 있다고 말했다. 트랩 자신은 맡은 임무를 좋아하지 않았던 것 같지만, 최고위 권위자로부터 명령이 내려졌으므로 그 일을 해야 했다.

125명 중 오토 율리우스 쉼케Otto-Julius Schimke 한 명만이 거부했다. 중대장 호프만 대위가 부하 중 한 명이 임무를 거부하는 것을 보고 분노했을 때, 트랩이 쉼케를 보호한 것을 보고 그의 약속이 거짓이 아니라는 것을 알자 12명이 더 합류했다. 1942년 7월 13일, 그 대대는 유대인 1,500명을 처형했다. 전체적으로는 3만 8,000명을 직접 총살한 것으로 추산된다. 죽음의 열차에서 강제 이송 중 죽은 사람까지 고려해 보면 이 대대가 살해한 사람의 총수는 8만 3,000명으로 추산된다. 처형 중에 몇몇 사람은 임무에서 제외되어 다른 임무를 맡긴 했지만, 그러한 명령을 거부해도 아무런 처벌이 없었음에도 대대의 80~90퍼센트가 계속 처형에 가담했다. 게다가 강압적인 요소도 없었다. 크리스토퍼 브라우닝은 권위에 대한 복종이 그렇게 많은 평범한 사람이 살인자가 된 이유를 설명하는 데 중요한 요인이라고 주장했다.

명령을 따랐을 뿐이라고 핑계를 대는 것의 주된 목적은 책임이 없음을 표현하고자 함이다. 그 방법으로 그들은 자신의 행동에 대해 책임과 해명을 회피한다. 가장 악명 높은 역사적 사례는 제2차 세계대전 후 뉘른베르크 재판에서 나치 고위 간부들이 내세운 "Befehl ist Befehl"(직역하면 "명령은 명령이다")라는 변명일 것이다. 이는 부하 직원으로서 상관의 명령을 따랐기 때문에 범죄에 책임이 없다는 생각을 말한다.[35] 나치 고위 장교들은 나치 정권을 지배하는 지도자 원칙(즉 총통 원칙Führerprinzip)을 따랐다고 주장했다. 이 원칙은 기본적으로 모든 사회 구성원이 총통에게 절대적인 또는 거의 절대적인 복종을 해야 한다는 것을 의미한다.[36] 총통의 말은 법위에 있는 것으로 간주됐다. 나치 장교들은 히틀러에게 충성을 맹세했기 때문에 명령을 따라야 했다. 따라서 그 원칙대로라면 그들의 행동에 책임을 부과할 수는 없었다.

명령에 복종해야 한다는 의무 아래 책임이 감소한다는 주장은 실제로 국가 역사상 모든 집단학살에서 발견된다. 르완다에서는 이러한 일반적인 반응에 변형이 가해져 가해자들이 '나쁜' 지도자의 명령을 따랐다는 개념이 추가되었다.[17, 37] 내가 진행한 인터뷰에 따르면, 49명의 인터뷰 대상자 중 33명이 그들이 대량학살을 저지른 이유는 '나쁜' 정부가 그렇게 하라고 했기 때문이라고 말했다. 인터뷰 대상자들은 다음과 같이 변명을 했다.

- 내가 그런 짓을 한 이유는 투치족을 죽이도록 우리를 훈련한 나쁜 정부 때문이었습니다. (P129)
- 나쁜 정부는 우리에게 투치족을 죽이라고 명령했습니다. 우리에게는 그런 의도가 없었지만 나쁜 정부가 우리를 설득했습니다. (P140)
- 우리가 동물이 아닌데도 사람을 죽이고 동물이 되라고 지시한 것은 바로 나쁜 지도자입니다. 맞아요. 이 일을 일으킨 것은 우리가 아니라 지도자였습니다. (P146)
- 내가 그 범죄를 저지른 것은 그때 당시 있었던 나쁜 정부 때문이었습니다. 그들이 우리 보고 죽이라고 한 것이지 내가 한 것이 아니었습니다. (P148)
- 내가 저지른 범죄는 당시 그 자리에 있던 지도자들이 나에게 하라고 시킨 대량학살이었습니다. 그들은 투치족이 나쁜 사람들이라며 죽이라고 부추겼습니다. (P151)
- 내가 그런 짓을 하게 된 건 우리를 이끌고 동포를 죽이도록 부추긴 나쁜 정부 때문이었습니다. (P167)

중요한 것은 '집단 공격'이라는 정당화와 '나쁜 정부에 대한 복종'이라는 정당화 사이에 중복된 대답이 단 한 건도 없었다는 점이다. 사람들은 둘 중 하나를 말했다. 이는 다양한 형태의 사회적 영향력에 따라 사람들의 반응이 다를 수 있음을 시사하므로 흥미롭다. 르완다의 집단학살에는 자칭 정부의 공식 명령에 따라 살인이 시작되었고, 대부분의 살인이 집단적으로 이루어졌기 때문에 대다수 사람이 이에 동참하도록 만드는 데 매우 유리한 조건을 제공한 사례였다.

르완다에서는 권위에 대한 존중과 경의가 문화적으로 중요하다. 많은 학자와 언론인은 권위에 대한 존중이 집단학살을 설명하는 데 중요한 요소라고 주장했다.[38, 39] 예를 들어 일부 학자는 많은 후투족이 자신의 투치족 아내가 살해당하도록 허용한 것은 이러한 '뿌리 깊은 복종 문화'에 기인한다고 보고했다.[40] 따라서 학자들은 집단학살 가해자들이 사용하는 권위에 대한 논리가 널리 퍼져 있을 것으로 예상했다.

하지만 권위에 대한 복종이 지역 문화의 중요한 부분이기는 해도 절대적이라기보다는 상대적이며 상황에 따라 달라진다. 예를 들어 1980년대전 세계적인 커피 위기 당시 커피 가격이 폭락하자 많은 농부는 다른 작물로 생산을 전환하려는 유혹을 받았다. 르완다 형법(1978)에 따라 금지되어 있음에도 일부 농민은 커피나무를 뽑아내고 법을 어겼다.[41] 다른 예로는 가차차법원에 출석하라는 지역 관리의 강요를 피해 바나나 숲으로도망치는 농부나 의무적인 공동 노동인 우무간다umuganda[42]를 회피하는 농부를 들 수 있다. 우무간다는 르완다의 전통적인 활동으로 대학살 이후화해를 돕는 수단으로 재도입된 것이다.

한편 집단학살 중에도 불복종 행위가 관찰되었다. 일부 사람은 학살에 가담하기를 거부했고 심지어 사람들을 구하기 위해 자신의 목숨을 걸기도 했다. 따라서 권위에 대한 복종이 중요한 요소이기는 하지만, 르완다 집단학살을 이해하려면 '단순한' 살인을 넘어 잔혹행위와 고문 행위의 원인이 된 여러 요인과 함께 가해자의 주체성도 고려해야 한다.[13, 14] 실제로 몇몇 집단학살 가해자들은 지시받은 명령보다 훨씬 심한 행동을 했다. 르완다에서 일어난 집단학살은 가장 심할 때는 시골에서 쓰는 도구를 이용해 심지어 친척에게까지 갖은 고문을 하는 행위로도 이어졌다.

이것이 바로 권위에 대한 복종의 가장 큰 문제다. 죄책감 없이 사람을 죽이고 싶다면 "나는 그저 명령을 따랐을 뿐이다"라는 주문 뒤에 숨는 것이 완벽한 변명이 된다. 앞에서 언급한 사례에서 알 수 있듯이 권위에 대한 존중이 문화의 중요한 부분일 때에도 시민들은 자신에게 편의에 따라 복종하거나 불복종하는 것을 선택했다.

강요에 따른 가담

49명의 인터뷰 대상자 중 10명이 강요를 받아서 가담했다고 응답했다. 그들 중 많은 사람은 집단 공격에 가담하지 않으면 자신이 죽임을 당할 수도 있다는 두려움을 느꼈다고 설명했다. 흥미롭게도 응답자의 '집단 공격(이기테로)' 때문이라는 핑계와 일부 겹치는 부분이 있었는데 그들 중 일부는 선택의 여지가 없었거나 목숨이 위험하다고 생각해서 집단 공격에 가담했다고 답했다.

- 당시 정부에서는 살인이 거의 합법적이었으므로 사람들은 목숨을 잃을까 두려워했습니다. 그래서 나는 그들이 시킨 대로 하기로 했

습니다. (P126)

- 설사 그들에게 합류하지 않겠다고 해도 젊다는 이유로 강제로 끌고 갔을 것입니다. 나는 자기방어의 한 방편으로 집단 공격에 가담했습니다. 왜냐하면 합류하기를 거부했을 때 그들이 나를 때리고 어딘가 부러뜨려서 문제가 생길 수 있었기 때문입니다. (P137)
- 당시에는 다른 사람에게 협력하지 않으면 위험에 처할 가능성이 컸기 때문에 그것은 나 자신을 보호하려는 방법이었습니다. 심지어 그들은 우리 집에 숨어 있는 사람을 발견하고 우리 아빠를 죽였을 뿐 아니라, 우리 소까지 도살했습니다. 그래서 그것은 나 자신을 보호하기 위한 방법이었습니다. (P147)
- 결국 내가 그런 행위에 동의한 이유는 집을 떠났다가 공격당했기 때문입니다. 집에 있는 동안 다친 것은 아니었으니 그 일을 부인하지는 않겠지만, 의도적으로 한 것은 아니었다는 점을 이해해 주셨으면 합니다. 나 혼자 가지 않고 집에 남았다는 것 때문에 아이들이 괴롭힘을 당할까 봐 그런 것입니다. (P158)
- 내가 간 이유는 그들이 우리를 강제로 끌고 갔기 때문입니다. 다른 이유는 없습니다. (P162)

자신이 결백하다고 주장하는 사람 중 한 명은 인터뷰 중에 실제로 다음과 같이 말했다.

- 집단학살이 일어날 동안 우리는 투치족이 국가의 적이고 르완다를 공격하려 했으므로 살해당했다는 말을 들었습니다. 우리는 그

이야기에 겁을 먹었기 때문에 어떤 사람들은 투치족을 죽이러 갔고 또 어떤 사람들은 가지 않았습니다. 그러나 만약 가지 않는다면 벌금을 내야 했습니다. 나는 2만 1,000르완다프랑을 냈습니다. 당시 나는 사업가였는데 내가 가기를 거부하니까 그들이 내 돈을 빼앗았습니다. (P157)

어떤 사람들은 명령을 따르거나 집단의 영향으로 살인을 저질렀다고 주장했지만, 어떤 사람들은 집단에 가담하지 않아 목숨이 위험해지는 일을 실제 두려워했던 것으로 보인다. 이는 인테라함웨가 집집마다 찾아가 남자들에게 살인에 동참하라고 말했다는 일부 주장과 일치한다. 당시 투치족을 죽이는 것은 일종의 의무였고 이에 가담하지 않거나 벌금을 내지 않으면 처벌을 받을 수 있었다. 강요에 의해 학살에 가담하는 것을 거부한 많은 온건한 후투족도 집단학살 기간에 살해당했지만 역사가 이들을 다루는 일은 더 드물다.

기타 근거

어째서 폭력을 저질렀는지에 대해 언급한 다른 이유들을 보면, 네 명의 응답자는 약탈하고 싶어 가담했다고 답했다.

- 내가 집단 공격에 가담한 이유는 정부가 약탈을 독려했기 때문입니다. 주인이 죽었거나 도망쳤기 때문에 약탈을 하러 갔습니다. (P136)

- 내가 그런 집단학살 범죄를 저지른 이유는 그들이 투치족을 죽여
  야 한다고 말했기 때문입니다. 내가 그들을 죽일 능력이 안 된다
  는 것을 안 뒤에는 남겨진 물건들을 찾아 돌아다녔습니다. (P143)

장 하츠펠트에 따르면 많은 가해자들은 그들의 아내들이 직접 학살에
가담하지는 않았지만, 남편들이 '하루 일과'를 마치고 집에 돌아왔을 때
더 많은 약탈과 강탈을 위해 살인을 계속하라고 부추겼다고 했다. 1만 명
의 투치족이 살육당한 냐마타 교회에는 많은 여성이 죽은 사람의 키텡
게*나 기타 개인 소지품을 훔치러 왔다. 몇몇 가족이 살해되자 살인자의
아내들이 집 안으로 들어와 귀중품이나 돈이 될 만한 모든 것을 가져갔다.
  인터뷰 참가자 중 두 명만이 상대가 투치족이라는 것 때문에 죽였다고
말했다. 이는 매우 놀라운 결과인데, 왜냐하면 인종 청소를 시작한 주된
이유로 정부가 내세운 것이 바로 이 점이었기 때문이다.

- 나는 그들이 투치족이라는 이유로 죽였습니다. 당국이 투치족은
  국가 지도자를 죽인 나쁜 사람들이므로 죽여야 한다고 말했고, 수
  업에서는 CDR** 정당을 위해 일어서야 한다고 가르쳐 주었는데
  그들도 투치족이 나쁘다고 말했습니다. (P144)

---

* 키텡게는 밝은 색상과 무늬가 있는 직물로 르완다와 동아프리카의 다른 나라에서 흔
  히 입는다. 르완다에서는 키텡게가 특히 여성용 드레스나 스커트의 인기 있는 의류 소
  재다.
** 공화국 방위 연합Coalition for the Defense of the Republic, CDR은 1994년 집단학살이 일어나기
  직전까지 활동했던 극우 후투족 정당이다.

비인간화나 인종적 증오에 대한 언급이 드물다는 점은 주목할 만하다. 이 관찰을 바탕으로 과학 문헌에서는 권위와 사회적 동조를 포함한 사회적 역학이 순수한 인종적 증오보다 더 중요한 역할을 했다고 제시한다.[321]

응답자 세 명은 무지해서 또는 정부의 유혹에 빠져서 집단학살에 가담했다고 말했다.

인터뷰 결과에 따르면 르완다에서 인터뷰 대상자의 집단학살 가담을 설명하는 가장 광범위한 이유는 권위에 대한 복종이었다. 일부는 집단의 영향을 받았다거나 가담을 강요당했다고도 밝혔다. 그러나 단지 10명만이 강제로 가담했다고 고백했는데 이는 사람들이 집단학살에 가담하도록 설득하는 데 반드시 강압적인 요소가 사용된 것은 아님을 보여준다.

캄보디아에서는 과거 크메르루주 요원 60명을 인터뷰했지만 모든 질문에서 일관성 있는 답변을 얻지 못했다. 때로는 응답자들이 설명하거나 기억하기 너무 어렵거나, 대답하고 싶지 않다고 말했다. 역할과 관계없이 전직 크메르루주 조직원으로 확인된 사람들에게 정권에 참여한 이유를 묻는 질문도 있었다. 이 질문에 답한 40명의 응답자는 모두 단지 명령을 따랐을 뿐이라고 설명했고, 대부분 매우 간단히 답변했다. 그들 대부분은 명령에 따르지 않으면 죽을 가능성이 있었다고도 말하며 강압 요소가 분명히 있었다고 이야기했다.

- 물론 열악하게 (그런 환경에서) 사는 것은 정말 힘들었고, 고단한 삶이었습니다. 특이한 상황이어서 어떻게 벗어나야 할지 몰랐습니다. 우리는 그들이 시킨 대로 해야 했습니다. (R101)
- 우리는 모두 그들의 명령을 따랐습니다. 그들을 따르지 않으면 그

들은 조직에 복종하지 않는다고 말했습니다. 우리는 죽을 수도 있었습니다. (R127)

- 우리는 그들의 지배를 받았습니다. 그들은 우리를 통제했습니다. (R132)
- 그 당시에 나는 어떤 특별한 역할도 맡지 않았습니다. 단지 여성 부대의 일원일 뿐이었고 지시받은 일은 무엇이든 해야 했습니다. 만일 내가 거부했다면 끌려 나가 살해당할 수도 있었습니다. (R103)
- 나는 명령을 받았으므로 그렇게 할 수밖에 없었습니다. (R113)

1975년부터 1979년 사이에 폴 포트 정권이 사람들을 아주 쉽게 살해했다는 것은 역사적으로 분명히 기록되어 있다.[45] 이념의 반역자로 여겨지거나 정권을 위해 충분히 열심히 일하지 않으면 증거가 있든 없든 대개 잠재적 공범으로 여겨져 가족과 함께 살해당할 수 있었다. 사람들은 언제든지 처형당할 수 있다는 두려움 속에 살았는데, 많은 응답자는 이 부분을 정권에 참여한 이유를 설명할 때보다 훨씬 더 자세히 설명했다.

- 그들은 우리에게 죽을 때까지 일을 시켰고 우리는 살해당할까 봐 감히 반항하지 못했습니다. 그들이 시키는 대로 온갖 일을 했는데 정말 힘들었습니다. 어떤 사람들은 팔이나 다리가 부러져 장애를 가지게 되었습니다. 그 당시 나는 협동조합의 지도자였고 가끔 그들이 우리를 차로 데려가기도 했는데 어디로 데려가는지 알 수 없었습니다. 만일 죽어야 하는 상황이면 죽을 것이라고 생각했습니

다. 만약 우리가 반역죄로 고발당한 것이라면 살해당하겠지요. 다행히 우리는 살아남았습니다. 잠자다가 몇몇 사람들이 불려가 사라지는 일이 있었기 때문에 살아서 깨어날 수 있을지 알 수 없었고 그것이 두려웠습니다. (R3)

- 그 당시 나는 이동 작업반에서 일했는데 밤낮으로 일해도 충분한 식량을 얻을 수 없었습니다. 아파도 침대에서 일어나지 못하는 상태가 아닌 이상 그들은 쉬는 것을 허락하지 않았죠. 그 당시에는 약도 없었고 그들이 너무 두려워 감히 말을 꺼내지도 못했습니다. 1977년에 다시 그들이 우리를 아주 심하게 고문하고 때렸습니다. 우리 땅에서 재배한 음식이라 할지라도 음식을 가져가서 먹는 것 같은 사소한 문제 때문에 처벌을 받았습니다. 그들은 우리를 죽이기도 했습니다. (R1110)

르완다와 캄보디아의 두 가지 상황을 비교하는 것은 매우 어려운 일이다. 그러나 역사적, 경제적, 정치적 상황이 매우 달랐음에도 넓은 관점에서 보면 사람들이 그 행동을 저지른 이유를 묻는 질문에서 두 가지 주요 요소가 나타났다. 첫째, 권위에 대한 복종이 르완다와 캄보디아 양쪽에서 중요한 요인이었던 것으로 보이며, 집단학살 중에 어떤 역할을 했는지와 관계없이 많은 사람이 권위에 복종한 것 때문에 학살에 가담했다고 솔직하게 밝혔다. 둘째, 강압적인 요소도 존재했지만 강압이 어느 정도로 일관되게 사용되었는지는 명확하지 않았다.

르완다에서는 가담을 강요받지 않았음에도 많은 사람이 집단학살의 이념을 믿었기 때문에 가담했다. 캄보디아에서는 사람들이 가담하지 않으면 고문을 당하고 살해당할까 봐 두려웠다고 주장했다. 그러나 동시에 많은 사람이 크메르루주 이념과 계급 없는 사회를 만들겠다는 그들의 이상을 지지하기도 했다. 100만 명이 넘는 사망자 숫자는 많은 사람이 다른 관점을 가진 사람들을 조직적으로 살해하며 그 이념이 추구하는 '선'을 위해 행동했음을 시사한다. 과거 자료에 따르면 일부 개인이 더 높은 직위로 진급하려 다른 사람을 죽인 사례도 있었다.[16] 하지만 앞서 언급했듯이 캄보디아에서는 살인에 가담한 사람을 찾아내는 것이 매우 어렵고 인터뷰하기는 더욱 어렵다. 그들은 그 기간에 자신에게나 다른 사람들에게 무슨 일이 일어났는지 솔직하게 이야기하지만, 자신이 다른 사람들에게 무슨 짓을 했는지는 거의 말하지 않는다.

집단학살을 할 당시 어떤 생각을 했나요?

캄보디아에서는 인터뷰 대상자 중 아무도 누군가를 다치게 했다는 것을 인정하지 않았기 때문에 이 질문은 할 수 없었다. 따라서 이 질문은 르완다의 과거 집단학살 가해자들에게만 행해졌다. 나는 이전 인터뷰에서 비슷한 질문을 본 적이 없었으므로 처음에는 이 질문에서 무엇을 기대할 수 있을지 확신이 없었다. 나는 집단학살 가해자들이 유죄 판결을 받은 범죄를 저질렀던 당시의 정신 상태를 더 잘 살펴보고 싶었다. 이러한 인종청소에 참여하게 되어 자랑스럽다고 말할 수도 있고, 매우 부정적인 감정이나 생각을 말할 수도 있을 것이다.

응답은 인터뷰 대상자들에게 집단학살에 가담한 이유를 질문했을 때보다 일관성이 떨어지고 훨씬 더 다양했다. 가담 이유를 물었을 때는 단 6가지 유형만 나왔지만 이 질문에서는 분석을 통해 12가지의 서로 다른 답변

유형이 도출되었다. 여러 응답자가 다양한 감정이나 생각을 나타냈으므로 각기 다른 유형에 포함됐다.

흥미로운 점은 49명 중 14명이 집단학살에 가담할 당시 두려움을 느꼈다고 답했다는 것이다. 그들은 다음과 같이 답변했다.

- 내가 느꼈던 감정은 죽음에 대한 공포였습니다. (P173)
- 그들이 우리 의지를 무시하고 데려갔기 때문에 나는 두려웠습니다. 거부했다면 그들이 우리를 죽일 수도 있었습니다. (P135)
- 내가 했던 생각은 내가 누구도 괴롭히거나 갈등을 일으킬 계획이 없었다는 것입니다. 우리가 거부하면 처벌이 따랐기 때문이죠. 남동생과 형이 집단 공격에 가기를 거부했기 때문에 살해당했기에 남겨진 우리는 그들이 우리를 강제로 데려갈까 봐 두려웠습니다. (P162)
- 그 당시에는 슬픈 일이었습니다. 사냥을 거부하는 사람은 누구나 투치족의 공범으로 불렸기에 우리 자신을 보호하기 위해 그렇게 했으니까요. 심지어 누군가를 숨겼다는 사실만 들통나도 그들에게 살해당할 수 있었고 바로 그 이유 때문에 우리는 살인에 가담하게 된 것입니다. (P146)
- 집단학살 때 나는 죽을 것이라고 생각했습니다. (P163)
- 사실 나는 사람들이 죽어서는 안 된다고 생각했지만 나쁜 정부가 강제로 우리를 서로 죽이도록 부추겼습니다. 그들은 우리를 독려하기 위해 무력을 사용했는데 참여를 거부하면 처벌하고 벌금을 물게 했습니다. 제가 말할 수 있는 것은 그것뿐입니다. (P167)

응답자 중 12명은 그들이 그렇게 행동한 이유가 지시받은 명령에 복종하는 것이었다고 다시 언급하면서 다음과 같이 말했다.

- 우리는 그런 생각을 가지고 있지 않았지만, 당시 집권했던 악한 정부가 우리에게 살인을 지시하고 나쁜 이념을 주입했습니다. (P148)
- 정부가 우리를 독려했기 때문에 국민으로서 나는 당시 정부가 정한 법률을 따르는 것 외에 다른 생각은 하지 못했습니다. (P151)
- 정부의 각종 명령과 강요 때문에 우리는 개인적인 생각이나 감정이 없었습니다. (P153)
- 당시 우리는 어렸고 그것이 어떻게 계획되었는지도 모른 채 다른 사람들과 학살에 가담했습니다. 그것은 고위 지도자들이 계획한 것이었습니다. (P154)

응답자 일곱 명은 집단학살 동안 아무런 감정이나 기분도 느끼지 못했다고 답했다. 그들의 답변에는 다음과 같은 반성이 들어 있었다.

- 그 당시에는 우리에게 감정이 없었습니다. 우리는 극악무도함으로 가득 차 있었고 우리 안에는 선한 것이 하나도 없었습니다. (P130)
- 투치족을 죽이겠다는 생각만 있었을 뿐 감정은 없었습니다. (P142)
- 감정은 없었고 감정을 갖는 것도 허락되지 않았으며 그저 시키는

대로만 해야 했습니다. 감정은 없었고 죽이는 것이 일이었으며 일단 살인을 시작하면 살인은 다른 직업을 가질 수 없는 전업이 되었죠. (P171)

- 글쎄요, 우리는 양심이 없었고 마치 짐승과 같았습니다. 우리가 한 일이 매우 나쁜 일이었고 비인도적이었으니까요. (P172)

응답자 여섯 명은 자신이 끔찍하거나 잔인한 사람이라고 느꼈다고 답했다. 특히 한 사람의 인터뷰 내용은 이러한 분위기를 잘 보여준다.

- 끔찍한 살인자가 된 느낌이었습니다. 당신에게 아무런 모욕도 가하지 않은 사람인데 그들과 그들의 소를 살육하는 것을 상상해 보세요. 아시다시피 나는 잔인한 사람이었습니다. 당신 생각에 내가 정상이라고 생각하시나요? 그것은 광기와 탐욕이었는데 내가 정상적인 사람이라고 말할 수 있겠습니까? 예전에 이웃이었고 모든 것을 함께 나누던 사람을 마체테로 살육하는 것보다 더 비인도적인 행위가 있을까요? 나는 사악했습니다. 솔직히 말하면 당시 그 일은 잔인 그 자체였습니다. 소를 보면 마체테로 도살했고 주인을 보면 주인도 도살하고 집도 부숴버렸는데, 그들이 당신의 것을 훔치거나 모욕한 적이 없는 사람이었다고 상상해 보면 잔인함 그 이상의 무엇이 아닐까요? 그것은 잔혹한 살인이었습니다. (P132)

인터뷰 응답자들은 다양한 감정과 생각을 고백했다. 참여자 여덟 명은 이 사건으로 괴로움을 겪었다고 말했고, 두 명은 나쁜 의도가 있었다고 인정했다. 또한 참여자 네 명은 투치족에 대해 부정적인 견해를 가지고 있었고, 다른 두 명은 개인적인 탐욕 때문에 그렇게 했다고 인정했다. 두 사람은 자신이 사악하다고 느꼈고, 한 사람은 무지함을 언급했으며, 또 다른 한 사람은 범죄를 저질러도 처벌을 받지 않는다는 점을 생각했다고 했다.

이 섹션을 보면 전혀 생각하지 않고 기계처럼 행동했다는 것부터 자신을 나쁜 사람이나 잔인한 사람으로 여기는 것까지 답변이 상당히 다양하다는 것이 분명하다. 실제로 인간은 그런 상황에서 느끼는 감정이 매우 다를 수 있다. 하지만 이러한 감정의 차이가 다르게 행동할 가능성과 연관되어 있는지에 관한 질문은 아직 제기된 적이 없다.

집단학살에 가담하지 않도록 막았거나 막을 수 있었던 것은 무엇이었나요?

집단학살이 어떻게 끝나는지, 또는 왜 끝나는지에 관한 연구는 거의 이루어지지 않았다.[17] 그동안 외부 개입만이 집단학살 과정을 막을 수 있다는 주장이 제기되어 왔다. 물론 가장 먼저 조치를 취해야 할 곳은 그러한 사건이 발생한 국가의 정부다. 그러나 대부분의 경우, 정부는 자국 국민의 일부를 학살하도록 권한을 부여한 주체이기도 하다. 따라서 이 과정을 막기 위해서는 다른 국가가 개입해야 한다.

과거의 역사적 사례를 보면 목표로 삼은 인구가 전멸하지 않는 한 집단학살이 저절로 끝나는 일은 거의 없었다. 연합군은 나치를 물리쳐 홀로코스트Holocaust를 멈추게 했고, 베트남은 캄보디아를 침공해 크메르루주를 물리치고 집단학살을 끝냈으며, 르완다애국전선Front Patriotique Rwandais, FPR은 르완다를 점령해 투치족에 대한 집단학살을 중단시켰으며, 1995년 크로아티아에서의 공세와 NATO의 개입으로 보스니아 헤르체고비나의 집단학살이 끝났다.

르완다에서 진행한 인터뷰에서 참가자들은 자신들을 멈출 수 있었던 것이 무엇인지에 대한 질문을 받을 것이라고 예상하지 못한 듯 보였고, 우리가 한 다른 질문들보다 이 질문에 훨씬 더 망설이며 답변했다. 이전에 아무도 그들에게 이 질문을 해본 적이 없었던 것처럼 보였기 때문에 향후 연구에서는 답변을 준비할 시간이 주어졌을 때 이들의 답변이 달라질지 살펴보는 것이 흥미로울 것이다.

인터뷰 대상자 중 33명은 인코타니Inkotanyi의 개입만이 그들을 막을 수 있었다고 말했다. 인코타니는 FPR 군대에 주어진 키냐르완다어 이름으로서 '가장 용감하게 싸우는 사람들'이라는 뜻이다. 당시 르완다의 폴 카가메Paul Kagame 대통령이 FPR을 이끌었다. 1994년 7월 4일, 그들은 키갈리를 점령하고 집단학살을 종식했다.

- 내 경우에는 인코타니가 권력을 잡은 후에 거짓말을 퍼뜨리던 나쁜 지도자들이 우리를 남겨두고 르완다에서 도망간 것이 살인을 멈추게 했다고 생각합니다. 기본적으로 인코타니가 르완다에 도착했을 때 집단학살은 중단되었는데 그렇지 않았다면 우리는 모두 서로를 죽였을 것입니다. 우리는 괴물 같았습니다. 아마 투치족을 모두 죽이고 나면 서로를 죽이기 시작했을 것입니다. (…) 그런 다음 인코타니가 와서 나를 체포했습니다. 풀려났을 때는 인간성을 되찾았지만, 그 전에는 괴물이었습니다. 사람을 죽이기로 결심했던 괴물 말이에요. 내가 괴물이었던 것 같지 않아요? (P131)
- FPR이 집단학살을 막았습니다. 그렇지 않았다면 내 경우 범죄를

저지르는 것이 여전히 쉬운 일이라고 생각했을 것입니다. (P129)

• 살인을 막은 것은 바로 인코타니였습니다. 나는 감옥에 갇혔습니다. 그렇지 않았다면 나는 살인을 반복했을지도 모르고 내 자녀들도 똑같은 짓을 하도록 만들었을지도 모릅니다. (P166)

• 이것을 멈추게 한 것은 인코타니가 왔다는 사실 외에는 아무것도 없습니다. 그렇지 않았다면 사람들이 갈망하는 재산과 다른 것들 때문에 우리끼리도 서로 죽였을 것입니다. (P133)

이런 결과는 다른 국가나 정부가 현재 진행 중인 집단학살을 중단하는 데 얼마나 중요한지를 강조한다. 만약 국제사회의 정부들이 더 빨리 행동했다면 일부 집단학살은 더 빨리 중단될 수 있었을 것이다. 이러한 현상은 르완다에서 두드러지는데 학살이 시작되자 국제사회가 그들의 모든 군대를 르완다에서 철수했고 이로써 전체 주민이 살인자의 손에 맡겨졌다. 장 하츠펠트가 인터뷰한 한 여성은 집단학살이 시작될 당시 살인자들이 백인 병사들을 두려워했다고 말했는데, 그 이유는 백인 병사들이 그들을 막을 수 있는 끔찍하고 강력한 무기를 가지고 있었기 때문이다. 하지만 백인 병사들이 사라지자 그들은 이를 방해 없이 학살을 계속할 수 있는 절호의 기회로 여겼다.[30]

캄보디아에서는 모든 답변이 매우 일관적이었다. 질문에 답한 인터뷰 대상자 35명 중 34명은 1979년에 베트남이 나라를 점령하지 않았다면 자기들은 멈추지 않았을 것이라고 했다. 한 응답자는 스스로 멈출 수도 있었을 것이라고 답했지만 그 방법에 대한 자세한 내용은 밝히지 않았다. 캄보디아 인터뷰 응답자들은 다음과 같이 비슷한 생각을 하고 있었다.

- 그들(베트남군)이 그것(크메르루주 정권)을 해체할 때까지 너무 두려워서 떠날 수가 없었습니다. (R112)
- 우리 나라가 매우 혼란스러웠기 때문에 베트남의 개입이 없었다면 우리 나라에 무슨 일이 일어났는지 알 수 없었을 것이라 생각합니다. 나 자신조차도 크메르루주 정권의 동기를 이해하지 못했습니다. 나는 그들이 시킨 대로 했고 반대하지 않았습니다. 그러지 않으면 죽음이 나를 기다리고 있었을 테니까요. (R3)
- 나는 너무 두려워서 그곳(크메르루주 정권)을 감히 떠나지 못했습니다. (R113)
- 캄보디아를 크메르루주 정권으로부터 해방할 방법을 찾을 수 있었을 것 같지 않더군요. (R129)
- 만약 그것을 막을 수 없었다면 우리는 모두 죽고 멸종되었을 것입니다. (R135)

그러나 두 상황 모두에서 다른 국가나 집단이 행동에 나서기로 결정하고 집단학살을 막는 데 성공했을 때는 이미 수만 명의 사람이 학살당한 후였다. 그러므로 가해자들의 마음속에 있는 개인적 요소가 그들이 살인을 멈추는 데 도움이 될 수 있는지 이해하는 것도 중요하다. 이러한 요소는 사람들이 살인에 가담하는 것을 사전에 막기 위해 강조할 수 있다.

르완다에서는 인터뷰를 한 사람 중 18명이 어느 시점에 스스로 멈췄다고 말했다. 하지만 살인에 가담하기를 멈춘 이유는 상당히 달랐다. 두 사람은 매우 실용적인 이유로 멈췄다고 설명했다. 한 사람은 "내가 멈출 수 있었던 것은 살아남은 투치족이 멀리 떨어져 살았기 때문입니다. 그런 이유가 다른 곳으로 가지 않도록 막았습니다"(P164)라고 말했고, 한 사람은 "그건 피로 때문이었습니다. 여기서 그곳까지 가면 지치게 되잖아요. 그래서 멈추게 된 건 피로 때문이었어요. 나는 너무 피곤했습니다"(P171)라고 말했다. 이런 점에서 우리는 거리가 멀지 않았다면 그들이 계속했을 것이라고 생각할 수도 있다.

그러나 인터뷰 응답자 중 네 명은 다른 사람을 죽이는 일을 멈추게 하거나 죽이기를 거부하게 해준 것이 바로 신이었다고 언급했다.

- 그건 나쁜 정부 때문이었고, 내 마음이 나를 밀어붙여 그런 짓을 해서는 안 된다고 느끼게 했어요. 그러니까 그런 일을 한 사람들은 정부에 이용당한 것이죠. 내 경우는 신께서 항상 내 편이 되어 주셨기 때문에 사람을 학대하거나 피를 흘리게 하지 않았습니다. (P134)
- 무엇이 나를 멈추게 했을까요? 나 혼자서는 아무런 힘도 없었습니다. 오직 신만이 저를 도와주셨죠. 그렇지 않았다면 내 인생은 그걸로 끝이었을 거예요. (P158)
- 그것은 신 때문입니다. 학살 중에 생존자가 있었던 이유와 인코타니가 개입하여 학살이 멈춘 것은 오직 신 덕분입니다. 우리는 법에 따라 살아야 했기 때문에 스스로 멈출 수 없었습니다. (P165)
- 인생에서 가장 중요한 건 대부분의 시간을 바쁘게 보낸다 해도 신을 신뢰하는 것입니다. 학살을 멈추게 한 것은 신이라고 말할 수 있습니다. 내 힘이 아니라 신의 능력이죠. (P147)

어떤 이들에게는 종교의 역할이 매우 중요한 것처럼 보인다. 그것이 종교에서 금지하는 범죄를 저지르지 못하도록 그들을 막아주기 때문이다. 그러나 집단학살이 자행되는 동안에는 신앙심이 강한 사람들도 집단학살에 적극적으로 참여했다. 2001년 6월에 벨기에에서 특이한 재판이 열렸다. 소부의 수녀원에 있던 후투족 수녀인 콘솔라타 무칸강고Consolata Mukangango와 줄리엔 무카부테라Julienne Mukabutera 두 명이 수녀원 단지에 피난을 온 투치족 가족을 인테라함웨 민병대에 넘긴 혐의로 유죄 판결을 받았다. 실제로 우리는 르완다에서 동일한 종교를 믿는 생존자와 가해자를 발견할 수 있는데 이는 종교가 끔찍한 행위를 저지르는 것을 항상 막지는 못한다는 것을 보여준다.

개인적 가치와 외부의 영향으로 인해 멈췄다고 말한 사람 중, 일곱 명은 자신이 하는 일이 좋지 않다는 것을 깨달았다고 했다. 그들은 다음과 같은 내용을 말했다.

- 외부의 영향 없이도 나는 아무런 분쟁도 없었던 형제의 집을 내가 어떻게 허물어 버린 것인지에 대해 생각했습니다. 그 후 감옥에 갔을 때 죄를 인정했습니다. 집값을 갚기로 했고, 지금은 다 갚았습니다. (P143)

- 나 역시 마음속으로 그것에 대해 생각했습니다. 나는 우리가 르완다인들에게 저지른 일을 보면서 그것이 나쁘다고 생각했고 마음속으로도, 지금도 그렇게 생각을 합니다. 이것이 우리가 생존자들과 소통하고 용서를 구하는 이유입니다. 나는 여전히 그들의 용서를 구하고 때로는 아무 문제 없이 그들에게 도움의 손길을 내밀

기도 합니다. 그것은 모두 우리에게 사악한 범죄를 저지르게 만든 부패한 정부 탓이었습니다. (P167)

- 내가 멈춘 이유는 그것과 관련된 결과를 보았기 때문입니다. 내 동료들이 죽어가는 것을 보았기 때문이고 우리가 아무 문제 없던 이웃이었기 때문입니다. 그래서 도망치기로 했는데 우리 편 사람들은 죽고 나는 결국 감옥에 갇혔습니다. 나는 많은 스트레스를 받아서 병이 났습니다. 그렇게 우리가 하는 일이 잘못된 것임을 깨달았지만 근본 원인은 우리를 부추긴 지도자들이었습니다. (P172)

또한 세 명은 일어난 일에 대해 슬픔을 느낀다고 밝혔다. 예를 들어 한 사람은 다음처럼 토로했다.

- 그 이유는… 내가 그 일을 그만두게 된 계기는 사람들이 쫓겨나고 죽는 것을 보며 슬프고 괴로웠기 때문입니다… 그래서 우리가 하는 일이 아무 의미 없다고 생각했어요. 얼마 후 상황이 잠시 조용해진 뒤 인코타니가 나라를 해방시켰고, 나는 도망쳤다가 곧장 7월에 돌아왔습니다. 나는 죄책감을 느끼지 않았기 때문에 나라 밖에 오래 머물지 않았지만 1994년 열두 번째 달(12월)에 화해 정부는 범죄를 저지른 사람들을 수감한 후 후속 조치를 하고자 했습니다. 정부가 우리를 돌봐주었는데 2003년에 대통령이 대통령령을 내렸죠. 2003년에 나는 죄를 자백했고 그 후 다시 유죄 판결을 받았지만 바로 그해에 집으로 돌아왔습니다. (P131)

자신이 멈출 수 없었다고 고백한 사람 중에서는 답변을 얻는 것이 훨씬 더 어려웠다. 증오와 폭력으로 눈이 먼 마음은 어찌할 도리가 없는지도 모른다. 그러나 다섯 명은 당시에는 느끼지 못했지만 그들이 멈추는 데 도움이 될 수 있었을 감정이나 느낌을 묘사할 수 있었다. 두 사람은 죄책감을 느꼈다면 그만두었을 것이라고 말했고, 다른 두 사람은 연민이 핵심 감정일 수 있다고 말했으며, 나머지 한 사람은 타인에 대한 사랑이 도움이 되었을 것이라고 이야기했다.

결론

이 장에서는 연구자들이 가해자와 인터뷰를 통해 집단학살에 가담하게 된 심리적, 사회적 요인에 대한 귀중한 통찰력을 얻을 수 있음을 보여주었다. 당시 그들의 동기나 감정이 어땠는지, 어떻게 학살을 멈추게 되었는지, 혹은 어떻게 멈출 수 있었는지에 대해 질문함으로써 얻은 답변들은 가담의 복잡성을 파악하는 데 도움을 준다.

그러나 이런 인터뷰를 하는 것은 민감하고 어려운 과정이며, 생존자들에게 추가적인 피해를 주거나 고정관념을 영구화하는 것을 피하기 위해 신중하게 수행돼야 한다. 더불어 이러한 인터뷰를 통해 얻은 통찰력은 사람들이 동의하거나 기억하기로 한 내용에만 의존한다는 사실을 절대 잊지 말아야 한다. 따라서 인터뷰에만 의존해서는 다른 사람을 해치라는 명령에 복종하는 행위의 복잡성을 충분히 파악할 수 없다. 또 다른 중요한 요소는 집단학살이 극단적이고 드문 사건이므로 인간의 행동을 두고 그런 사건에만 근거해 결론을 도출하면 완전한 그림을 얻지 못할 수 있다는 것이다.

실험 연구는 좀 더 일반적인 맥락에서 복종을 조사하는 데 도움이 되며, 나중에 이것을 더 광범위한 상황과 인구 집단에 적용할 수 있다. 이와 같은 연구를 통해 현실 세계의 집단학살 같은 상황에서는 불가능한, 통제되고 체계적인 복종에 대한 조사가 가능해졌다. 이러한 실험을 통해 연구자들은 특정 요인을 조작하고 이것이 복종에 미치는 영향을 측정할 수 있으며 이로써 근본적인 심리적 과정의 이해를 높일 수 있다. 다음 장에서 논의하겠지만 실험실에서 관찰된 것과 실제 사건에 대한 일반화 사이에는 여전히 간극이 존재하기 때문에 다학적 관점의 필요성이 대두된다.

다음 장에서는 집단 잔혹행위에 가담한 행위를 이해하는 데 도움을 주기 위해 심리학과 신경과학의 여러 실험 연구를 살펴볼 것이다. 그리고 앞으로 살펴보겠지만 사람들은 실험 환경에서도 매우 순종적이며, 심지어 전혀 모르는 다른 사람을 신체적으로 해치라는 요구를 받았을 때조차도 그런 경향을 보인다.

JUST FOLLOWING ORDERS

2

복종에 관한 실험 연구의

간략한 역사

상당수의 사람은 명령이 합법적인 권위에서 나왔다고 생각하는 한,
그 행동의 내용과 무관하게 양심의 제약 없이 시키는 대로 행동한다.
아마도 이것은 우리 연구의 가장 기본적인 교훈일 것이다.
즉 평범한 사람들이 아무런 적대감 없이 단순히 자기 일을 하는 것만으로도
끔찍한 파괴적 과정의 행위자가 될 수 있다는 사실이다.

스탠리 밀그램Stanley Milgram, 『권위에 대한 복종Obedience to Authority』[18]

만일 내가 과학적인 목적으로 여러분을 실험에 초대해서 다른 사람에게 전기 충격(치명적인 충격을 줄 수도 있는 정도까지)을 가하며 점점 강도를 높이는 실험을 한다면 여러분은 그 실험을 할 것인가?

사람들에게 그러한 실험을 할 것이냐고 물으면 그들은 대개 다른 사람을 해치는 일은 절대 하지 않을 것이라고 답한다. 하지만 복종에 관한 실험 연구에 따르면 사람들이 보고하는 것과 실제 상황에서 행동하는 것 사이에 엄청난 차이가 있다는 것이 밝혀졌다. 수백 명의 연구 참여자들이 다른 사람을 심각하게 해칠 정도로 누구나 복종할 가능성이 있음을 증명했다.

여기서 흥미로운 질문이 발생한다. 우리는 정말로 우리 자신을 알고 있는 것일까? 아니면 다른 사람들에게 고통을 주는 한이 있더라도 복종할

것임을 그저 인정하고 싶지 않는 것일까?

일반 대중에게 내 연구 결과를 발표할 때면 종종 "당신이라면 어떻게 했을까요?"라는 질문을 받는다. 물론 나는 확신을 가지고 이렇게 대답하고 싶다. "나라면 실험에서든 실제 상황에서든 누군가를 해치라는 명령에 절대 따르지 않았을 것입니다!" 하지만 내 생각에 가장 솔직한 대답은 "잘 모르겠습니다"일 것이다.

외부의 객관적인 의견을 고려해 본다면 어머니께서는 내가 어렸을 때 명령을 따르거나 남의 말대로 하는 것을 싫어했다고 말씀하실지도 모른다. 나는 매우 조용한 사람이며 대부분의 경우 규칙을 존중한다. 하지만 누군가가 나에게 이거 해라 저거 해라 한다면, 나는 아마 그 일을 하지 않을 것이다. 그렇다고 이것이 내가 어떤 과학적 연구에서 명령을 따르지 않을 것이라고 말할 충분한 증거가 될까? 나와 다름없는 많은 사람이 다른 사람에게 치명적인 충격을 줄 정도까지 복종했다. 왜 나는 다르게 행동할까? 아마도 우리가 직접 그 상황에 부닥쳐 보지 않는 한 우리가 무엇을 할 수 있을지 결코 알 수 없음을 인정하는 것이 현명하리라.

이 장은 역사적인 연구와 나의 현재 연구를 통해 인간의 복종에 관한 연구를 설명한다. 나는 지난 세기 동안 수행된 권위에 대한 복종을 다룬 실험적 연구를 개괄적으로 보여줄 것이다. 복종에 관한 체계적인 연구는 대개 1963년으로 거슬러 올라가는데, 그 당시 스탠리 밀그램이라는 과학자가 복종이라는 주제로 매우 논란이 많은 실험을 시작했다. 물론 1920년대와 1940년대에 수행된 이전 연구에서도 과학적 권위에 대한 극단적인 복종 경향이 나타났지만 이 연구들은 언급되는 빈도가 낮았다.

나는 이러한 실험을 시간에 따라 추적해 개인이 다른 사람을 해치라는 명령에 복종할지와 어떻게 복종하게 되느냐는 질문에 과학자들이 접근한 방법을 자세히 설명할 것이다. 이 연구들은 인간이 극도로 복종적이라는 사실을 반복해서 보여준다. 더불어 내가 직접 연구한 방법론을 제시함으로써 신경학적 수준에서 그 원리를 이해하는 데 도움을 주고자 한다.

복종 연구의 탄생: 초기 실험 연구의 통찰력

1924년에 카니 랜디스Carney Landis는 과학 논문을 하나 발표했는데 감정적 반응을 일으키도록 설계된 일련의 상황에서 감정적 반응을 연구한 다양한 실험을 설명한 것이었다.[19] 실험의 상황으로는 포르노 사진 보기, 대중음악 듣기, 성경 읽기, 피부 질환에 걸린 그림을 보고 자신도 비슷하게 감염된 것으로 상상해 보기 등이 있었다. 17가지 각기 다른 상황 중의 하나가 특별히 흥미를 끈다. 그 상황에서는 21명의 자원자가 테이블에 앉도록 초대되었다. 테이블 위에는 평평한 쟁반과 정육점 칼이 놓여 있었다. 그런 다음 실험자는 지원자들에게 살아 있는 흰쥐 한 마리를 주고 "왼손으로 쥐를 잡은 다음 칼로 머리를 자르라"라고 지시했다.

랜디스는 지원자의 71퍼센트인 21명 중 15명이 지시대로 해야 할 특별한 이유가 없었음에도 지시를 따랐다고 했다. 쥐의 머리를 자르지 않은 지원자 다섯 명은 실험자가 그들 앞에서 쥐의 머리를 자르는 모습을 수동적으로 지켜보았다.

참고로 이 실험은 복종 그 자체를 실험한 것이 아니라 감정적 반응을 관찰하는 것이었다. 랜디스는 이 상황이 매우 다양한 감정적 반응을 불러일으켰다고 설명했다. 참가자 중 일부는 울거나 반대 의사를 표명했다. 그들 중 많은 사람은 실험자가 정말로 쥐를 죽이라고 하는지 의심했다. 그러나 결국 많은 사람이 지시받은 대로 했는데, 저자의 말을 빌리자면 "다소 거북하고 오랜 시간이 걸린 참수 작업"을 했다. 이 연구에 따르면 많은 사람이 실험자의 지시에 따라(어떠한 형태의 압력도 없었지만) 살아 있는 동물의 머리를 자를 수 있었다.

20년 후인 1944년, 사회심리학자인 제롬 프랭크Jerome Frank는 확실히 잔인성이 덜한 실험을 통해 참가자들이 대부분 불복종하리라 생각했던 것과 달리 의외로 높은 수준의 복종도를 보인다는 사실을 발견했다. 그는 누군가가 실험자의 지시에 저항할 때 무슨 일이 일어나는지 연구하기 위해 여러 가지 실험을 설계했다.[50] 참가자들이 자신의 지시에 확실히 저항하도록 하려고 그는 특별히 불쾌하거나 무의미한 과제를 만들었다.

예를 들어 참가자들에게 작은 블록을 하나씩 이 책상에서 저 책상으로 운반하게 하거나, 작은 강철 공 위에 유리구슬을 올려놓으라고 했는데 당연히 이는 불가능한 일이었다. 중요한 점은 프랭크가 참가자들에게 1시간 30분이나 그 작업을 수행하라고 요구했다는 것이다! 여러분이 그 일을 1시간 30분 동안 하고 있다고 잠시만 상상해 보라. 나라면 아마 어느 순간 멈췄을 거라고 혼잣말을 하고 있을 것이다. 아무튼 프랭크도 그것을 기대했다. 그러나 그의 지시에 저항하는 사람은 없었다.

그는 전반적으로 보았을 때 참가자들이 비록 여러 번 그만둘 생각을 하긴 했지만 그들 중 거의 90퍼센트 정도가 지정된 시간 동안 작업을 수행한 것을 관찰했다고 말했다. 예를 들어 한 참가자는 "솔직히 역겨웠다"라고 했고, 다른 사용자는 "쓸모없는 일이어서 상당히 불쾌했다"라고 표현했다. 프랭크는 실험 참가자들이 마치 실험자와 일종의 계약을 맺은 것처럼 행동한다고 하면서, 이러한 복종 현상을 설명하려 했다. 이 계약은 실험자가 요구하는 어떤 행동에도 저항하지 못하게 만드는 역할을 한다. 그러나 이러한 예기치 않은 복종에 대해서는 더 깊이 설명되지 않았다. 그는 심지어 논문의 첫 번째 섹션에 '예비 실험: 불쾌하거나 터무니없는 일에 저항하는 현상의 획득 실패'라는 유머러스한 제목을 붙이기까지 했다.

프랭크가 수행한 연구는 사람들이 분명 싫어하는 일일지라도 과학을 위해 매우 성가신 일을 하는 데 동의할 수 있다는 것을 보여주었다.

거의 20년 후에 스탠리 밀그램도 똑같은 사실을 발견했지만 맥락 면에서는 훨씬 더 충격적이다.

밀그램은 동유럽에서 이민 온 유대인 부모의 세 자녀 중 둘째로 뉴욕시 브롱크스에서 태어나고 자랐다. 그는 하버드대학교에 재학 중이던 시절 솔로몬 애쉬Solomon Asch를 포함한 선구적인 사회심리학자들의 수업을 들었다. 애쉬는 집단의 결정이 틀렸더라도 개인의 행동이 집단의 행동에 영향을 받을 수 있다는 것을 보여준 실험으로 유명하다.

애쉬는 실험자와 공모한 가짜 참가자 일곱 명과 순진한 진짜 참가자 한 명으로 이루어진 총 여덟 명이 길이가 다른 세 개의 선(A, B, C) 중 어느 선이 기준선과 길이가 같은지 보고하도록 하는 실험을 고안했다.[51] 방에 있는 모든 사람은 한 번에 한 명씩 어떤 선이 기준선과 길이가 비슷한지 큰 소리로 보고해야 했다. 실험 과정상 진짜 참가자는 언제나 자신의 답을 보고하는 마지막 사람이었다. 정답은 항상 명확했으며 처음에는 모든 공모자가 정답을 말해 실제 참가자가 확신을 가질 수 있도록 했다. 하지만 이후 그들은 의도적으로 틀린 답을 이야기하기 시작했고 18번의 시행 중 12번 틀린 답을 말했다. 따라서 참가자는 자신의 판단을 따를 것인지 아니면 만장일치의 다수결에 따를 것인지 결정해야 하는 상황에 놓이게 되었다.

애쉬는 참가자의 약 75퍼센트가 다수가 선택한 틀린 답을 보고함으로써 적어도 한 번 이상 그룹에 동조하는 것을 관찰했다. 예를 들어, 선 C가 정답인 것이 분명해도 공모자 그룹이 선 B가 목표 선과 비슷하다고 보고한 경우 진짜 참가자들은 선 B가 정답이라고 보고했다. 방 안에 다른 사람이 없는 대조 연구에서는 참가자 중 1퍼센트 미만이 틀린 답변을 했다. 실험 후 실시한 인터뷰에서 참가자들은 답이 틀렸다는 것을 알았지만 그룹 앞에서 우스꽝스럽게 보이거나 특이하다고 생각되기를 원하지 않았다고 보고했다.

언뜻 보면 이러한 결과는 조금 이상하게 보일 수도 있다. 집단이 틀렸다는 걸 알면서도 우리는 왜 집단에 동조하는 것일까? 그러나 우리가 모두 집단에 맞춰 행동을 조정한다는 것은 부인할 수 없다. 우리는 패션을 따르기도 하고 동료들의 옷차림 스타일에 맞춰 옷을 입기도 한다. 주변에 채식주의자들이 많이 있다면 고기를 먹지 않을 수도 있다. 우리는 전통을 따른다. 우리는 콘서트에서는 춤을 추거나 노래를 부르고 진료 대기실이나 도서관에서는 주변 사람들처럼 조용히 있는다. 만일 사람들이 하늘의 한 지점을 응시하고 있는 모습을 보면 여러분도 머리를 들어 그들이 무엇을 보고 있는지 확인하려 할 것이다. 집단의 영향력은 잘 알려져 있기 때문에, 우리가 투표할 때 그러한 영향을 피할 수 있도록 투표소의 개인 부스에서 비밀 투표를 하는 것이다.

하지만 밀그램은 애쉬의 고전적인 연구 과정에서 사용된 생태적 타당성에 불만을 품었다. 실험 연구에서 과제의 '생태적 타당성'이란 실험실 환경에서 연구되면서도 사회적으로 관련이 있고 가능한 한 실제 상황에 가까운 실험 모델을 개발하는 것을 의미한다. 또한 유대인인 밀그램은 홀로코스트 동안 왜 그토록 많은 유대인이 살해당했는지 이해하고 싶었다. 1961년에 그는 텔레비전에서 아돌프 아이히만의 재판을 지켜보면서 '나는 명령을 따랐을 뿐'이라는 지금은 유명해진 변명이 어느 정도 현실을 반영할지 궁금해졌다.

예일대학교에서 조교수로 재직할 당시 그는 지원자들이 다른 사람에게 극도로 고통스럽고 위험한 충격을 가하도록 하는 전례 없는 실험을 설계했다. 그는 자신의 행동이 다른 사람의 생사를 가르는 문제가 될 수 있는데도 사람들이 여전히 따를 준비가 되어 있을지 궁금했다.

밀그램의 복종 실험

밀그램은 그의 획기적인 실험에서 두 명의 지원자를 초대해 처벌과 학습 간의 관계를 평가하는 것이 명시된 목표인 연구를 진행했다.[52] 참가자들은 4.50달러(2020년대 가치로 35~45달러에 해당)를 받았고, 어떤 일이 일어나든 그 돈을 돌려받지 않을 것이라고 명확하게 전달했다.

두 지원자는 '무작위로' 교사나 학습자 역할에 배정되었다. 사실 이러한 배정은 사전에 조작해 실제 참가자는 항상 교사가 되고 실제 실험자와 공모한 다른 참가자는 항상 학습자가 되도록 했다.

학습자는 다른 방으로 끌려가 전기의자에 묶였다. 학습자는 심장이 약하다고 언급했지만 실험자는 이것이 문제가 되지 않는다고 확인해 주었다.* 교사에게는 학습자에게 일련의 단어 쌍을 읽어주는 쌍 연상 학습 과제를 시행하라는 지시가 내려졌다. 그런 다음 학습자는 단어 하나를 들은 후 연관이 있을 수 있는 네 가지 단어 중 그와 연관된 단어를 떠올려야 했다. 교사는 답이 틀릴 경우 학습자에게 전기 충격을 주라는 지시를 받았다.

전기 충격 발생기에는 30단계의 다양한 충격 강도가 표시되었다. 각 레벨에는 15~450볼트 범위의 전압 강도가 명확하게 표시되어 있었다. 그에 더해 '경미한 충격'부터 '위험: 심한 충격' 그리고 '×××'까지 다양한 표지가 전기 충격 발생기에 붙어 있었다. 참가자에게 압박감을 주고 절차의 현실감을 높이기 위해 학습자는 처음에 전기 충격이 고통스럽다고 말했다. 하지만 충격의 강도가 높아지자 학습자는 학습을 멈춰달라고 큰 소리로 간청하기 시작했다. 300볼트의 전압에서는 교사가 들을 수 있을 정도로 자기 방의 벽을 두드리기까지 했다. 그 후로 그는 더 이상 살아 있는 징후를 보이지 않았고 과제는 고통스러운 침묵 속에 이어졌다.

학습자가 과제를 계속하고 싶지 않다는 의사를 표현하면 실험자는 '계속하세요'(재촉 1), '실험을 계속해야 합니다'(재촉 2), '계속하는 것이 절대적으로 필요합니다'(재촉 3), '다른 선택의 여지가 없으니 계속해야 합니다'(재촉 4) 같은 네 가지 언어적 재촉을 했다. 재촉 4 이후에도 참가자가 실험을 계속하기를 거부하면 실험은 중단되었다.

주목할 점은 이 실험에 앞선 예비 연구에서 무작위로 선정된 시민, 정신과 의사, 학생들에게 자신의 복종 정도를 추정해 보라고 요청했다는 것

---

* 밀그램은 그의 획기적인 연구를 여러 가지로 변형해 수행했는데 이 책에서는 그런 연구를 곳곳에서 설명한다. 밀그램의 연구에 참여한 사람들의 '심장 문제'는 모든 밀그램의 실험에서 공통적으로 나타난 특성은 아니었고 몇몇 특정 실험에만 나타났다.

이다. 밀그램은 그들에게 실험 방식을 알려주고 '한계점(그들이 어느 시점에 연구를 계속하기를 거부하게 될 것 같은지)'을 보고해 달라고 요청했다. 자신의 복종 여부에 관한 질문에 110명 모두 절대 실험 방식이 끝날 때까지 실험을 계속하지 않을 것이라고 답했다. 그들 대부분은 '학습자'가 처음으로 절차를 중단해 달라고 요청하는 150볼트 정도에서 멈췄을 것이라고 보고했다.

밀그램이 진행한 인터뷰에서, 참가자들은 예를 들어 과학을 위해 누군가를 그렇게까지 다치게 하지는 않을 것이라거나, 자신이 전기 충격을 두려워하기 때문에 다른 사람에게 그러한 충격을 가하지 않을 것이라고 했다. 하지만 밀그램 자신이 암시했듯이 이런 유형의 질문을 하면 필연적으로 편향된 답변이 나올 수밖에 없다. 잠재적인 고문자로 인식되고 싶지 않은 사람이 할 만한 답변이다.

그래서 밀그램은 두 번째 연구를 진행했다. 이번에도 인간 행동 전문가와 무작위 시민으로 구성된 또 다른 집단에게 다양한 배경을 가진 가상의 표본 100명의 미국인이 언제쯤 그만두게 될지를 추정해 달라고 요청했다. 그들은 모두 만장일치로 정신 질환을 앓고 있는 소수의 사람을 제외하고는 누구도 실험 방식이 끝날 때까지 계속하고 싶어 하지 않을 것이라고 했다. 정신과 의사들에 따르면, 거의 모든 참가자들은 학습자가 실험을 중단하라고 처음 요청하는 150볼트에서 멈출 것이라고 예상했다.

나도 실험은 아니지만 비슷한 설문조사를 실시한 적이 있다. 2018년 동료인 살바토레 로 부에Salvatore Lo Bue 중령의 초청으로 벨기에 왕립육군사관학교Royal Military Academy of Belgium에서 복종적 뇌에 관한 연구를 발표하는 강연에서였다. 주제를 소개하기 위해 살바토레는 군사 사관후보생

1학년 학생들에게 밀그램의 연구 결과를 알려주었다. 살바토레는 밀그램이 예비 연구로 얻은 것과 학생들이 다른 대답을 할 수 있는지 알아보기 위해 학생들에게 이런 종류의 연구에서 복종했을 것이라고 생각하는지 물었다. 약 35명의 학생 중 한 명은 끝까지 복종했을 것이라고 인정했다.

그리고 실제로 밀그램의 연구 결과는 이런 종류의 자기 예측 결과와 약간 달랐다. 밀그램의 획기적인 실험에 참가한 사람은 40명이었다. 이들 중 65퍼센트는 실험을 중단해 달라는 학습자의 비명과 애원 소리가 들리는데도 최대 전압 강도를 부과했다. 중요한 것은 참가자 중 누구도 300볼트의 충격 강도 전에 멈출 것을 요청하지 않았다는 점이다. 이러한 결과는 중요한 질문을 제기한다. 참가자들은 왜 복종했을까? 일반적인 사람이 다른 참가자에게 고통스럽고 치명적인 전기 충격을 가하는 이유는 무엇일까?

밀그램은 자신의 연구를 통해 얻은 복종 수준을 설명하려고 노력했다. 그는 사람들이 실험자의 명령을 따를 때 자신의 주체성과 책임을 실험자에게 넘긴다고 설명했다. 그들은 '생각 없는 행동 주체thoughtless agents of action'가 되어 '대리적 상태agentic state'에 들어간다.[53] 그러나 어떤 학자들은 사람들이 명령에 복종하는 대리적 상태가 되었다는 그의 이론에 동의했지만,[54] 어떤 학자들은 그가 모든 참가자로부터 체계적인 보고를 받은 것은 아니었기에 그 타당성을 우려했다.[55] 예를 들어 밀그램은 그의 초기 연구를 여러 가지로 변형해 수행했는데 그 변형 실험들 사이에서 복종의 정도가 달랐다. 실험자가 전화로 재촉할 때나 학습자가 같은 방에 있는 경우 복종률이 감소했다. 일부 학자는 대리적 상태 이론에 따르면 명령을 실행하는 사람으로부터 실험자에게 주체성과 책임이 이전될 경우, 실험 상황이 어떻든 모든 참가자가 비슷한 행동을 보일 것이라고 언급했다.[56] 그러나 나중에 자세히 설명하겠지만 이 주장은 뇌의 작용과 환경 간의 상호작용을 상당히 무시한 것이다. 단일 작용만으로 전체 행동을 포괄적으로 설명할 수 없다는 것은 분명한 사실이다.

밀그램의 주장에 의문을 제기한 동료 학자들은 두 번째 문제로 그의 연구에서 대리적 상태 이론을 뒷받침할 만한 자료가 거의 제공되지 않았다는 점을 지적했다. 예를 들어 그는 몇몇 참가자들이 예일대학교가 참가자들의 안전을 책임진다는 생각을 했다고 밝혔지만, 그는 모든 참가자와 체계적인 인터뷰를 실시하지는 않았다.

밀그램의 이론을 뒷받침하는 증거가 처음에는 부족했음에도 명시적, 암묵적, 전기 생리학적, 신경영상학적 방법을 결합한 실험 연구는 밀그램이 완전히 틀린 것은 아니었음을 보여주는 듯하다(제3장에서 살펴보겠다). 물론 사람들이 명령에 따르거나 따르지 않는 데에는 여러 가지 이유가 있을 수 있다. 하지만 일단 그들이 따르기로 동의하면 뇌가 정보를 다르게 처리하기 시작하며, 이로 인해 자신이 따르는 복종 행위에 대한 책임감과 주체성이 감소하는 것으로 나타났다. 그러나 이후 장에서 더 자세히 살펴보겠지만, 복종 상황에서는 책임감과 주체성만 변화하는 것이 아니다.

흥미로운 사실은 밀그램이 미국과 독일에서 다양한 사회적 배경과 다양한 교육 수준을 가진 남녀 수백 명을 대상으로 실험했다는 것이다. 그는 자신의 실험에서 어떤 특정 범주의 사람들이 복종할 가능성이 더 적다는 결과를 한 번도 발견하지 못했다.

밀그램과 유사한 접근 방식을 사용한 다른 연구

스탠리 밀그램이 개발한 실험적 접근법은 수십 년 동안 실험 환경에서 복종을 연구하는 데 가장 널리 사용되는 모델이었다. 이후 다른 연구자들이 복종에 대한 추가적인 결론을 얻기 위해 여러 실험을 더 도입했다. 그러한 실험 중 하나는 텔레비전 게임을 위해 사람들이 다른 사람을 해치라는 TV 진행자의 명령에 어느 정도까지 따를 것인지 실험했고, 다른 하나는 과학을 위해 사람들이 동물을 어느 정도까지 해칠 수 있는지 실험했다.

내가 박사 학위를 시작하기 전 브뤼셀의 중등학교에서 심리학을 가르쳤을 때, 나는 학생들에게 프랑스의 텔레비전 채널인 프랑스 2에서 방송한 다큐멘터리 〈죽음의 게임Le jeux de la mort〉을 시청하도록 했다. 이 다큐멘터리의 목적은 TV 진행자가 실험을 진행하는 과학자만큼 권위 있는 사람으로 간주될 수 있는지 평가하는 것이었다. 기본적으로 이 아이디어는 생방송 방청객이 있는 텔레비전 스튜디오라는 환경에서 밀그램의 연구를 재현한 것이었다.

장 레옹 보부아Jean-Léon Beauvois, 디디에 쿠르베Didier Courbet, 도미니크 오버레Dominique Oberlée는 TV 쇼라는 환경에서 밀그램의 연구를 각색하는 데 동의한 프랑스 연구자들이다. 그들은 용기 있는 연구자들이 분명했다. 나라면 그런 도전을 받아들였을지 잘 모르겠다. 이렇게 각색한 실험에서는 프랑스 텔레비전의 유명한 여성 진행자 타니아 영Tania Young이 실험자 역을 맡았다.

지원자들은 초대를 받아 다가올 파일럿 TV 쇼에 참여하게 될 것이라고 안내받았다. 지원자들은 파리 출신이었고 연구자들은 그들이 밀그램의 연구를 잘 모른다는 것을 확인했다. 밀그램의 연구와 최대한 유사하게 하려고 실험 대상자에게 '질문자' 역할을 맡기고 다른 대상자(실험자의 공모자)에게 '경연자' 역할을 맡겼다. 경연자는 거품 모양의 방 안에 격리되었고, 의자에 묶인 채 전기 충격을 전달하는 장치에 연결되었다. 질문자는 경연자를 볼 수 없었지만 그의 말은 들을 수 있었다.

밀그램의 실험처럼 질문자는 경연자가 틀린 대답을 할 때마다 전기 충격을 가해야 했는데, 틀린 대답이 나올 때마다 전기 충격의 강도가 매번 증가했다. 질문자가 의심의 징후를 보이거나 절차의 도덕성에 의문을 제기하면 TV 진행자는 질문자가 실험을 계속하도록 유도하기 위해 특정 순서대로 다섯 번의 구두 재촉을 했다. 처음 네 가지 재촉은 밀그램의 실험 속 재촉과 비슷했지만, 다섯 번째 재촉은 방청객을 참여시켰다. 다섯 번째 재촉에서 TV 진행자는 방청객을 향해 돌아서서 이 경연 후보자가 계속하도록 격려해 달라고 요청하면서 참가자에게 이렇게 말했다. "당신은 이 경연 후보자가 승리하는 것을 막을 수 없습니다! 방청객 여러분은 어떻게 생각하십니까?" 그런 다음 방청객은 경연 후보자가 게임을 계속하도록 박수를 보냈고 이로써 권위자 인센티브 외에 집단 인센티브까지 제공했다.

학생들에게 TV 연구 결과를 보여주기 전에 나는 그들이 그런 TV 쇼에서 나오는 명령에 따를 것 같냐고 물었다. 학생들은 만장일치로 절대 복종하지 않을 것이라고 선언했고, "복종하는 사람들은 사이코패스죠"라거나 "당연히 우리가 바보나 괴물은 아니죠"라고 주장했다.

그러나 TV 쇼의 결과에 따르면 질문자 중 81퍼센트가 절차 끝까지 진행해서 경연자에게 450볼트의 전기 충격을 가한 것으로 나타났다. 내 학생들이 특별히 명령에 복종하지 않는 경향이 있을 수도 있고(의심할 여지 없이 그럴 수 있다), 아니면 자신들도 치명적인 충격을 가할 수 있다는 사실을 인정하기 싫었을 수도 있다.

TV 쇼에 참여한 연구원들은 남성과 여성 참가자 간에 어떠한 차이도 관찰하지 못했고, 나이와의 상관관계도 발견하지 못했다. 그러나 연구자들은 참가자들이 정치 스펙트럼의 왼쪽에 있을수록 학습자에게 주는 충격이 낮아진다는 것을 관찰했다.[57] 또한 실험 중에 더 높은 충격 강도를 보낸 사람들은 친화성과 성실성을 측정하는 자기보고 설문지에서 가장 높은 점수를 기록한 것으로 나타났다.

하지만 이러한 결과를 해석할 때는 주의해야 한다. 설문조사는 실험을 하고 8개월 후에 실시했다. 따라서 X라는 시간에 측정된 어떤 것(즉 성격 특성)이 8개월 전에 일어난 행동을 예측한다고 추론하는 것은 민감한 문제다. 몇몇 연구자들은 성격 특성이 실제로 수년에 걸쳐 매우 안정적이라는 사실을 관찰했다.[58] 이는 만일 연구자들이 실험 연구 전에 성격 특성을 측정해 결과를 얻었더라도 전반적으로 유사했을 수 있음을 시사한다. 그러나 참가자들이 의식적으로든 무의식적으로든 설문지의 답변을 수정해 자신이 더 좋게 보이도록 하는 것을 막을 방법은 없다. (이 효과는 제3장에서 더 자세히 살펴볼 것이다). 이런 가능성을 줄이기 위해 연구자들은 참가자들에게 TV 프로그램과 관련하여 다시 연락을 했다는 사실을 밝히지 않았다. 그러나 방청객 앞에서 밀그램과 유사한 연구에 참여하는 것은 이 사람들에게 깊은 인상을 남겼을 가능성이 크다. 그들은 8개월이 지난 후에도 여전히 자신의 행동에 의문을 가질 수 있다. 따라서 실험 기간에 복종도가 높았던 참가자는 모든 실험자에게 호의적으로 생각되기를 원하게 되고, 그 결과 더 높은 수준의 친화성과 성실성을 보고했을 가능성이 있다. 따라서 권위자의 명령에 복종하지 않을 가능성이 더 큰 사람들의 명확한 성격 특성을 알기 위해서는 추가적인 연구가 필요할 것이며, 이 측면은 제7장에서 다룰 것이다.

이러한 문제에도 불구하고, 이 연구는 사회적 영향력(이 경우 유명 TV 진행자와 방청객)이 극단적인 수준의 복종을 유발할 수 있음을 명확하게 보여주었다.

쥐 참수 연구보다 더 최근에는 프랑스 사회심리학자 로랑 베그Laurent Bègue가 이끄는 연구진이 밀그램과 유사한 실험을 통해, 과학 연구를 위해 동물을 죽이라는 명령에 사람들이 따르는 데 동의할지를 실험했다.[59] 연구자들은 실험실에서 동물을 죽이는 것이 과학 연구를 위해 침습적이고 고통스러운 실험을 수행해야 하는 실험실 직원들에게 어느 정도 도덕적 딜레마와 고충을 주는지 이해하고자 했다.[60]

실험실에 도착하자마자 지원자들은 대형 어항이 앞에 놓인 테이블에 앉았다. 그들은 어항 안에서 커다란 금붕어 한 마리가 움직이는 것을 볼 수 있었다. 지원자들은 물고기에게 통증을 주는 화학 주사를 점점 더 강하게 투여해야 했는데, 알츠하이머병을 더 잘 이해하기 위한 학습 실험에 참여하고 있다는 말을 들었다. 지원자들은 해당 물질이 고용량에서 생명 기능에 심각한 영향을 미치고 동물이 죽을 수도 있다는 사실을 확실하게 들었다. 각 버튼 아래에는 물고기가 죽을 것으로 예상하는 확률이 명확하게 적혀 있었으며 버튼 12의 경우 죽을 확률은 100퍼센트였다.

과제를 수행하는 동안 지원자들은 학습 과제에서 물고기의 행동을 관찰하도록 요청받았는데 해당 물질이 물고기의 과제 수행에 영향을 줄 것이라는 설명을 들었다. 지원자가 과제를 계속하는 데 주저함을 표현할 때는 연구 조교가 버튼을 계속 누르라고 요청했다.

공모자에 의존한 고전적인 밀그램 연구에서와 마찬가지로 이 물고기는 실제 물고기가 아니라 생체 모방 로봇이었다. 살아 있는 쥐를 이용한 랜디스의 참수 연구는 오늘날이라면 명백한 윤리적 이유로 허가되지 않을 것이 분명하다.

그 물고기가 가짜인 것처럼 이 연구는 가상 상황cover story에 의존했다. 따라서 연구진은 먼저 152명의 참가자 중 누가 가상 상황을 신뢰하는지, 누가 신뢰하지 않는지 알아보려고 했다. 몇몇 심사자가 지원자의 영상을 분석해 참가자들이 가상 상황을 신뢰하는지 아닌지 심사자의 인식을 기준으로 분류했다. 해당 영상 분석 결과, 참여자의 약 20퍼센트는 가상 상황을 믿지 않았지만, 약 74퍼센트는 그 상황을 확실히 신뢰하는 것으로 나타났다. 몇몇 영상에서는 참가자들이 작업의 목적이나 가상 상황의 신뢰성에 확신을 갖지 못한 것이 살짝 보였기 때문에(약 10퍼센트) 심사자들은 고민했지만, 그럼에도 이런 참가자들을 분석에 포함시키기로 했다.

결과에 따르면 그렇게 남은 참가자 중 28퍼센트는 과제를 시작하기를 거부했고, 44퍼센트는 12회분을 투여했으며(따라서 물고기를 죽였다), 1~6퍼센트는 중간 수준의 투여에서 과제를 중단했다.

두 번째 연구에서 연구자들은 과학에 대한 가치판단이 결과에 영향을 미치는지 조사했다. 실험 절차가 알츠하이머병의 이해를 높이는 데 도움이 된다고 보고되었기 때문에 연구자들은 과학에 대한 긍정적인 관점이 실험에서 복종도를 높일 수 있을 것이라고 가정했다. 한 그룹의 추가 지원자들에게는 과학에서 좋아하는 점과 자신이 과학자들과 공통점이 있다고 생각하는 점을 적어 과학을 홍보해 달라고 요청했다. 또 다른 추가 지원자 그룹에는 과학에서 어떤 점이 싫은지 그리고 자신이 과학자들과 차별화되는 점이 무엇인지 설명해 달라고 요청했다. 그 결과 과학적 사고방식을 가진 사람이 연구 조교의 지시에 따라 실험을 계속할 의향이 더 높은 것으로 나타났다.

따라서 이 결과는 과학을 믿으려는 명시적인 동기가 참가자들이 연구를 위해 물고기를 죽일 가능성을 더 높인다는 것을 시사한다.

이 섹션에서 살펴본 것처럼 복종을 연구한 밀그램의 접근법은 그것의 주요 연구 결과와 재현 가능성, 광범위한 적용 가능성 때문에 여전히 영향력을 발휘하고 있다. 그의 연구는 수많은 후속 연구를 촉진했고 권위에 대한 복종과 저항에 영향을 미치는 요인들을 이해하는 데 여전히 작용하고 있다. 그러나 다음 섹션에서 볼 수 있듯이 이 실험 접근 방식은 방법론적, 윤리적 측면에서 많은 논란을 일으켰다.

밀그램과 유사한 연구의 결함

밀그램의 연구가 발표되자마자 과학계에서는 비판이 쏟아졌다. 그의 연구는 그때까지 어느 연구에서도 볼 수 없었던 엄청난 비판의 물결을 불러왔다.

첫 번째 비판은 가상 상황을 사용했다는 점과 참가자들이 전체 상황이 사실이라고 얼마만큼 믿었는지에 대한 것이었다. 여러분이 다른 사람에게 고통스러운 충격을 가하는 사람으로서 밀그램의 연구에 참여하고 있다고 상상해 보자. 그 사람이 멈춰달라고 비명을 지르고 애원하는 소리가 들린다. 그리고 바로 그곳, 같은 방에 실험자가 서 있는데 그는 침착함을 유지하며 거리를 두고 있다. 마치 그 상황이 전혀 문제가 되거나 긴장을 주는 일이 아닌 것처럼 말이다. 어느 시점이 되면 이 상황이 거대한 속임수에 불과한 것은 아닌지 스스로 물어보는 게 사리에 맞을 것이다.

이 점은 스탠리 밀그램의 연구에 대한 주요 비판 중 하나다. 즉 아마도 참가자들은 자신이 다른 개인을 해치고 있다고 실제로 믿지 않았을 것이다.[61, 62] 아마도 내심 깊은 곳에서는 그런 상황이 실제로 일어나고 있을 리 없다고 생각했을지도 모른다.

그러나 이에 대한 반론도 여러 가지 제기되었다. 첫 번째로, 밀그램의 자료에 따르면 658명의 참가자 중 2.4퍼센트에 해당하는 16명만이 피해자가 실제 고통을 인지하지 못하리라 확신했다고 보고했다.[63] 응답자의 대다수(62퍼센트)는 실험 중 피해자가 실제로 고통을 받고 있음을 확신했다고 답했으며, 22퍼센트는 어느 순간 의구심이 들었다고 답했다. 예일대학교의 밀그램 실험 기록을 분석한 결과 대부분의 참가자는 실험이 가짜였고 자신이 다른 사람을 실제로 죽이지 않았다는 사실을 들었을 때 안도감을 느꼈다고 했다.[64] 심지어 자신이 누군가를 죽인 건 아닌지 확인하려고 몇 주 동안 부고 기사를 확인했다고 보고한 참가자도 있었다.[65]

두 번째로, 밀그램이 녹화한 영상을 보면 실험 중에 참가자들이 손떨림이나 긴장 등 눈에 띄는 스트레스 징후를 보였다는 것이 분명했다. 따라서 이러한 스트레스 징후는 밀그램의 실험 참가자들이 실제로 다른 인간을 고문하는 중이라고 믿었다는 것을 보여주는 것으로 해석할 수 있다.

그럼에도 밀그램의 실험 모델을 모방한 가상현실 환경에서 진행된 연구에서 참가자들은 명백한 가짜 아바타를 해치면서도 스트레스를 받는 모습을 보였다.[66] 이 연구에서 연구자들은 밀그램의 실험 설정을 재현했지만 참가자들은 다른 사람에게 고통을 주는 대신 의자에 묶인 여성 가상 캐릭터에게 충격을 주라는 지시를 받았다. 이 절차는 참가자가 실제 인간에게 고통을 가하는 것이 아님을 알기 때문에 윤리적 기준을 준수한다는 장점이 있다. 상황이 가짜였기 때문에 연구자들은 실제로 밀그램의 초기 연구보다 복종률이 더 높다는 것을 관찰했다.

하지만 더욱 흥미로운 점은 연구진이 실험 중 손떨림이나 몸떨림, 얼굴이 뜨거워지는 등의 신체 상태에 대한 참가자의 자가 평가도 함께 측정했다는 것이다. 또한 실험 절차에 따른 생리적 반응을 측정하기 위해 피부 전기 활동과 심박수를 측정하고 아바타에게 충격을 줬을 때 기준점과 비교해 변화를 관찰했다. 이러한 결과는 상황이 명백히 가짜일 때조차도 스트레스에 따른 생리적 반응이 존재할 수 있음을 보여준다. 이것은 마술 쇼를 볼 때와 같다. 마술사가 실제로 조수를 반으로 자르지 않으리라는 걸 알지만, 쇼를 보는 동안 스트레스를 받는 것을 막을 수는 없다. 따라서 밀그램의 연구에 참여한 사람들이 긴장 징후를 보인다고 해서 그들이 가상 상황을 믿었다고 증명할 수는 없다.

실제로 밀그램의 참가자들이 과제를 수행하는 동안 실제로 무엇을 생각했는지 아는 것은 매우 어렵다. 그들은 버튼을 누를 때 자신의 행동을 두고 특별한 생각을 하지 않았다. 그러나 밀그램의 연구에 대한 이러한 모든 대조적인 해석은 실제로 실험 설정에서 '가상 상황'을 사용하면 결과를 해석할 때 중요한 문제가 발생할 수 있다는 생각을 뒷받침한다.

밀그램의 연구에 대한 강력한 윤리적 우려가 제기되기도 했다.[62] 그가 만든 실험 상황 때문에 참가자들은 높은 수준의 스트레스를 받았지만 명확한 사전 동의를 받지 않았고 언제든지 중단할 수 있다고 언급하지도 않았다.[67] 게다가 밀그램이 자신의 과학 논문에서 밝힌 것처럼 연구가 끝나고 참가자들에게 체계적으로 사후 설명을 하지 않은 것으로 보인다. 부고를 확인한 사람까지 포함해 일부 참가자는 실제로 자기가 다른 사람에게 전기 충격을 가하지 않았다는 사실을 전혀 몰랐고, 1년 후에 밀그램이 그들에게 보고서를 보내고 나서야 그 사실을 알게 되었다.[65]

또 다른 중요한 측면은 다른 사람에게 전기 충격을 가하는 것이 일상생활에서 쉽게 발견할 수 있는 행동을 반영하는 것은 아니므로 그 과제의 외적 타당도external validity*에 의문이 든다는 점이다. 물론 제2차 세계대전이나 이라크 전쟁을 포함한 여러 전쟁과 집단학살에서 전기 고문 사례가 보고되었고 방글라데시, 페루, 시리아, 터키, 우간다 등 여러 국가에서 수감자를 고문한 사례가 보고되긴 했다. 하지만 이것은 현대 사회의 권위 있는 인물이 다른 사람에게 행하도록 요구할 만한 전형적인 폭력의 형태는 아니다.[68]

밀그램의 실험은 당시에는 획기적이었다. 그의 실험은 일반인이 다른 사람에게 해를 가하는 것임에도 권위 있는 인물에 대한 복종이 얼마나 쉽게 유도될 수 있는지를 보여주었다. 다음 장에서 살펴보겠지만 이러한 측면은 실제 생활에서도 관찰할 수 있다. 연구 결과는 놀랍고 시사하는 바가 커서 과학계와 대중 모두의 관심을 사로잡았다. 그러나 많은 결함이 보고되었기에 나를 포함한 다른 연구자들은 사람들이 명령에 복종할 때 어떻게 그리고 왜 그토록 잔인해질 수 있는지를 이해하기 위한 대체 방법을

---

* 특수한 연구로 얻은 결과를 일반화할 수 있는 정도.—옮긴이

모색하게 되었다.

밀그램의 연구 이후의 복종 연구

요즘은 밀그램의 연구를 다룬 언론 보도가 많아서 그의 연구를 모르는
사람을 찾기가 어렵다. 사람들은 '밀그램'이라는 이름을 기억하지 못할 수
도 있지만, '전기 충격과 복종 실험'을 언급하기만 해도 실제로 그 연구를
들어본 적이 있다고 말할 가능성이 크다.

1980년대에 위트레흐트대학교의 연구팀은 복종을 시험하는 표준 접근
법에 새로운 변화를 도입했다.[69] 연구팀은 구직 면접 지원자에게 매우 부
정적인 발언을 하는 현대적 형태의 간접적인 폭력 실험을 했을 때 밀그램
의 연구처럼 복종도가 높을지 조사했다.

전체적인 절차는 밀그램의 실험과 비교적 유사했으며, 세 명의 주요 등
장인물이 있었다. 실험자는 여기서 대학의 연구원 역할을 맡았고, 참가자
와 대학에 취업을 지원한 구직자가 포함되었다. 밀그램의 실험처럼 실험
자와 참가자는 같은 방에 함께 앉았고, 사실 실험자의 공모자인 '구직 지
원자'는 다른 방에 있었다.

참가자에게는 그가 수행할 구직 지원자 시험이 선발 절차에서 중요하
다는 것과 구직 지원자의 합격을 결정하게 될 것이라고 알려주었다. 참가
자들은 구직 지원자의 시험 성적에 대해 부정적인 말을 하고 성격을 폄하
하는 발언을 해 지원자를 방해하라는 지시를 받았다. 그러나 스트레스를
받는 상황에서도 일할 수 있는 능력이 그 직책에 필수적인 것은 아니었으
므로 구직 지원자를 폄하하는 것이 직무 적합성을 평가하려는 목적이 아

니라는 점은 확실히 했다. 참가자들에게 폄하는 단지 연구자가 심리적 스트레스와 시험 성적 사이의 연관성을 확인하는 데 도움을 주기 위한 것이라고 말했다. 따라서 밀그램의 연구에서처럼 참가자들은 그들이 복종하면 과학에 도움이 되리라 생각했다.

구직 지원자의 시험 수행에 매우 부정적인 발언이 15개 있었고, 이로 인해 구직 지원자는 일자리를 얻는 데 실패할 정도로 스트레스가 많은 상황에 부닥치게 되었다. 처음에는 "9번 질문에 대한 당신의 답은 틀렸습니다"(발언 1)나 "지금까지 당신의 시험 점수는 충분하지 않습니다"(발언 5)처럼 그다지 심하지 않은 비판이었다.[70] 그러나 실험이 진행됨에 따라 심리적 강도는 더욱 커졌다. 예를 들어 "시험에 따르면 당신에게 이 일은 너무 어렵습니다"(발언 11)나 "시험에 따르면 당신은 더 쉬운 일에 지원하는 것이 좋겠습니다"(발언 15) 같은 것이었다. 참가자가 스트레스를 유발하는 발언을 계속하기를 거부하는 경우, 실험자는 밀그램의 연구에서와 마찬가지로 "실험을 계속해야 합니다"처럼 참가자가 계속하도록 동기를 부여하는 네 가지 재촉 문구를 사용했다.

따라서 이 실험에서 참가자들은 밀그램의 연구처럼 자신이 다른 개인을 고문하고 죽이고 있다고 생각하지 않았다. 그러나 참가자들은 구직 지원자를 심하게 폄하해 심리적 피해를 주고 취업에 실패하도록 만들었을 것이라고 생각하게 되었다.

밀그램과 마찬가지로 연구자들은 무작위로 선정된 여러 참가자들에게 절차를 설명하고 당신이라면 끝까지 복종하겠느냐고 물었다. 단 9퍼센트만이 이 과제에 복종할 것이라고 보고했다. 밀그램의 연구에서처럼 '행동적' 현실은 크게 달랐다. 이들의 초기 연구에서 연구진은 참가자들이 구직 지원자에게 심리적 스트레스를 주는 것이 불편하다고 명시적으로 호소하면서도 91퍼센트의 참가자가 열다섯 번째 발언까지 복종하는 것을 관찰했다.

이는 밀그램의 복종 연구에서 끝까지 복종한 비율이 65퍼센트에 '불과한' 것보다 높은 수치다. 흥미로운 점은 연구자들이 또 다른 모집단인 인사 담당자를 대상으로도 이 연구를 반복했다는 것이다. 인사 담당자의 업무는 구직 지원자를 상대하는 것이고 그들만의 윤리 강령이 있을 것이므로 연구자들은 그들이 덜 복종적일 것이라고 예상했다. 실제는 그렇지 않았다. 그들도 다른 참가자만큼이나 높게 복종했다.

흥미롭게도 이 연구를 변형한 실험에서 연구자들은 참가자의 법적 책임 개념을 조작했다. 변형한 실험에서는 참가자들이 구직 지원자에게 발생할 수 있는 피해에 대해 법적 책임을 지겠다는 문서에 서명하게 했다. 실험 중 구직 지원자가 참가자에게 그와 같은 잔인한 발언을 그만두지 않으면 법적 조치를 하겠다고 명시적으로 주장하기도 했다. 이런 상황에서는 복종률이 20~30퍼센트 정도로 떨어졌다. 그러나 실험자가 피험자들에게 실제로 법적 책임은 그들이 아니라 심리학과에 있다고 말했을 때 복종률은 67퍼센트까지 증가했다.

밀그램의 복종 연구와는 약간 다른 접근법을 사용한 이 실험의 결과는 사람들이 자신이 피해자가 아닌 한 매우 복종적일 수 있다는 사실을 보여주었다. 하지만 어떤 식으로든 피해자가 될 위험이 생기면 갑자기 순응도가 뚝 떨어진다.

그러나 이러한 연구 방법이 생태학적으로 좀 더 타당성을 갖췄음에도, 여전히 중요하면서도 답을 찾지 못한 질문이 남아 있다. 즉 사람들은 명령에 복종할 때 어떻게 다른 사람을 신체적 또는 정신적으로 해치는 등의 잔인한 행동을 할 수 있는 것일까? 앞에서 언급한 연구 중에 실제로 '어떻게'라는 질문에 답을 내놓은 연구는 없었다. 신경과학적 방법에 더 정확하게 적용할 수 있는 완전히 다른 실험적 접근 방식이 연구되어야 했다.

복종을 연구하는 새로운 실험적 접근 방식

내 연구팀이 복종에 대한 첫 번째 연구를 설계했을 때 우리도 1960년대 밀그램 실험의 영향 아래에서 작업하고 있었다. 그의 연구가 널리 알려져 있기 때문에 우리는 실험실 환경에서 복종을 평가하는 게 정말 어려울 것이라고 생각했다. 최소한 우리는 그것이 결과를 왜곡할 수 있다고 의심했다.

실제로 실험 설계의 윤곽은 밀그램이 남긴 유산 때문에 커다란 과제를 불러온다. 실험에 참여하는 사람들은 실험자가 특히 타인에 대한 친사회적 또는 반사회적 태도 같은 자신의 행동을 평가할 것으로 생각하면, 최선의 모습을 보여주려 하고 자신이 비도덕적 행위를 할 수 있다는 사실을 드러내지 않을 수 있다. 게다가 대부분의 사람들이 알고 있듯이 밀그램은 인간이 파괴적인 명령에 복종하는 경향에 대해 과격한 결론을 내리고 있으므로 참가자들은 자신이 받은 명령에 저항하려는 유혹을 더욱 느낄 수 있다. 그것이 꼭 도덕적 신념에서 비롯된 것이라기보다는 단순히 실험자에게 비열하거나 불친절하게 보이고 싶지 않기 때문이다.

그렇지만 밀그램의 연구를 알고 있다는 사실이 실험실 환경에서 복종에 완전한 영향을 미치는 것은 아닌 것으로 보인다.[71] 최근의 한 연구에서는 두 명의 연구자가 과학을 위해 물고기를 죽이라는 명령에 복종할 것인지를 연구하기 위해 만든 실험 설정의 동영상을 수백 명의 사람에게 보여주었다. 참가자들은 영상을 시청한 후, 만약 자신이 참여했다면 투여했을 것이라고 생각하는 독성 투여량(0에서 12 사이)과, 자신과 같은 나이와 성별의 평균적인 참가자가 투여했을 것이라고 생각하는 독성 투여량을 표시해야 했다. 그러고 나서 참가자들에게 스탠리 밀그램의 연구에 대해 알고 있는지도 물었다.

결과에 따르면 사람들은 자신이 다른 사람보다 더 윤리적으로 행동할 것이라고 생각하는 것으로 나타났다. 그들은 평균 2.90회의 독성 투여를 할 것이고 다른 사람들은 6.14회 투여할 것이라고 했다. 흥미롭게도 밀그램의 실험을 잘 아는 사람들은 아마도 다른 사람들이 더 높은 용량을 투여할 것이라고 했다. 그러나 그들은 그 실험이 자신의 복종에 영향을 미치지 않을 것이며, 자신은 여전히 낮은 수준의 복종을 유지할 것이라고 생각했다. 이는 밀그램의 연구가 맹목적이고 파괴적인 복종의 위험성을 알리기 위해 교육에서 널리 사용되었지만, 이러한 지식이 사람들로 하여금 자신의 행동을 성찰하기보다는 타인의 행동을 판단하는 데만 활용될 수 있음을 시사한다. 그러나 밀그램의 연구 이후 유사한 실험 방법으로 진행된 많은 연구에 따르면 사람들은 여전히 실험 환경에서 높은 수준의 복종도를 보였다.

내가 관찰한 바에 따르면 밀그램의 연구를 아는 것과 관련된 주요 문제는 참가자들이 실험실에 들어갔을 때 우리가 숨겨진 목적과 절차를 가지고 있다고 생각한다는 것이다. 실제로 밀그램의 연구는 참가자에게 정보를 숨기고 속임수를 쓰는 것으로 유명하다.[72] 하지만 이는 밀그램의 연구

뿐만 아니라 모든 심리학 연구에서 나타나는 일반적인 문제다. 즉 가상 상황을 많이 사용하면 지원자들이 연구자의 말을 불신하기 때문에 다른 연구에도 영향을 미칠 수 있다. 몇몇 참가자는 내가 설명한 과제가 사실이라고 믿기 시작한 건 실험 전에 어떤 역할을 먼저 할지 선택권을 명확하게 제공받고 실제로 전기 충격을 받았을 때였다고 말했다.

그래서 내가 복종에 관한 나만의 실험을 시작했을 때는 해결해야 할 문제가 많았다.

모든 것은 2013년 내가 런던대학교University College London에서 박사과정 방문연구원으로 있었을 때부터 시작되었다. 나는 인간의 자유의지와 주체의식 분야의 세계적인 전문가인 패트릭 해거드Patrick Haggard와 함께 작업했다. 내가 인간의 복종에 관심을 두기 시작했지만 이전에는 신경과학자들이 이 질문을 다룬 적이 없었다. 그래서 신경과학자 중 누군가를 설득해 그 질문을 함께 탐구해야 했다.

하지만 그 주제는 여전히 매우 예민한 문제였으며 밀그램의 연구와 관련된 많은 윤리적 문제를 고려한다면 복종에 관한 실험 연구 위에는 암운이 드리워져 있었다. 아무 과학자에게나 밀그램의 연구를 재현해 보라고 하면 누구나 손사래를 칠 것이다. 하지만 나는 밀그램의 연구를 답습하고 싶지도 않았고 더 이상 증명할 필요가 없었기에 실험실 상황에서 사람들의 복종도가 높다는 사실을 다시 보여주고 싶지도 않았다. 밀그램과 그 이후에 비슷한 방법론적 접근 방식으로 수행한 많은 연구는 실제로 인간의 복종에 관해 이미 동일한 결론에 도달했다. 그보다 나는 사람들이 다른 사람에게 고통을 주는 명령에 복종하기로 동의했을 때 그들의 뇌에서 무슨 일이 일어나는지 이해하고 싶었다. 사람들이 명령에 따를 때 어떻게 잔혹행위를 저지를 수 있는지 이해하고 싶었다. 그래서 권위에 대한 복종 연구를 근본적으로 변화시키는 것을 목표로 삼았다.

시간은 좀 걸렸지만 마침내 패트릭 해거드를 설득하는 데 성공했다. 그는 처음에는 이 문제에 접근하는 데 충분한 동기가 생기지 않았다고 말했다. 많은 논란을 생각해 본다면 밀그램과 유사한 실험을 재현하는 것이 미친 프로젝트처럼 들렸기 때문이다. 내 기억이 맞다면 그를 설득해서 그 탐구에 나서게 하는 데 대략 1년이 걸렸다.

밀그램의 연구를 재창조하는 것은 어려운 작업이었다. 우리는 밀그램의 연구와 관련된 윤리적 및 방법론적 문제를 해결하면서도 가능한 한 생태학적으로 접근할 수 있는 완전히 새로운 실험적 접근법을 개발해야 했다. 즉 사람들이 도덕적 결정에 직면하는 실제 행동을 측정할 수 있는 시도를 의미한다. 밀그램 연구 이후에 수행된 지난 연구들은 모두 밀그램의 실험 설계에서 강한 영감을 받아 약간의 변형만 가한 방법을 사용했다. 그러나 이번에는 과제를 처음부터 다시 생각해야 했다.

가장 큰 방법론적 문제는 자기공명영상MRI이나 뇌파검사EEG 같은 전기생리학적 측정으로 양질의 자료를 기록하려면, 일반적으로 연구자들은 동일한 현상이 발생하는 수십 번의 실험 결과를 평균화해서 신호 대 잡음비signal-to-noise ratio를 개선해야 한다는 점이었다. 밀그램의 연구에서 각 실험은 서로 다르다. 각 실험마다 전기 충격의 강도가 다르고 학습자의 반응도 다를 가능성이 있기 때문이다. 따라서 이 방법은 참가자가 임무를 수행할 때 뇌에서 무슨 일이 일어나는지 이해하고자 하는 연구에는 적합하지 않다. 게다가 전형적인 스트레스 반응은 땀을 흘리는 것이다. 밀그램의 연구처럼 높은 수준의 스트레스를 유발하는 실험 상황에서 참가자들은 땀을 흘릴 가능성이 크다. 내 경우에도 참가자 머리에서 땀이 흐를 때 양질의 뇌파 신호를 얻기가 정말 힘들었다. 땀 허상sweat artefacts이라고 불리는 현상은 신경과학자에게 악몽과도 같다.

물론 고려해야 할 다른 사항도 있었다. 주어진 상황에서 사람들이 도덕적으로 허용되는 행동과 허용되지 않는 행동 중 어떤 것을 선택할지 연구할 때, 그들이 실제로 도덕적 또는 비도덕적 결과를 가져오는 결정에 직면하게 하는 것이 필수적이다. 참가자들에게 단순히 A 버튼과 B 버튼 중 하나를 누르라고 요청하지만 두 선택 중 어느 것도 결과를 초래하지 않거나 결과가 실제가 아니라면, 이는 도덕적 결정과 관련된 실제 상황이 아니다. 달리 말하면 참가자에게는 A 버튼을 누르든 B 버튼을 누르든 아무런 차이가 없다.

더욱 생태학적인 방식으로 인간의 행동을 포착하려면 A와 B 중 하나를 선택하는 데 도덕적 결과가 있어야 한다. 하지만 동시에 윤리 기준도 존중해야 하며 측정 방법도 적합해야 한다. 따라서 연구자들이 그러한 실험적 접근 방식을 만들어 내려면 매우 창의적이어야 한다. 우리의 경우 심사숙고와 토론에 약 1년이 걸렸다.

총 두 명의 연구자, 줄리아 크리스텐슨Julia Christensen과 악셀 클리어만스Axel Cleeremans가 패트릭과 나와 함께 새로운 연구 방법론을 개발하기 위해 참여했다.[73] 상대방을 아는 것이 행동에 영향을 미칠 수 있으므로 모집할 때 확실하게 서로 모르는 사람을 골랐다. 한 사람은 '요원'으로, 다른 한 사람은 '피해자'로 지정되었다. 실험 도중에 역할을 바꿔서 완전히 상호적인 절차가 되도록 했다. 특히 우리는 참가자들이 밀그램의 연구에서처럼 가해자 역할만 하는 상황을 피하고자 했다. 이를 통해 잠재적 가해자

그림 2 명령에 복종하는 것이 뇌에 어떤 영향을 미치는지 연구하기 위한 실험 방식. 실험자는 피해자에게 고통스러운 충격을 가할지 가하지 않을지를 요원에게 명령한다. 충격을 가하면 소액의 금전적 보상을 받게 된다.

로서 겪을 수 있는 심리적 고통을 줄이고자 했다. 또한 밀그램의 연구와는 다르게 우리의 두 지원자는 실제 참가자였고 공모자는 전혀 없었다. 실제로 우리는 모든 절차를 완전히 투명하게 진행하고 어떤 속임수도 사용하지 않기로 했다.

우리는 전기 충격을 가하는 방식에 의존하는 방법을 사용하기로 했지만 우리의 절차는 밀그램의 절차와는 매우 달랐다. 이번에는 충격이 실제적이지만 강도가 일정하고 개인의 통증 역치에 맞춰 조정될 것이었다. 또한 참가자들에게는 고통스러운 충격을 가할 때마다 소액의 금전적 보상을 제공했다.

두 참가자는 키보드를 사이에 두고 테이블에 마주 앉게 되었다. 그 키보드에는 두 개의 버튼이 있었다. 하나는 '충격'이라고 표시되어 있고 다른 하나는 '충격 없음'이라고 표시되어 있었다. 우리는 참가자들에게 요원 역할이 버튼을 누르는 것이라고 말해주었다. 충격 버튼을 누르면 '피해자'에게 실제로 고통스럽지만 역치에 맞춰진 전기 충격이 전달되며 요원의 보수가 0.05파운드 증가한다. 충격 없음 버튼을 누르면 전기 충격은 전달되지 않으며 요원은 보수를 받지 못한다.

한 실험 조건에서는 요원들에게 60번의 시행 동안 어떤 버튼을 누를지 완전히 자유롭게 결정할 수 있다고 알려주었다. 다른 실험 조건에서는 실험자가 요원들에게 각 시행에 충격을 가할지 가하지 않을지 명령을 할 것이라고 알려주었다(그림 2). 중요한 점은 두 번째 조건의 경우 참가자들에게 우리의 명령을 따라야 한다고 말한 적이 없으며, 밀그램의 실험과 다르게 실험자가 참가자들에게 명령을 따르도록 절대 독려하지 않았다는 것이다.

우리는 사람들이 자유롭게 결정할 수 있는 실험 조건을 설명하기 위해 '자유 선택'이라는 용어를 사용했고 실험자가 명령을 내리는 조건에는 '강압'이라는 용어를 사용했다. 여기서 '강압'이라는 단어가 절대적인 것이라기보다는 상대적인 의미로 여겨져야 한다는 점에 유의하자. '강압'의 엄격한 정의는 누군가가 원하지 않는 일을 하도록 설득하기 위해 힘을 사용하는 것을 의미한다. 그러나 진정한 강압은 명백히 윤리 규범을 위반하기 때문에 사용하면 안 된다. 우리는 단순히 사람들이 실험자의 명령에 따라 다른 사람에게 고통스러운 자극을 가하는 실험 상황을 지칭하기 위해

'강압'이라는 관례적인 용어를 사용했을 뿐이다.

전기 충격을 가하기 위해 우리는 매우 엄격한 실험 방법을 사용했다. 피해자의 왼손에 전극 두 개를 부착했다. 이 전극은 전기 자극을 보내는 기계에 연결되었다. 실험을 시작하기 전에 우리는 각 참가자의 개별 통증 역치를 서로 앞에서 측정했다. 이를 통해 참가자들이 절차는 안전하지만 충격이 실제이며 다른 참가자에게 고통을 줄 만큼 조정되었다는 것을 확인할 수 있었다. 개인마다 통증 역치가 다르기 때문에 조정 단계에서 각자 충격이 고통스러울 때까지 전기 자극의 강도를 높여야 했다. 그렇게 선택된 통증 역치가 실험 전체 기간에 걸쳐 사용되었다. 중요한 점은 밀그램의 연구와 달리 강도가 증가하지 않았다는 것이다. 이 실험에서 이 절차에 따라 선택된 평균 자극 수준은 약 25밀리암페어mA였으며 펄스 지속 시간은 200마이크로초μs로 개인 간 변동성이 상당히 컸다.*

이 수준의 통증은 손 근육이 물리적으로 눈에 띄게 수축하는 것을 수반

---

* 나는 때로 내가 충격에 사용하는 기계에서 보고하는 밀리암페어(mA)와 밀그램의 연구에 사용된 볼트(V) 사이의 충격 강도를 비교하려고 그 관계를 묻는 질문을 받곤 한다. 볼트는 전기적 전위차나 전압을 측정하는 반면, 밀리암페어는 회로의 전류 흐름을 측정한다. 내가 사용한 기계는 정전류 자극기로서 요구된 밀리암페어의 전류를 통과시키기 위해 전압(최대 400V)을 조절한다. 옴의 법칙에 따르면 도체에 걸리는 전압(V)은 흐르는 전류(I)에 정비례하고, 반대로 도체의 저항(R)에 반비례한다. 이론상으로는 암페어 없이 400볼트의 전압을 받으면 아무것도 느낄 수 없지만 현실 세계는 그와 다르다. 전기 충격의 통증과 위험성의 판단은 전압, 전류, 피부 저항, 전극 저항, 지속 시간, 통증이 전달되는 위치 등 복잡한 상호 작용이 관계되어 있다. 밀그램의 충격이 가짜였기 때문에 우리에게는 실제 감각을 결정할 수 있는 정보가 없었고 저항을 정확하게 계산할 수단도 없었다. 하지만 가장 중요한 점은 모든 참가자가 고통을 느낀다는 것이다. 통증 민감도에는 상당한 차이가 있어서 일정한 통증 역치를 주면 참가자마다 통증에 대한 인식이 다를 것이다. 이는 결과에 영향을 미칠 추가적인 변수가 발생하는 것이어서 우리가 원하는 바가 아니었다. 따라서 우리는 모든 참가자가 유사한 통증 인식을 할 수 있도록 표준 프로토콜에 따라 통증 역치를 선택했다.

하며, 전기 콘센트를 만졌을 때 작은 전기 충격을 받거나 갑작스러운 경련을 경험하는 것과 비슷하게 느껴진다.

과학 학회나 미디어에서 내 연구에 관해 말하면 사람들은 "하지만 사람들은 밀그램을 알고 있으니까 당연히 당신의 명령을 따르지 않을 것입니다. 그렇지 않나요?" 같은 질문을 수도 없이 던진다. 실험을 설계할 때 우리도 실제로 그런 일이 일어날 것으로 생각했다. 실험에 참여하는 사람들은 실험자가 자신의 행동, 특히 타인에 대한 친사회적이거나 반사회적인 태도를 평가할 것이라고 생각하면, 자신의 가장 좋은 면을 보여주기 위해 행동하고 자기가 부도덕한 행동을 할 수 있다는 사실을 밝히기를 거부할 수 있다. 대부분의 사람은 밀그램이 파괴적인 명령에 복종하는 인간의 경향에 대한 충격적인 결론을 도출했다는 사실을 알고 있기에, 참가자들은 자신이 받은 명령에 저항하려는 유혹을 더욱 느낄 수 있다. 그들이 꼭 도덕적 신념에 따라 그렇게 행동하는 것은 아닐 수도 있으며 단지 실험자에게 비열하거나 불친절하게 보이고 싶지 않기 때문에 그렇게 행동할 수 있다.

우리는 처음에 대학생을 대상으로 했는데 그들 대부분이 밀그램을 광범위하게 공부했기에 참여자 중 단 한 명도 복종하지 않을 것이라고 확신했다. 내 예상은 완벽하게 어긋났다. 참여자 중에 다른 지원자에게 실제 고통스러운 전기 충격을 가하라는 내 명령을 거부한 사람은 거의 없었다.

또한 나는 단지 0.05파운드를 위해 고통스러운 전기 충격을 거리낌 없이 가할 사람이 없을 것이라고 확신했다. 반대로 몇몇 동료들은 내가 런던의 연구실 회의에서 이 문제를 발표하자 사람들이 실제로 그 일을 할 것이라고 확신했다. 다시 한번 말하지만 내가 완전히 틀렸다. 이 실험 방법으로 수행된 여러 연구에 따르면, 참가자들은 평균적으로 60회의 시행 중 약 34회의 전기 충격을 다른 참가자에게 거리낌 없이 가했으며 그 결과 약 1.70파운드의 보상이 발생했다. 이러한 자유 선택 조건에서는 참가자 간의 변동성이 높았다. 어떤 참가자는 시종일관 다른 참가자에게 전기 충격을 보냈지만 어떤 참가자는 전기 충격을 한 번도 보내지 않았다. 하지만 참가자 대부분은 약 30번의 전기 충격을 가했다.

그들의 결정을 더 잘 이해하기 위해 나는 실험이 끝난 후 설명 시간에 그들이 작성한 많은 보고서를 분석한 뒤 그들의 뇌에서 발생한 일을 조사했다.

복종 탐구: 참가자들이 고통스러운 충격을 가하는 이유

학자들 사이에서는 도덕성의 정의를 둘러싸고 상당한 논쟁이 벌어지고 있는데,[71] 실제로 나는 내 실험을 통해 도덕성에 대한 서로 다른(그리고 매우 개인적인) 인식이 행동에 얼마나 큰 영향을 미치는지 깨닫게 되었다.

참가자들이 실험을 시작하기 전에 나는 항상 실험 절차 전체를 설명하는 시간을 갖는다. 이는 연구의 모든 세부 사항을 완전히 이해하고 충분한 정보를 바탕으로 동의할 수 있도록 하기 위한 것이다. 그런 뒤 어느 시점에 두 개의 버튼을 갖게 될 것이라고 설명한다. 하나는 누군가에게 실제로 고통스러운 충격을 가하며 0.05파운드(또는 연구가 행해지는 국가에 따라 0.05유로나 50르완다프랑)가 대가로 제공되는 버튼이고 다른 하나는 전기 충격을 주지 않으며 추가 보상이 없는 버튼이다. 보통은 설명의 이 시점에서 사람들이 연구에 오기 전에 절차를 알고 있었더라도 얼굴 표정이 바뀌고 불안이나 심각함의 징후를 보인다. 그들은 감정적으로 불편해 킥킥 웃기도 하고 매우 심각한 표정을 짓기도 한다. 하지만 그들은 모두 아무 말도 하지 않고 과제에 대한 설명을 계속 듣는다.

그런데 어느 날 한 참가자가 설명 중에 갑자기 내 말을 가로채서 "사람들이 버튼을 누르지 않으면 추가 보상을 얻을 수 없는데 왜 충격 없음 버튼을 누르는 거죠?"라고 물었다. 솔직히 이 질문을 예상하지 못했으므로 "글쎄요. 당신 앞에 있는 사람에게 고통을 주고 싶지 않아서지요!"라고 대답하고 싶은 것을 꾹 참고 "그것은 당신의 결정입니다"라고만 대답했다. 반면에 내 설명에 끼어든 다른 몇몇 사람은 왜 충격 버튼을 눌러야 하는지 물었다. 상대 참가자를 다치게 한 것에 대한 보상으로 0.05유로는 충분하지 않은 듯했기 때문이다. 그러나 이러한 도덕적 고민은 60번의 시행 중 60번 모두 불쌍한 상대방 참가자에게 충격을 가하기로 결정한 참가자에게는 전혀 문제가 되지 않는 것 같았다. 주목할 점은 그 특이한 참가자가 밀그램의 파괴적 복종 연구를 가르치는 대학의 심리학 프로그램을 수강하고 있었다는 것이다.

나는 보통 실험 후 설명 시간에 참가자들에게 전기 충격을 자유롭게 결정할 수 있었을 때 전기 충격을 가하기로 결정한 횟수와 그 이유를 묻는다. 사람들 사이에 도덕성 개념이 어떻게 다른지 보는 것은 매우 흥미롭기 마련이다. 참가자가 자유롭게 결정할 수 있을 때 3~5회처럼 매우 적은 횟수의 전기 충격을 가한 사람은 대부분 그 사람을 너무 아프게 하는 것은 부도덕할 것이기 때문에 그렇게 했다고 밝혔다. 예를 들어 최소한의 충격만 가한 사람(0/60 충격 전송과 3/60 충격 전송) 두 명은 "나는 다른 사람을 아프게 하는 것을 좋아하지 않아서 충격을 가하지 않았습니다"와 "돈을 받고 고통스러운 충격을 가하는 것이 매우 불편했습니다. 그것은 부도덕한 일입니다"라고 했다.

동시에, 60번 중 55~58번의 전기 충격을 다른 참가자에게 가한 참가자도 상당수 있었는데, 그들은 매번 상대방을 아프게 하는 것이 부도덕하다고 느껴져 마지막 몇 번의 전기 충격은 가하지 않기로 했다고 비슷하게 말했다. 예를 들어 한 사람은 "다른 사람을 아프게 하는 게 싫어서 모든 충격을 다 보낼 수는 없었습니다"라고 보고했고, 다른 한 사람은 "그렇게 할 수 있다 하더라도 모든 충격을 다른 사람에게 보내는 건 좋아 보이지 않았습니다"라고 지적했다. 첫 번째 사람은 60회 시행 중 55회를 보냈고, 두 번째 사람은 60회 시행 중 57회를 보냈다.

여기서 우리는 두 집단에서 모두 도덕적 신념에 기초한 유사한 정당화를 발견했지만 그 둘의 행동은 매우 달랐다.

일부 참가자들은 더 많은 돈을 벌고 싶어서 전기 충격을 많이 가했다고 보고했다. 그들은 이것이 주된 동기라고 솔직하게 인정했다. 심지어 사후 설명 조사지에 "돈, 돈, 돈"이라고 적은 참가자도 있었는데, 실제로 그는 53/60의 충격을 보냈다. 매우 흥미롭게도 어떤 참가자들은 '내가' 충격당 얻는 유로의 양을 올렸다면 피해자에게 가한 충격 횟수를 더 적게 했을 것이라고 구두로 말하기도 했다. 그들에게는 자신이 자유롭게 결정한 충격 횟수에 대한 책임이 내게 있는 것 같았다. 때로는 매우 자세한 금전적 정당성을 제시하기도 했다. 한 사람은 "오늘 밤 파티가 있는데 맥주값이 1유로예요. 그래서 20번의 충격을 보냈습니다"라고 했다.

하지만 전기 충격을 많이 가하지 못했다고 보고한 사람도 있었는데, 이는 그것이 자신에 대해 무엇을 드러낼지 두려웠기 때문이다. 어떤 사람은 이렇게 말했다. "나는 돈을 받고 고통을 가하는 것이 부끄러웠습니다. 그래서 충격을 8번만 보냈습니다. 사실 나는 이 실험으로 돈을 위해 남에게 고통을 주는 데서 은밀한 즐거움을 느끼는 내 모습이 드러나는 건 아닐까 하는 두려움이 들었습니다." 다른 참가자들도 돈 때문에 다른 사람을 해치는 것이 부끄러운 일이라고 생각해 전기 충격을 보내지 않았다고 보고했다. 예를 들어 어떤 사람은 "누군가에게 고통을 주기에는 보수가 너무 약했습니다"라고 했고, 어떤 사람은 "나는 다른 참가자가 그토록 적은 돈을 위해 내게 전기 충격을 보냈다는 사실에 충격을 받았습니다. 창피한 일이어서 나는 그렇게 하지 않았습니다"라고 말했다. 또 어떤 사람들은 한 번의 시행에서 잘못된 버튼을 눌러 실수로 충격을 준 것에 매우 미안해했다. 그들은 "매우 속상합니다. 버튼을 한 번 잘못 눌러서 실수로 충격을 줬습니다"(1/60회 충격 전송)나 "버튼을 잘못 눌러서 죄송합니다"(1/60회 충격 전송)라고 말했다.

다른 참가자들은 매우 자세한 설명을 했다. 한 사람은 이렇게 말했다. "첫 번째 사분위에서 나는 충격 버튼과 충격 없음 버튼을 번갈아 누르며 위험을 허용했습니다. 세 번째 사분위도 마찬가지였습니다. 두 번째와 네 번째 사분위는 휴식 기간으로 간주했기 때문에 충격 없음 버튼만 눌렀습니다. 또한 단조로움을 깨기 위해 마지막 3번의 시행에서는 충격을 보냈습니다"(28/60회 충격 전송). 또 다른 사람은 "나는 첫 번째 시행에서는 충격을 보내지 않기로 했는데 그다음에는 충격을 보내기로 마음먹었습니다. 그래서 충격을 2번 주고 1번은 주지 않기로 했죠. 그다음에 충격을 4번 가하려고 했지만 다시 충격을 가하기 전에 3번의 시행을 기다렸습니다. 그런 다음 연속으로 충격을 7번까지 늘려야 했습니다. 그리고 계속해서 같은 논리를 따랐습니다"(41/60회 충격 전송)라고 했다. 물론 나는 그 문장을 여러 번 읽은 후에도 배경이 되는 논리를 전혀 이해할 수 없었다.

다른 사람들은 충격이 고통스럽더라도 전혀 위험하지 않다는 것을 알고 있었기 때문에 충격을 주는 데 문제가 없었다고 말했다. "내가 먼저 피해자 역할을 했고 그다지 고통스럽지 않다는 것을 알았기 때문에 가해자 역할이 되었을 때 충격을 주는 것이 어렵지 않았습니다"(31/60회 충격 전송)와 "충격은 진짜이지만 사람들이 스스로 고통의 한계치를 선택하기 때문에 실제로는 감당할 수 있습니다"(29/60회 충격 전송) 또는 "피해자가 자기 고통을 골랐습니다"(22/60번의 충격 전송)라는 답변이 있었다.

나는 자유 선택 조건에서 그들이 무엇을 할지 완전히 자유롭게 결정할 수 있으며 그들이 무엇을 선택하든 내가 신경 쓰지 않는다는 점을 처음부터 분명히 밝힌다. 실제로도 그랬다. 나는 참가자들이 원하는 대로 자유롭게 행동하기를 바랐다. 사실 나는 그들의 행동에 그다지 관심이 없다. 그보다는 그들이 자유롭다고 느낄 때 뇌가 어떻게 정보를 처리하는지에 관심이 있다. 그러나 상당수의 참가자가 자신이 가한 충격 횟수를 정당화하려고 과학이나 실험을 언급했다. 예를 들어 "실험에 필요했습니다"(48/60회 충격 전송)나 "연구에 편향을 주지 않기 위해서입니다"(31/60회 충격 전송)라고 적었다.

어떤 참가자들은 호기심에 그렇게 했다. 한 사람은 피해자가 정말 고통스러울지 보고 싶었다고 밝혔고(1/60회 충격 전송), 다른 한 사람은 전기 충격을 가했을 때 상대가 어떻게 느끼는지 보고 싶었다고 말했다(2/60회 충격 전송). 일부는 피해자에 대한 공감이 부족했다는 사실을 명확하게 밝혔다. "나는 피해자에게 공감하지 못했기 때문에 충격을 보냈습니다"(35/60

충격 전송).

간혹 철학적인 설명도 보였다. "지혜는 지루합니다. 악은 자극적이
죠"(15/48 충격 전송).

실험실 실험이 실제 잔혹행위를 반영할 수 있을까?

이 장을 마무리하기 전에 잠깐 시간을 들여 통제된 실험실 환경이 대규
모 잔혹행위를 특징짓는 극단적이고 복잡한 양상을 정말로 반영할 수 있
는지 생각해 볼 필요가 있다. 스탠리 밀그램은 1974년 저서에서 자신의
연구와 홀로코스트 사이의 놀라운 유사점에 주목했다. 특히 두 경우 모두
평범한 사람이 가해자 역할에 놓였고, 권위 있는 인물이 근처에 있을 때
이 가해자들은 무고한 피해자에게 해를 끼치는 데 기꺼이 동의했다.

2015년 미국의 심리학자 앨런 페니히스타인Allan Fenigstein은 흥미로
운 논문[75]에서 밀그램의 연구와 나치를 대조하면서 밀그램의 연구만으로
는 홀로코스트 가해자들을 충분히 이해할 수 없다고 주장했다. 저자는 나
치가 홀로코스트 동안 살인 행위에 광적으로 가담하고 극단적이고 가학
적인 잔혹함을 보인 것은 실험실 참가자들이 다른 사람에게 전기 충격을
가해야 했을 때 보이는 후회나 도덕적 괴로움과 극명하게 대비된다고 설
명했다. 제3장에서 볼 수 있듯이 집단학살이 일어나는 동안에는 적대적
인 외집단을 죽이는 것이 일반적인 관행이 되면서 도덕적 가치가 변화한
다. 실험실 실험은 복종과 관련된 기본적인 인지적, 신경학적 과정을 이해
하는 바탕은 될 수 있지만, 현실 세계에서 직면하는 다양한 상황과 윤리적
딜레마를 충분히 반영하기에는 부족할 수도 있다. 실제 잔혹행위에서는

선전, 두려움, 이념, 권력 관계와 같은 요소가 개인의 행동과 의사 결정에 영향을 미치는 중요한 역할을 한다.

나 역시 연구를 설계하면서 이 문제를 고민했다. 실제의 집단학살과 전기 충격을 포함한 연구 사이에는 고려해야 할 중요한 차이점이 당연히 있다. 윤리적으로나 방법론적으로 전쟁이나 집단학살에 가담한 개인의 뇌에 전극을 이용한 실험을 할 수는 없으므로 나는 이러한 차이를 인정하고 해결해야 했다.

다음 장에서 살펴보겠지만 현재 내 판단에 따르면 간단한 실험실 실험에서도 명령에 따르는 것은 뇌의 처리 과정에 영향을 미친다. 이러한 모습은 집단학살 중에 나타나는 비인간화, 집단 간 편견, 두려움, 트라우마 등 다른 여러 현상과 결합되면 더욱 두드러질 수 있다. 예를 들어 사람들이 자유롭게 행동할 때에 비해 명령에 따를 때 공감과 관련된 뇌 영역의 활동이 감소하는 현상은 가해자가 증오 선전에 세뇌되어 피해자를 해치면서도 죄책감을 느끼지 않는 상황에서 더욱 심화될 수 있다. 이것이 서론에서 언급했듯이 집단학살 중에 작용하는 추가적 요소를 논의하는 것이 필수적인 이유다. 따라서 다음 장에서는 단순한 복종 상황을 넘어선 다른 관련 현상을 간략하게 다룰 것이다.

결론

이 장에서 보여주듯이 다른 연구자나 내 실험 연구에 참여하기 위해 모집된 수천 명의 지원자는 실험 상황에서조차 외부 압력이 있든 없든 다른 개인을 해치는 것에 높은 수준의 복종도를 보인다. 이것이 임의 효과 random effect[*]일 수 없는 이유는 그러한 실험이 다양한 실험실 환경, 다양한 국가, 다양한 시대에서 확인되었기 때문이다. 물론 실험실에서의 복종과 현실 세계에서의 복종 사이에는 엄청난 차이가 있지만, 이러한 실험 결과를 이전 장에서 다룬 집단학살 가해자와의 인터뷰와 결합해 보면 인간이 명령에 따를 때 실제로 다른 사람에게 (심각하게) 해를 끼칠 수 있다는 것을 확인할 수 있다. 이러한 결과가 어떻게 가능한지 이해할 필요가 있다. 그리고 사람들이 그러한 명령을 따를 때 뇌에서 무슨 일이 일어나는지를 밝혀주는 신경과학이 유용할 수 있는 부분이다.

수년간의 개발 끝에 나는 동료들과 함께 윤리적 기준을 존중하면서도 복종의 정도가 놀라울 정도로 높은 새로운 실험적 접근법을 마침내 고안해 냈다. 어쨌든 가장 중요한 점은 이 방법이 신경영상 측정에 적합하여 사람들이 명령을 따를 때 어떻게 다른 사람을 해치는 것을 받아들일 수 있는지에 대한 답으로 사용될 수 있다는 것이다. 이는 다음 장에서 살펴보게 될 것이다.

---

* 개인이나 기간, 장소 같은 주요 그룹화 요인에 따른 변동을 말한다. ─옮긴이

JUST FOLLOWING ORDERS

3

우리는 어떻게 우리 행동에

주인의식과 책임감을

가지는 것일까?

인간은 행동을 할 때 자신이 외부 세계에 영향을 미친다는 사실을 인식하는 능력이 있다. 이러한 능력은 우리가 '좋은' 행동이나 '나쁜' 행동을 하려는 의지에 큰 영향을 미칠 수 있어서 사회생활에서 매우 중요하다.

물론 인간이 이러한 정신적 능력이 있는 유일한 동물은 아니다. 많은 동물 연구를 통해서 다른 종도 자신의 행동과 결과 사이의 인과관계를 확립할 수 있다는 것이 입증되었다. 가장 흥미로운 예는 도구의 사용인데 이는 분명 인간만의 기술이 아니다. 도구를 사용하려면 자신의 팔다리와 결과 사이의 연관성을 이해하는 것뿐만 아니라 목표를 달성하기 위해 외부 물건을 팔다리의 연장선으로 사용할 수 있다는 것을 이해하는 높은 인지 능력도 필요하다.

도구의 사용은 널리 관찰되었다. 예를 들어 침팬지는 나무 막대기를 이용해 둥지에 있는 개미나 흰개미를 잡는다. 2007년에 발표한 연구에 따르면 침팬지는 단순히 이빨과 손의 사용을 넘어 작은 포유류를 사냥할 수 있는 무기도 만들 수 있는 것으로 밝혀졌다.[76] 비인간 종이 도구를 사용하는 이유는 음식 때문만은 아니다. 도구를 사용하는 것은 그들이 자연 서식지에서 더 잘 적응하고 살아가는 데에도 도움을 준다. 2005년 한 연구팀은 콩고 북부의 숲에서 레아라는 이름의 암컷 고릴라가 물웅덩이를 건너려고 1미터 길이의 막대기를 사용해 깊이를 측정하는 것을 목격했다. 그런 다음 그녀는 물속으로 들어가 막대기를 이용해 웅덩이 안으로 더 나아갔다.[77]

실제로 인간만이 자신의 행동과 결과 사이의 인과관계를 이해하거나 물건을 사용해 환경을 변화시킬 수 있는 유일한 동물은 아니다. 인간의 집에 사는 동물들도 이 사실을 거듭해서 증명했다.

2015년 12월에 내 박사 학위 논문 심사 중에 친구 줄리안이 작은 상자 하나를 주었는데 사실 일종의 돼지 저금통이었다. 상자 위에 동전을 놓고 버튼을 누르면 된다. 그러면 뚜껑이 열리고 작은 고양이 인형이 나타나 발로 동전을 상자 안으로 집어넣는다. 고양이는 상자 밖으로 머리를 내밀 때 야옹 하고 소리를 낸다. 그 소리에 우리 집 고양이 유클리드가 놀라서 상자를 살펴보려고 다가왔다. 내가 듣기에도 야옹 하는 소리는 정말 진짜처럼 들렸다. 유클리드가 흥미를 느끼는 것 같아 나는 버튼을 누르면 고양이가 나타나 우는 것을 보여주기로 했다.

이는 엄청난 실수였다. 유클리드는 버튼을 누르는 것과 고양이가 튀어나오는 것 사이의 인과관계 원리를 매우 빠르게 배웠을 뿐만 아니라 상자 여는 것을 너무나 좋아해 미친 듯이 계속해서 그 버튼을 눌렀다. 하루에

40~50번은 될 정도였다.

물론 나의 과학적 탐구심은 이 인과관계 원리의 한계를 시험해 보기로 했다. 나는 유클리드에게 상자를 다른 각도에서 보여주었는데 그러면 버튼이 다른 쪽에 자리한 셈이 된다. 하지만 그에겐 문제가 되지 않았다. 유클리드는 계속해서 그 버튼을 찾아서 눌렀다. 때로는 그것을 눌러 한밤중에 나를 깨우기도 했다. 결국 극단적인 조치를 취해 고양이에게서 상자를 빼앗아야 했다. 상황이 매우 심각해졌기 때문이다. 관찰을 통해 나의 다른 고양이 뉴턴도 버튼을 사용하는 법을 배워버렸다!

분명 견디기 힘든 상황이었지만 그래도 내 호기심은 남았다. 사실 나는 이것과 밀접하게 관련된 주제로 박사 학위 심사를 받은 직후였다. 그래서 유클리드가 '자신'이 그 행동을 하고 있다는 느낌을 받았을까 궁금했다.

인간의 경우 행동을 수행할 수 있는 능력에는 '내'가 그 일을 했다는 생각, 즉 주체성이라는 인식이 따라온다. 학자들은 이것을 주체의식sense of agency이라고 부른다. 주체의식은 인간이 가진 능력의 놀라운 측면이어서 아마도 인류 역사 전반에 걸친 발전에서 중요한 진보에 이르도록 해준 요소일 것이다. 다른 어떤 동물보다도 인간은 환경을 변화시키고 구축해 왔다. 농업, 주택 건설, 도구 개발, 무기 개발, 운송 수단 등 우리가 이룩한 모든 기술 발전은 주변 세상을 바꾸고 자신의 성과를 인정받으려는 정신 능력의 산물이다.

주체의식을 경험하는 이러한 신경생물학적 능력은 우리 현대 세계에 큰 영향을 미쳤다.[78] 프랑스 철학자 앙리 루이 베르그송Henri-Louis Bergson은 '도구의 인간'을 의미하는 호모 파베르Homo faber라는 유명한 개념을 사용했다. 인간이 도구를 만들고 개발하는 법을 배워 운명을 스스로 통제할 수 있게 되었다는 생각을 말한다. 사실 이런 능력이 없었다면 좋든 나쁘든 우리는 먹이사슬의 꼭대기에 있을 수 없었을 것이다.

하지만 자신의 행동에 주체의식을 느낀다고 해서 수행하는 모든 행동에 주체성을 경험하는 것은 아니다. 만약 그렇다면 집중 시스템은 너무 많은 정보로 과부하가 걸릴 가능성 크다. 그러면 다른 과제에 집중할 수 없을 것이다. 사실 우리가 매일 수행하는 대부분의 행동은 자동적으로 이루어진다. 심지어 그 행동을 완료했다는 사실조차 의식하지 못한다. 예를 들어 나는 매일 핫초콜릿을 만들 때 찬장에서 (다크) 초콜릿을 꺼낸 다음 냉장고에서 우유를 꺼내 특별한 기계에 필요한 양만큼 넣는다. 그다음 맛있는 핫초콜릿을 만들어 주는 그 기계의 버튼을 누르면 끝이다. 이 행동은 너무 자동적이어서 생각할 필요가 없다. 심지어 가족과 대화하거나 팟캐스트를 듣거나 영화를 보는 등 다른 여러 가지 일을 하면서도 할 수 있다.

내 뇌는 핫초콜릿을 만드는 데 아주 적은 양의 인지 자원만을 필요로 하며, 그것을 만들 때 주체성을 경험할 필요가 없다. 그저 멋진 담요가 따뜻하게 몸을 감싸는 동안 핫초콜릿이 줄 즐거움만 생각하면 된다. 그럼에도 내 행동에 대한 주체성을 의식적으로 경험할 수는 있다. 그리고 누군가가 끼어들어 내가 무엇을 하고 있는지 묻는다면, 나는 어떤 행동을 취하고 있는지 정확하게 설명할 수 있을 것이다.

이제 여러분의 차례다. 잠시 시간을 가져보자. 단 5초만 지금 여러분의 손과 손가락으로 하는 모든 동작을 생각해 보라. 손가락으로 페이지를 넘길 준비를 하는 중일 수도 있고, 차 한 잔을 마시는 중일 수도 있고, 코를 긁는 중일 수도 있다. 여러분은 아마도 이를 의식적으로 생각하지 않고도 이러한 행동을 했을 것이다. 하지만 지금 내가 여러분이 하는 일을 설명해 달라고 묻는 순간, 여러분은 이러한 행동의 시작이 자신에게서 비롯되었음을 되짚어 볼 수 있다. 여러분은 지금 주체의식을 경험하고 있는 것이다.

또한 주체성은 새로운 활동에 참여하는 순간에도 의식적으로 나타난다. 예를 들어 나는 커피를 정말 싫어하고 거의 만들어 본 적이 없어서 손님을 위해 커피를 만드는 것도 정말 형편없다. 그래서 누군가가 커피를 요청하면 모든 단계를 신중하게 생각해야 한다. 이탈리아산 에스프레소 머신을 사용해야 할까, 아니면 필터를 사용하는 슈퍼마켓용 커피 머신을 사용해야 할까? 얼마나 많은 양의 분쇄 커피를 넣어야 하지? 물은 얼마나 더 넣어야 할까? 어떤 버튼을 누르면 기계가 작동하지? 최종적인 결과는 어떻게 될까? 고려해야 할 단계와 작업이 너무 많고 이는 명백히 자동으로 이루어지지 않는다. 따라서 모든 움직임과 그 조정을 신중하게 생각해야 하므로 내 행동의 주체성을 경험할 가능성이 더 크다.

운전도 좋은 예다. 숙련된 운전자라면 어느 페달을 밟아야 할지, 언제 속도를 바꿔야 할지, 어떻게 운전대를 잡을지 깊이 생각하지 않고도 차를 운전한다. 하지만 처음 운전을 했을 때 얼마나 정신적으로 지쳤는지 기억하는가? 동시에 의식적으로 처리해야 했던 그 모든 행동은 어떤가? 자동차를 안전하게 운전하겠다고 자신의 움직임을 조정하지 않았던가? 물론 이제 자동차를 운전하는 것이 자동화되었고 모든 운동 단계를 통달했으므로 자신의 행동을 두고 주체성이라는 인식을 의식적으로 생각할 필요가 없다. 하지만 일련의 행동에서 무언가에 실패해 처음의 의도와 최종 결과 사이의 흐름이 끊어지면 주체성을 경험하게 된다. 어떤 이유로든 자동차를 제어할 수 없게 되면 차를 운전하는 사람이 바로 자신이라는 사실을 갑자기 깨닫게 될 것이다.

따라서 이것은 주체의식의 또 다른 중요한 측면이다. 즉 무언가 실패하면 그 실패에 대한 주체성이 떠오르며 자신이 그 실패한 행동의 주체임을 깨닫게 된다.

주체의식과 인간의 뇌

이처럼 항상 주체성을 경험하는 것은 아니어도 건강한 성인이라면 모두 자신의 행동을 자신의 것이라고 인식할 수 있는 능력을 갖추고 있다. 그런데 일부 정신 질환이나 신경 질환은 주체의식의 장애와 관련이 있다. 이런 경우 환자는 자신의 행동을 자신의 것으로 인식하는 데 어려움을 겪는다.

조현병은 가장 잘 알려진 정신 질환으로 운동 체계가 온전하더라도 자신의 행동에 대해 주체성이 감소하는 것과 관련이 있다. 이는 조현병 환자의 움직임을 생성하는 데는 아무 문제가 없지만 그 움직임의 의도성은 방해를 받는다는 뜻이다. 조현병 환자를 연구한 어느 연구자는 과학 논문[79]에서 29세의 타자수가 자신의 경험을 설명한 사례를 소개했다.

> 내가 빗에 손을 뻗으면 움직이는 것은 내 손과 팔입니다. 그리고 내 손가락이 펜을 집어 올리지만 내가 손가락을 조종하는 것이 아닙니다… 나는 손가락이 움직이는 것을 지켜보고 있는데, 손가락은 매우 독립적이며 손가락이 하는 일은 나와 아무 관련이 없습니다… 나는 우주의 줄로 조종되는 꼭두각시일 뿐입니다. 줄이 당겨지면 내 몸이 움

직이고 나는 그 움직임을 막을 수는 없습니다.

이 경우처럼 조현병 환자는 때때로 자신이 직접 행동했음에도 자신이 그 행동을 한 것처럼 느끼지 못한다. 오히려 외부 주체가 자신의 행동을 강요한 것처럼 느낀다.

그리고 인간이 주체성을 경험하지 못한다면 자신의 행동에 책임을 느낄 수도 없을 것이다. 그래서 법정은 조현병 환자가 자신의 행동에 책임이 있다고 인정하지 않는다.

환자가 주체성을 경험하지 못하는 정신 질환의 또 다른 예는 외계인 손 증후군anarchic hand syndrome이다. 이는 환자의 의지와 상관없이 손이 움직이는 신경 질환이다. 환자들은 일반적으로 자신의 의지와 손의 움직임이 분리되어 마치 손이 '손 자체의 의지로'[80] 움직이는 것처럼 느낀다고 보고한다. 이 환자들은 손의 움직임이 자신의 의도대로 통제되지 않으며 움직임을 억제하거나 취소할 수 없다고 보고한다. 하지만 그들은 움직이는 손이 자신의 손이라는 것을 완벽하게 인식할 수 있으므로 자신의 신체에 대한 주인의식은 변하지 않았음을 알 수 있다. 환자들은 그 움직임이 자신의 손에 의해 이루어졌다는 것은 받아들이지만, 이 행동의 근원이 '나'라는 것은 받아들이지 않는다.[81]

이 특징은 투렛증후군Tourette syndrome 환자에게도 적용된다. 이런 환자들은 스스로 통제할 수 없는 운동틱과 음성틱을 보인다. 예를 들어 무의식적으로 얼굴을 찡그리거나 펄쩍 뛰거나 고개를 흔들거나 심지어 모욕적인 말을 내뱉기도 한다. 이러한 틱 때문에 환자는 틱 움직임에 대한 주체성 감소를 경험한다. 최근 연구에서는 운동 증상의 심각성과 주체의식 사이에 상관관계가 있음을 발견했다. 증상이 심할수록 주체의식이 감소했다.[82] 더 나아가 이 연구는 투렛증후군 환자의 주체의식과 관련된 뇌 영역의 활동이 건강한 대조군에 비해 감소한다는 것을 보여주었다. 따라서 투렛증후군 환자는 자신의 행동으로 인한 결과에 대해 주체성을 경험하는 것과 책임을 지는 데 어려움을 겪을 수 있다.

건강한 인간의 뇌에서 자발적인 행동 수행은 여러 단계의 정보 전달이 필요하다. 그것은 의도를 생성하는 데 관여하는 뇌 영역에서 시작해 움직임을 제어하는 근육에서 끝난다. 의도와 관련된 뇌 영역은 대부분 전전두엽 피질과 관련이 있다. 전전두엽 피질은 전두엽의 일부이며 운동 영역 근처에 있다. 인간의 경우 진화 과정에서 이 구조는 다른 종에 비해 특히 크기가 커졌다. 최근 연구에 따르면 전전두엽 피질은 전체 피질의 약 30퍼센트를 차지해 모든 동물 종 중에서 가장 큰 비율이라고 한다.[83] 전전두엽 피질은 행동을 계획하거나 결정을 내리게 하고, 다른 사람을 해치는 것을 피하는 등 사회적 행동을 통제하게 해준다.

의도가 만들어지면 행동을 실현하는 데 사용할 운동 계획이 만들어진다. 운동 계획은 전운동 피질과 두정엽 영역, 기저핵, 감각 피질에서 온 감각 정보 간의 상호작용과 관계되어 있다.[84] 특히 두정엽 피질은 주변 환경에서 얻은 정보를 처리하고 공간에서 신체의 실제 위치를 계산하는 역할을 하는 것으로 잘 알려져 있다. 감각 피질은 눈과 귀, 피부로부터 온 감각의 입력을 받는다. 전운동 피질은 계산된 이러한 모든 정보를 이용해 운동 계획을 최종적으로 준비한다.

일단 운동 계획이 실현되면 정보는 일차 운동 피질M1로 전송되고 일차 운동 피질은 정보를 척수로 전달한 다음 근육으로 전달해 명령을 실행한

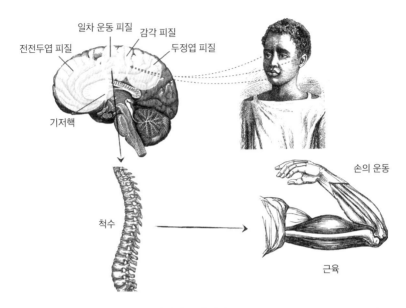

전전두엽 피질 　 일차 운동 피질 　 감각 피질
　　　　　　　　　　두정엽 피질

기저핵

척수

손의 운동

근육

그림 3　행동 결정을 계산하는 데 관여하는 뇌 영역

다(그림 3 참조).[85]

　이러한 자발적인 행동과 주체의식을 생성하는 데 관련된 뇌 회로는 여러 신경영상 연구와 병변 연구를 통해 밝혀졌다. 그동안 신경과학에서는 특정 인지 과정에서 특정 뇌 영역이 미치는 영향을 이해하는 데 병변 연구가 자주 사용되었다. 신경과학자는 뇌의 특정 부분에 병변이 있는 환자를 발견할 경우 이 병변이 환자의 인지에 어떤 영향을 미치는지 관찰할 수 있다. 예를 들어 환자가 뇌 스캔을 위해 병원에 내원했는데 이를 통해 언어의 이해와 관련이 있다고 생각되는 뇌 영역의 손상이 발견되면 신경심리학자는 관련 검사를 한다. 이 환자가 다른 인지 과정은 여전히 온전한데 같은 연령과 교육 수준을 가진 건강한 사람에 비해 언어 이해력에서 낮은 점수를 보였다고 가정해 보자. 연구자들은 증거를 모아 이 특정 뇌 영역이 언어 이해와 연관돼 있다는 것을 추론할 수 있다.

주체의식과 관련해서는, 병변 연구에 따르면 전전두엽 피질이나 두정엽에 손상을 입을 때 주체의식과 자신의 행동을 통제하고 있다는 인식에 변화가 생긴다고 한다. 2004년 한 연구팀[86]은 두정엽 피질에 뇌 손상을 입은 환자들이 자신의 행동을 의식적으로 감지하는 데 어려움을 겪는 것을 관찰했다. 추가로 2009년[87]에 같은 연구팀은 두정엽 피질을 자극하기 위해 뇌 자극 기술을 사용했다. 그들은 자신들의 가설이 옳음을 확인했다. 실제로 뇌 자극은 신경과학 분야의 놀라운 기술로서 연구자들은 표적인 뇌 영역의 전기적 활동을 방해할 수 있게 되었다. 이제 연구자들은 특정 뇌 영역에 병변이 있는 환자를 기다릴 필요 없이 뇌 자극이 연구자가 관심 있는 인지 과정에 어떻게 영향을 미치는지 관찰할 수 있다. 실제로 뇌 자극은 뇌의 병변을 재현하거나 모방하거나 인지 및 행동에 미치는 영향을 연구하는 데 도움이 된다.

앞에서 소개한 연구팀은 뇌 자극을 이용해 두정엽의 전기적 활동을 변화시키면 자신의 행동을 자신의 것으로 인식하는 데 장애가 생긴다는 것을 발견했다. 마찬가지로 전전두엽 피질과 두정엽 피질을 우회해 일차 운동 피질을 직접 자극하면 피험자에게 적절한 주체성을 유발하지 않으면서도 움직임이 일어났다. 즉 두정엽의 전기적 신호에 이상이 생긴 사람은 촉발된 움직임을 자신의 것으로 인식하지 못한다. 따라서 그들은 운동의 결과에 대해 책임감이 감소하는 것을 경험할 수 있다.

이 섹션에서 보여주듯이 주체의식은 주관적인 경험이면서 동시에 건강한 개인이라면 누구나 자신의 행동을 통해 경험하는 뇌의 작용이기도 하다. 다음 섹션에서는 책임감과 밀접한 관련이 있는 주체의식을 살펴볼 것이다. 주체의식은 사람들이 '선한' 방식이나 '나쁜' 방식을 선택해 행동하는 과정을 이해하는 열쇠가 될 수 있다.

자신의 행동에 책임지기

거의 모든 인간 행동에는 어떤 외부적 결과가 따라오지만 사회적 맥락에서 이루어지는 행동은 그 결과가 행위 주체뿐만 아니라 다른 사람에게도 영향을 미치기 때문에 특히 중요하다. 모든 인간 사회는 개인의 책임을 요구하고 지지한다. 즉 사람들은 자신의 행동과 그 행동이 세상과 다른 사람들에게 미치는 결과를 인식하는 존재로 여겨진다. 그러므로 개인은 잘못된 행동보다는 옳은 행동을 선택하고 책임감 있게 행동할 수 있어야 한다.

로마법에서는 개인이 범죄를 저지르는 행동을 했을 때actus reus뿐 아니라 행동할 의도를 가졌을 때mens rea에도 책임을 졌다. 악투스 레우스(범죄 행위라는 뜻)가 성립되기 위해서는 신체적 움직임과 관계된 행위가 있어야 하며, 이는 외부 물체를 사용했든 사용하지 않았든 관계없이 이루어진 행위여야 한다. 따라서 재판에서 첫 번째 단계는 증거를 토대로 피고인이 실제로 해당 행위를 저질렀는지 파악하는 것이다. 증거는 목격자의 존재나 살인 무기에 묻은 지문처럼 다양한 것이 될 수 있다. 증거는 악투스 레우스를 어느 정도 확실하게 판단하는 데 도움이 된다. 피고인이 해당 행위를 저질렀다는 증거가 충분하다면 그 사람이 범죄에 인과적 책임이 있다는 의미다.

두 번째 단계는 행위가 의도적이었는지 판단하는 것이다. 피고인은 피해자를 다치게 하려고 했는가? 아니면 우연히 그렇게 했는가, 아니면 그 행동을 할 당시 망상 상태에 빠져 있었는가? 범죄와 관련한 의도성 또는 의지는 멘스 레아mens rea라고 부른다. 전문가들이 행동 중에 멘스 레아가 없었다는 데 동의하면 책임 여부는 논란의 여지가 있을 수 있다. 예를 들어 조현병 환자나 정신병 환자는 자신의 실제 행동에 대해 의식적인 계획이나 인식을 형성하지 않았기 때문에 그 행동에 책임이 없다고 보는 것이 일반적이다. 하지만 피고인이 범행 당시 그러한 상태에 있었는지를 증명하거나 반증해야 한다(이 작업은 주로 정신과 전문가가 맡는다).

악투스 레우스와 멘스 레아의 존재 여부를 판단하는 것은 어려운 과제일 수 있고, 다양한 변수 때문에 판사와 배심원이 형사책임을 규명하는 일은 더욱 복잡해질 수 있다. 이러한 복잡성을 설명하기 위해 내가 특히 좋아하는 예가 있는데 바로 '아르마딜로 사건Armadillo case'이다. 2015년 4월, 미국의 한 남성이 이유는 알 수 없지만 아르마딜로를 총으로 쏜 사건이 발생했다. 그러나 총알은 아르마딜로에서 멈추지 않고 그 동물의 갑옷 같은 껍질에 튕겨 나와 장모의 이동식 주택 뒷문을 관통한 뒤 그녀가 앉아 있던 의자를 뚫고 그녀의 등에 맞았다.[88] 그 남자가 실제로 총을 잡고 방아쇠를 당겼으므로 분명 악투스 레우스는 그 현장에 있었다. 하지만 멘스 레아는 어떨까? 이 어처구니없는 상황에서 남자는 장모를 다치게 한 것에 책임감을 느꼈을까? 그는 아르마딜로의 껍질이 총알을 그 정도로 완벽하게 튕겨 낼 만큼 단단할 것이라고 예측했을까? 이러한 것 때문에 형사책임을 판단하는 것은 복잡할 수 있다.

그러나 사법제도에 따라 결정되는 법적 책임 너머에는 스스로 책임 있는 주체가 된다는 인식이 존재하며, 이는 옳은 행동과 그른 행동을 선택하는 데 큰 영향을 미칠 수 있다. 다시 말해 부정적인 사건에 대해 책임을 인정하는 사례보다는 자신의 책임을 최소화하는 사례를 찾기가 더 쉽다.

인간은 자신의 행동 결과에 책임을 줄이는 경향이 있고 특히 그 행동의 결과가 나쁠 때는 더욱 그러한데 심리학자들은 오랫동안 이 사실을 인식하고 정량화했다. 이러한 경향 중 가장 흔한 하나는 자기위주 편향self-serving bias이라고 알려져 있다. 즉 사람들은 긍정적인 사건이나 결과에 대해서는 공을 인정받으려 하고, 부정적인 결과에 대해서는 다른 사람이나 외부 요인을 탓하는 경향이 있다. 이런 현상은 심각한 사건뿐 아니라 덜 심각한 사건에서도 관찰할 수 있다. 여러분이 시험에 성공적으로 합격했다면 그것은 자신이 열심히 공부했기 때문이라고 믿을 것이다. 그러나 시험을 망쳤다면 과목을 제대로 가르쳐 주지 않은 선생님이나 전날 밤 너무 시끄러운 소리를 낸 이웃을 비난할 가능성이 크다.

자기위주 편향은 자존감을 보호하려는 인지적 편견이다. 긍정적인 사건의 공을 자신에게 돌리면 자신감이 높아진다. 실패의 책임을 다른 사람에게 돌리면 개인적 책임에서 벗어나게 되고 자존감을 보호할 수 있다.

또 다른 편향 요소로 사회적 바람직성social desirability이 있다. 상대적으로 자기위주 편향에 밀접한 것으로서 자신이 사회에서 어떻게 인식되기를 원하는지를 반영한다. 이는 개인이 사회적 상호작용 중에 자신에 대한 호의적인 이미지를 보여주려는 경향과 적절하다고 생각되는 방식으로 행동하는 경향을 말한다. 예를 들어 여러분이 담배를 자주 피우는 사람이라고 가정해 보자. 그러다 담배를 싫어하는 사람을 만났는데 그가 담배를 피우는지 묻는다면 여러분은 그 사실을 숨기려 하거나 "네, 피웁니다. 하지만 일주일에 담배 한두 개 정도만 피우죠"라고 담배 소비량을 줄여서 말할 것이다. 하지만 다른 흡연자를 만났다면 진실을 말할 것이다. 혹은 내가 여러분에게 불법적인 약물을 사용하는지 물으면 그 약물을 자주 사용한다는 사실을 밝히는 대신 "사용하죠. 그렇지만 친구들과 파티 할 때만 사용해요"라고 말할 수도 있다. 사람은 다른 사람의 부정적인 판단을 두려워하면 자기 행동의 과실과 책임을 줄이는 경향이 있다.

자기위주 편향과 사회적 바람직성 편향은 인간의 태도와 행동을 평가하는 심리학자의 과제를 복잡하게 만든다. 사람들은 자신이 어떤 일에 관여했는지 질문을 받으면 의식적이든 무의식적이든 자신의 대답에 편향을 보여 자신이나 주변 사람을 속일 수 있다. 특히 설문조사의 경우 연구자가 무엇을 평가하는지 참여자가 쉽게 추측할 수 있으므로 이 문제는 더욱 중요해진다. 내가 감옥에서 검사했던 자기애적 수감자가 기억난다. 그는 자신이 몇 개의 학위를 가졌는지, 그리고 얼마나 많은 언어를 구사하는지 추측해 보라고 했다. 그 수감자는 반복적으로 자신이 얼마나 똑똑한지 말하며 자기가 누구이고 무엇을 했는지 인터넷에서 확인해 보라고 했다. 놀라지 마시길! 그는 아이들에게 정말로 끔찍한 짓을 저질렀다. 실험을 진행하는 동안 그는 일련의 설문지에 답했는데 그 안에는 자기애적 특성을 측정하는 데 자주 사용되는 설문지도 들어 있었다. 이상하게도 그는 거의 모든 항목에서 낮은 점수를 받았다. 실험이 끝난 후 그는 자료가 익명으로 처리된다는 것을 알고 있었지만 자신의 답변을 읽는 모든 사람에게 자신을 좋은 사람으로 인식시키고 싶었다고 말했다.

따라서 설문지를 사용하는 연구자는 자기위주 편향과 사회적 바람직성 편향을 통제하는 데 매우 주의해야 하며, 특히 연구 프로젝트가 개인의 책임과 도덕적 결정에 관련된 경우에는 더욱 주의가 필요하다. 반면 뇌영상처럼 절대적이거나 더 객관적인 측정 및 방법을 사용하면 편향의 영향을 벗어나기가 쉽다.

그래서 나는 이렇게 질문을 한다. "당신은 보통 자신의 행동에 책임을 지는 편인가요?"

여기에 "물론이지요"라고 대답하고 싶겠지만 그렇게 하지 말자. 자신이 인지적 편견에 영향을 받지 않는다는 생각도 일종의 자기위주 편향이다. 이에 대해 좀 더 신중하게 생각하고 몇 가지 예를 떠올려 보았을 때 자신을 속이지 않았다는 것을 확신할 수 있는가? 자신이 인지적 편향의 영향을 전혀 받지 않는다고 확신하는가?

무엇이 잘못되었는지에 대한 개념은 당연히 개인마다 크게 다를 수 있다. 그 이유는 부분적으로 사람들이 도덕적인 것과 그렇지 않은 것에 대해 서로 다르고 때로는 상충되는 가치를 가지고 있으며, 자신의 행동에 대한 책임을 어떻게 부여하는지에 차이가 있기 때문이다. 또한 책임을 최소화하려는 경향이 개인마다 다르고 상황적 요인에 따라 달라질 수 있다는 사실도 분명하다. 나이나 문화, 임상적 진단 등 개인적인 요인도 이러한 경향에 영향을 미친다. 그러나 부정적인 행동에 대해 자신의 책임을 최소화하려는 경향은 모든 계층에서 널리 관찰되었다.

모든 상황에서 이런 경향이 나타나는 것은 아니며, 어떤 사람은 다른 사람보다 이러한 경향이 더 많이 나타난다. 하지만 이렇게 책임을 최소화하지 않고 자신의 삶과 행동에 책임을 지는 것이 중요하다. 다음 섹션에서 볼 수 있겠지만, 책임의 부정은 사람들이 단순히 '명령을 따랐다'는 이유로 잔혹행위를 저지르게 만드는 중요한 요인이다.

개인 간 책임의 분산

책임감 감소와 관련해서 잘 알려진 심리적 현상은 소위 '방관자 효과bystander effect'다.

1968년 사회심리학 분야의 연구원인 빕 라타네Bibb Latané와 존 달리John Darley는 다른 사람의 존재가 비상 상황에서 개인의 반응에 어떤 영향을 미치는지 조사하기 위한 연구를 창안했다.[89] 그들은 책임 분산이 인간 행동에 미치는 영향을 이해하고자 했으며, 이는 실제로 키티 제노베세Kitty Genovese 사건을 둘러싼 언론의 대대적인 보도에 영향을 받았다.

1964년 3월 13일, 뉴욕 퀸즈에서 키티 제노베세가 늦은 저녁 시간에 아파트 단지 밖에서 잔인한 공격을 받고 살해당했다. 공격은 30분 이상 오래 이어졌고 세 단계에 걸쳐 가해졌다. 이 사건을 그토록 충격적으로 만든 점은 폭행이 진행 중임을 알고 있던 수많은 목격자(《뉴욕타임스》[90]에 따르면 37명)가 있었음에도 누구도 개입하거나 도움을 요청하지 않았다는 것이다.

이 이야기는 많은 매체가 보도하고, 많은 사회심리학 수업에서 가르쳤으며, 심지어 각종 소설의 주된 주제가 되었지만 실제로는 과장과 부정확한 요소가 들어간 잘못된 보도였다.[91] 하지만 다른 사람의 존재가 자신의 연루와 책임을 줄이기 때문에 비상 상황에서 사람들이 도움을 줄 가능성이 줄어든다는 사실은 달리Darley와 라타네Latané의 실험 등 여러 과학 실험에서 명확하게 입증되었다.

달리와 라타네의 연구에서 참가자들은 별도의 방에 배치되었으며 내부 통화장치를 통해 그들이 토론에 참여하게 될 것이라는 설명을 들었다. 그들은 몰랐지만 이웃 방에는 실제로 연구자들과 공모한 다른 참가자들이 있었다. 그렇게 토론에 참여하던 중 갑자기 내부 통화장치를 통해 다른 참가자가 발작이나 응급 상황을 겪는 듯한 소리가 들리기 시작한다. 그 사람은 심지어 자신이 죽을지도 모른다고 말하기도 했다.

연구자들은 참가자들이 작업에 혼자 참여했는지 혹은 다른 사람과 함께 참여했는지에 따라 개입 수준과 비상 상황을 보고하는 데 걸리는 시간이 상당히 다르다는 것을 관찰했다. 참가자들이 피해자와 둘만 있었을 때는 85퍼센트가 평균 52초 안에 비상 상황을 보고했다. 그러나 세 번째 사람이 있는 경우에는 비상 상황 보고 비율이 62퍼센트로 낮아졌으며, 보고하는 데도 평균 93초가 걸렸다. 다른 사람이 네 명 있는 경우에는 비율은 더 떨어져 참가자의 31퍼센트만이 비상사태를 보고했으며, 보고하는 평균 시간도 166초가 걸렸다. 다시 말해 맨 마지막 그룹에서 참가자의 31퍼센트는 비상 상황을 보고하는 데 거의 3분이 걸렸다.

이러한 효과는 다양한 실험 상황에서 시험되었으며, 전 세계 여러 연구팀에 의해 거의 비슷하게 재현되었다. 실험들은 이 효과가 얼마나 강력한지 보여주었다.[92]

개인들 사이에서 책임을 분산시키는 것은 사람들이 명령에 따라 살인을 저지르고 그러한 행동과 함께 나타날 수 있는 심리적 고통을 완화시키는 잘 알려진 메커니즘이기도 하다. 예를 들어 사형 집행 대원이 사형수를 사살할 때, 모든 대원이 동시에 사격하도록 지시를 받는다. 이는 누가 치명적인 총격을 가했는지 모호하게 만들어 다른 인간을 죽인 것과 관련된 심리적 영향을 줄이기 위해서다. 이렇게 함으로써 모든 총살 대원의 심리적 고통이 줄어들게 된다.

더 큰 규모로 보면 집단행동에 참여하는 개인들 사이에서 책임이 분산되면 집단학살에서 볼 수 있는 것과 같은 대량 말살을 자행하도록 만들 수도 있다. 제1장에서 살펴본 것처럼 과거에 집단학살을 저지른 사람 중 다수는 집단의 영향 때문에 집단 공격에 가담했다고 말했다.

한 연구팀은 이러한 책임 분산이 자기위주 편향의 영향을 받는 사후적인 경험인지, 아니면 뇌가 행동 결과를 처리하는 방식에 직접적인 영향을 미친 것인지 이해하고자 했다.[93] 실험에서 참가자들은 구슬이 막대를 따라 굴러가는 것을 지켜보다가 구슬이 충돌하지 않도록 키를 눌러야 했다. 한 실험 조건에서는 참가자가 혼자 작업을 수행했고, 다른 실험 조건에서는 다른 사람이 함께 있었다. 이 실험에는 함정이 있었다. 구슬의 충돌을 막는 것은 비용이 따랐다. 즉 참가자들이 과제를 마친 후 추가 보상을 받을 수 있는 점수를 잃을 수도 있었다. 그러나 구슬을 멈추지 않는 것 역시 점수를 잃을 위험이 있었다.* 따라서 참가자들에게 결과는 거의 항상 부정적이었다. 이렇게 실험을 설정한 이유는 연구자들이 행동으로 인해 부정적인 결과가 발생할 때 나타나는 책임 분산 현상을 주목했기 때문이다. 뇌에는 우리 행동의 부정적인 결과를 처리하는 특정 신호가 있다. 이를 피드백 관련 부정성feedback-related negativity, FRN이라고 한다. FRN은 뇌의 전기적 활동이 음陰의 편향을 보이는 것으로, 뇌파검사를 통해 관찰할 수 있다. FRN의 진폭은 일반적으로 측정되며, 진폭이 클수록 오류나 부정적인

* 멀리서 멈춤 -21점, 아슬아슬하게 멈춤 -4점, 구슬 깨짐 -72점 같은 식이다. —옮긴이

피드백에 대한 신경처리 수준이 더 높다는 뜻이다. 이 연구에서 한 연구자는 참가자들이 혼자 또는 다른 플레이어와 함께 플레이하며 부정적인 피드백(즉 점수 손실)을 받았을 때 FRN의 진폭을 측정했다. 또한 다른 연구자들은 실험 도중 참가자들에게 그들의 주체의식에 대해서도 물었다.

첫 번째 연구 결과는 참가자들이 혼자 있을 때보다 다른 플레이어가 있을 때 더 낮은 주체의식을 보고했다는 것이다. 이는 매우 흥미로운 결과인데 두 가지 실험 조건에서 참가자들은 항상 자신의 행동 주체였기 때문이다. 그러나 단지 다른 사람이 있다는 것만으로도 자기 행동의 결과를 통제하고 있다는 느낌이 줄어들었다. FRN의 진폭을 살펴본 결과, 연구자들은 FRN도 감소한 것을 발견했는데, 이는 혼자 행동할 때보다 다른 플레이어와 함께 행동할 때 뇌의 처리 능력이 낮아진다는 것을 의미한다. 혼자 있는 조건과 다른 사람과 함께 있는 조건에서 결과는 정확히 동일했기에 원칙적으로 FRN의 진폭에 차이가 없어야 했다. 그런데도 사회적 상황은 분명 그 진폭에 영향을 미쳤다.

다시 말해 이 연구는 다른 잠재적 행위자의 존재만으로도 그들의 행동 결과에 대한 신경처리가 감소하고 더불어 참가자의 주체의식까지 줄어든다는 것을 보여준다.

특히 권위에 대한 복종의 경우, 책임은 실제로 개인들 사이에 분산되는 것이라기보다는 이동하는 것이다. 예를 들어 사형 집행자에서 지시자로, 또는 그 반대로 책임이 이동한다.[91] 물론 학자들이 계층적 상황과 집단 상황을 개념적으로 구분하긴 했지만, 공통점은 관련된 모든 당사자의 책임이 약화된다는 것이다. 따라서 이는 악의적 행위로 이어질 가능성을 높일 수 있다.

크메르루주의 지도자 폴 포트는 인간 사회에서 복종이 얼마나 극단적으로 이루질 수 있는지 보여주었다.[95] 크메르루주 정권은 나치와 마찬가지로 책임을 위계 사슬의 서로 다른 계층의 개인들에게 전가하면 다른 집단을 말살하는 데 좀 더 효율적인 시스템을 만들 수 있다는 것을 완벽하게 이해하고 있었으며, 대다수는 이러한 명령에 따랐다. 크메르루주 정권 동안 많은 간부는 정권의 강력한 계층 구조로 인해 실제로 자신의 행동에 대한 주체성이 제한되었다고 주장했다.[96] 주요 학살 센터인 S-21에는 10가지 보안 규정이 적힌 표가 있었다. 이러한 규정의 예로는 "아무것도 하지 말고, 가만히 앉아서 내 명령을 기다리라. 명령이 없다면 조용히 있으라. 내가 무언가를 하라고 할 때는 항의하지 말고 즉시 그것을 이행하라"나 "내 규정의 어떤 것이라도 불복종하면 10회 혹은 5회의 전기 충격을 받게 될 것이다" 등이 있었다. 이런 식으로 크메르루주 정권은 완전히 복종하는 군인들로 이루어진 군대를 만들었고 이들은 흔히 '살인 기계' 또는 '로봇처럼 복종하는 사람들'이라고 불렸다.

최근 무장한 러시아 군인들이 무장하지 않은 우크라이나 민간인 두 명을 등 뒤에서 총으로 쏘고 그들의 사업장을 약탈하는 영상이 공개되었다. 그 군인 중 한 명인 21세 남자가 전쟁 범죄 혐의로 체포되어 재판을 받았다. 그는 판사 앞에서 단지 명령을 따랐을 뿐이고 집단의 압력에 굴복했을 뿐이라고 주장했다.[97]

복종을 이유로 충격적인 행동을 저지르는 것은 집단학살이나 침략 전쟁에서만 볼 수 있는 행위가 아니다. 일상생활 속에서도 사람들이 복종이라는 명목으로 끔찍한 행동을 저지른 사례는 셀 수 없이 많다. 예를 들어 회사의 사장이 여러분에게 소수 민족 출신의 지원자를 지원서 목록에서

숨아 내라고 강요한다고 해보자. 여러분의 사장이 차별 행위를 하라고 요구했기 때문에 그 행위를 따르게 되고 그 과정에서 개인적 책임감이 약해지는 것을 경험할 수 있다.[98]

이 책에서 집단학살은 맹목적인 복종이 어떤 결과를 초래할 수 있는지를 보여주는 극단적인 사례이기 때문에 인간 행동을 가장 잘 보여주는 예다. 실제로 집단학살은 종종 복종 범죄라고 지칭되며, 많은 경우 가해자 대부분이 살인하라는 명령에 복종했다는 공통점이 있다. 따라서 집단학살은 복종을 이유로 인간을 대량으로 말살하는 극단적인 형태의 폭력이다.

그렇지만 가해자가 일반적인 상황에서 금지된 행위를 저지르게 되는 것이므로 집단학살을 도모하려면 도덕적 가치관의 수정이 필요하다. 르완다에서 많은 집단학살 가해자는 이웃을 죽이기 전에는 누군가를 죽여본 적이 전혀 없었다. 따라서 그처럼 극악무도한 행위를 저지르려면 도덕성의 무력화가 필요하다. 도덕적 무력화moral neutralization라는 개념은 가해자가 자신의 행위를 정당화하고 자신의 행동과 도덕성 사이의 불일치를 회피하기 위해 찾는 다양한 방법을 말한다. 자신이 사건에 연루된 정도를 줄이기 위한 변명을 더 많이 찾을수록, 다른 사람들을 끔찍한 행위에 가담하도록 설득할 가능성도 높아진다. 제1장에서 살펴본 것처럼 단지 명령을 따랐을 뿐이라고 정당화하는 주된 이유는 자신의 책임이 없음을 표현하고자 하는 것이며, 이를 통해 자신의 행동에 대한 책임과 의무를 회피하게 된다.

집단학살의 경우에 잘못된 것의 개념이 평상시의 평화로운 시기와는 크게 달라질 수 있다. 평화 시에는 개인을 죽이는 것이 금지되어 있으며 징역형을 선고받는다. 전쟁 중에는 군인이 전장에서 적을 죽일 수 있다.

그러나 집단학살이 일어나는 동안에는 시민들조차 자칭 공무원이라고 주장하는 사람들로부터 다른 집단을 말살하라는 명령을 받을 수 있다. 인권 분야의 법학자이자 사회학자인 옐 앤더슨Kjell Anderson이 인터뷰한 가해자 중 70명 이상이 르완다 정부가 그들에게 투치족을 죽이라고 시켰고 그렇게 하지 않으면 살해당했을 것이라고 주장했다.[17] 그러나 정부가 살인 행위를 허가했다는 사실은 사람들이 그러한 행위를 하는 데 따른 책임감을 덜 느끼게 만드는 결과를 초래했다.

끔찍한 행동을 저지를 자유를 가지면서도 완전한 책임감을 느끼지 않는 것은 다양한 악행으로 이어지는 문을 열어주는 셈이다.

복종 상황에서 감소된 주체성과 책임감의 신경적 근원

사람들이 명령에 복종할 때 책임감과 주체성이 감소한다는 주장을 지금까지 살펴보았다. 하지만 그것이 단지 자존감을 유지하고 처벌을 피하기 위한 재구성 과정만을 반영하는 것일까? 아니면 실제로 우리의 뇌가 명령을 따를 때 주체성과 책임감을 덜 느끼도록 설정된 것은 아닐까?

개인이 '그저 명령에 따랐을 뿐'이어서 책임이 적다고 주장할 때, 이러한 방어는 피고인이 처벌을 피하려는 명확한 동기가 있기 때문에 보통 회의적으로 받아들여진다. 그러나 이전에는 명령을 받는 경험과 그러한 경험이 뇌가 정보를 처리하는 방식에 어떤 영향을 미치는지 과학적 방법으로 조사한 적이 없었다. 명령에 따라 행동하는 주관적 경험과 복종이 인지에 미치는 영향은 사람들이 어떻게 그리고 왜 강요에 쉽게 굴복하게 되는지를 이해하게 해주는 중요한 측면이다.

박사과정 동안 나는 명령에 따르는 것이 개인이 느끼는 주체성agency과 책임감responsibility에 실제로 어떤 영향을 미치는지 알고 싶었다. 또한 이러한 복종이 근본적인 뇌의 작용을 변화시키는지, 아니면 그저 사람들이 자신의 행동 결과에 대한 책임을 회피하려는 것인지 이해하고자 했다. 이 책의 서문에서 언급했듯이 신경과학적 접근법을 통해 복종 상황에서의 주체성 경험을 연구하는 목적은 '나는 단지 명령을 따랐을 뿐이다'라는 뉘른베르크식 변론을 정당화하려는 것이 결코 아니었다. 로마법에 따르면, 행위 중에 멘스 레아(범의)가 적었다고 인정되면 사건에 대한 책임을 줄일 수 있는 감경 사유로 여겨졌다. 하지만 모든 복종 상황은 다를 수 있으므로 각각을 이해하는 것이 가장 큰 어려움이다. 전자의 경우 명백한 강압 요소나 즉각적인 위협이 있는 상황 때문에 당사자의 의사 결정 과정이 위축될 수 있다. 이때는 '명령에 따른 것'이 좀 더 타당한 설명이 되고 감경 사유로 여겨질 수 있는 범주에 완전히 들어맞는다. 그러나 어떤 경우는 금전적 이해관계 때문에 다른 사람을 해치라는 명령에 복종하기도 한다. 예를 들어 청부 살인으로 받는 금전적 보상이나 르완다의 투치족 집단 학살에서 본 약탈이 여기에 해당한다. 따라서 결과는 같지만 이들의 내재적 동기는 전자의 경우와 크게 다르다. 그리고 사람들이 권위자의 명령을 따르는 또 다른 경우도 있다. 예를 들어 선전에 따라 다른 사람을 말살하는 것이 옳은 일이라고 진심으로 확신하고 있어서 그렇게 한 경우다. 그런 사람들은 명령에 따르는 것이 의도적인 결정일 수 있다. 심지어 그것은 좋은 결정일 수도 있는데, 이는 자신의 이념에 맞게 행동하면서도 행동에 책임감을 덜 느낄 수 있기 때문이다. 따라서 명령을 따를 때 신경학적 수준에서 주체의식과 책임감이 감소하는 경험을 한다고 해서 그것이 반드시 법적 책임이 줄어드는 이유로 받아들여져서는 안 된다는 점을 강조하고 싶다. 모든 상황을 주의 깊게 검토해야 하며 명령에 따른 이유를 이해해야 한다.

그러나 연구 결과를 제시하기에 앞서, 인지신경과학에서 주체의식이 어떻게 측정되는지를 설명하기 위해 잠시 이야기를 돌릴 필요가 있다. 개인의 내면적 정신 세계에 접근하는 것은 어려운 도전이다. 그 이유는 도덕적 상황에서 자신의 관련성을 사람들에게 직접 질문하는 것이 앞에서 설명한 자기위주 편향과 사회적 바람직성 편향을 포함한 여러 효과들로 답변을 왜곡시킬 수 있기 때문이다. 우리가 수행한 연구에서 나와 동료들은 참가자들에게 간단히 이렇게 질문할 수도 있었다. "방금 수행한 행동의 주체가 바로 당신이라고 생각하십니까?" 하지만 두 가지 이유로 이 질문은 신뢰할 수 없었을 것이다. 첫째, 인지적 편향이 참가자의 답변에 영향을 미칠 수 있어서다. 둘째, 복종 상황의 핵심은 행위자가 항상 자기 행동의 주체라는 점이기 때문이다. 그 행동을 누가 실행했는지는 의심의 여지가 없다. 그러므로 이 질문은 무의미하다.

그래서 우리는 복종 상황에서의 주체성과 책임감에 접근하고 이를 측정하기 위해 신경영상과 전기생리학에 더해 암묵적 방식implicit method도 사용하기로 했다.

암묵적 방식은 참가자에게 우리가 조사하는 내용의 맥락적 단서를 주지 않고도 우리가 목표로 하는 인지 과정을 조사하게 해주는 방법을 말하며, 이렇게 하면 편향의 영향을 최소화할 수 있다. 주체의식에 관한 논문에서 가장 흔한 암묵적 방식은 시간 인식을 기반으로 한다. 수많은 연구 결과에 따르면 사람이 자발적으로 행동을 취할 때, 비자발적이거나 수동적인 행동을 취할 때보다 행동과 결과 사이의 시간이 더 빨리 지나는 것처럼 느낀다고 한다.

이 개념을 설명하기 위해 예를 들어보겠다. 직장에서 일하고 있을 때 바쁘고 분주하다면 퇴근 시간이 되기를 수동적으로 기다리는 것보다 시간이 더 빨리 지나가는 것처럼 느껴질 것이다. 하지만 모든 물리학자는 두 상황에서 시간이 정확히 같은 속도로 흐른다는 데 동의할 것이다. 단지 시간의 주관적인 인식만 다를 뿐이다. 이는 너무나 단순한 예이지만 신경과학자들은 주체의식을 측정하면서 동일한 원리를 사용했다. 가장 일반적으로 사용한 실험적 접근 방식은 실험 참가자들에게 원할 때마다 버튼을 누르라고 하는 것이다. 원할 때마다 버튼을 누르면 참가자들은 해당 행동에 자유의지와 의도성을 느낄 수 있다. 참가자는 버튼을 누르고 수백 밀리초 후에 자신의 행동에 따른 결과를 알려주는 신호음을 듣게 된다. 그들의 과제는 버튼을 누른 후 신호음이 울릴 때까지 몇 밀리초가 지났는지 보고하는 것이다.[99]

참가자는 일반적으로 두 가지 다른 조건에서 이러한 과제를 수행해야 한다. 이미 설명한 한 가지 조건에서는 참가자가 원할 때마다 버튼을 누르는데 이는 행동의 의도성과 관계가 있다. 또 다른 조건에서는 참가자가 버튼을 어떠한 의도도 없이 불수의적으로 누르게 된다. 예를 들어 뇌 자극 기술을 사용해 참가자가 불수의적으로 버튼을 누르게 만들 수 있다. 참가자의 손가락 움직임을 제어하는 운동 피질 부위에 전기 자극을 보내면 불수의적으로 버튼을 누르는 현상이 발생한다. 이때도 참가자는 불수의적으로 버튼을 누른 후 신호음이 울리기까지 몇 밀리초가 경과했는지 말해야 한다.

흥미롭게도 두 경우의 행동-결과 간격은 물리적으로 정확히 동일했지만, 사람들이 자발적으로 버튼을 누를 때 불수의적으로 누른 경우보다 시간 간격이 더 짧게 느껴진다고 여러 연구에서 일관되게 보고되었다. 따라서 이러한 기술을 사용한 연구에서는 자유의지가 시간 인식에 영향을 줘 시간이 더 빨리 흐르는 것처럼 느끼게 한다는 것을 보여준다.

시간 인식과 주체의식 사이의 관계는 처음에는 간접적이고 이상하게 보일 수 있다. 그러나 과학적 연구 결과에 따르면 주체성과 시간 사이의 연관성은 선조체의 도파민 활성화에 의해 매개되는 것으로 보고되었다. 선조체의 도파민 활성화란 동기부여, 쾌락, 주의 등 뇌의 중요한 기능에 관여하는 신경전달물질인 도파민이 선조체에서 방출되는 정도를 말한다. 또한 선조체의 도파민 활성화는 시간 인식에도 중요하며,[100] 주체의식을 생성하는 두 가지 핵심 뇌 영역인 기저핵에서 전두엽 운동 영역으로 정보도 전달한다.[101]

주목할 것은 아직 어떠한 연구도 주체성 경험의 신경생물학적 기초를 신뢰성 있게 조사한 적이 없어서 이러한 연구는 간접적인 증거에 의존한다는 점이다. 그래도 몇몇 연구에 따르면 조현병 환자에서는 도파민 체계가 정상적으로 작동하지 않는 것이 드러났다.[102] 더욱이 조현병 환자를 위한 대부분의 항정신병 약물은 도파민과 관련이 있다.[103] 이러한 추가적인 증거는 주체의식에 도파민의 활동이 관련되어 있음을 뒷받침하는 것으로 보이며, 결과적으로 시간 인식과 주체의식 간의 관계를 뒷받침한다.

이렇게 주체의식을 암묵적 방식으로 측정하는 방식과 주체의식에 관련된 뇌 회로의 이해를 바탕으로 이 장의 주요 질문으로 돌아가 보자. 주체성과 책임감이 복종 상황에서 줄어드는 현상의 신경적 뿌리는 무엇일까?

이 질문에 답하려고 나와 동료들은 제2장에서 설명한 실험 모델을 수정하여 강압 상황에서의 주체의식을 측정할 수 있도록 암묵적인 방식을 적용하고, 앞서 설명한 시간 간격 추정 과제를 활용했다. 각 시행에서 참가자들은 충격 버튼이나 충격 없음 버튼을 눌러야 했다. 다시 설명하자면, 참가자가 충격 버튼을 눌러 다른 참가자에게 통증 조정은 했어도 실제 고통을 주는 전기 충격을 가하면 기본 보수에 추가로 0.05유로를 벌었다. 주체의식의 측정을 위해 키를 누를 때마다 충격이 가해졌는지 여부와 관계없이 신호음이 재생되었고, 참가자는 키를 누른 후 신호음이 나올 때까지의 간격을 밀리초 단위로 알려야 했다. 중요한 점은 그들이 60번의 시행동안 충격을 줄지 말지 자유롭게 결정할 수 있는 자유 선택 조건과 실험자가 특정 키를 누르라고 명령하는 강제 조건에서 모두 이 과제를 수행해야 했다는 것이다.[73]

우리는 명령에 따르는 경우가 행동을 자유롭게 선택한 경우보다 행동과 신호음 사이의 간격을 더 길게 인식한다는 것을 관찰했다. 참가자들은 실제로 강압적인 조건에서의 자신의 행동과 그에 따른 신호음 사이의 간격이 자유 선택 조건에서의 간격보다 더 길다고 말했다. 이 결과는 참가자들이 스스로 결정했을 때보다 무엇을 해야 할지 지시를 받았을 때 자신의 행동 결과에 대한 주체성이 약해졌다는 것을 의미한다. 그리고 이 접근법을 통해 참가자들은 시간 간격 추정 과제와 자신의 주체의식 평가를 연결지을 수 없었기 때문에 이 결과가 사회적 바람직성에 의해 영향을 받을 가능성을 줄일 수 있었다.

처음에 이 결과는 우리를 정말 놀라게 했는데 두 경우, 즉 사람들이 자유롭게 결정하든 지시를 받든 모두 그들이 자기 행동의 주체였기 때문이다. 누가 버튼을 눌렀는지는 의심할 여지가 없으며, 그들이 키를 누르도록 만드는 뇌 자극 기술도 사용하지 않은 실험이었다. 참가자들은 단순히 '피해자'에게 충격을 가할지 혹은 가하지 않을지 명령을 받았을 뿐이다. 즉 그저 명령과 관련된 동작을 실행하기만 하면 되었다. 중요한 것은 이 결과가 다른 연구팀에 의해 다양한 형태의 고통 실험에서 여러 번 반복되었다는 점이다.[104, 73]

흥미로운 점은 책임감에 대해 공개적으로 물었을 때, 지원자들은 강압적인 상황에서보다 자유로운 상황에서 더 큰 책임감을 느꼈다고 보고했다. 행위의 주체성을 경험해야 책임감을 경험할 수 있다는 점을 생각해 보면, 우리의 결과는 명령에 따르는 사람들이 실제로 자신의 행동 결과에 대해 책임감을 덜 느낄 수 있음을 시사한다. 즉 그들이 단순히 책임감을 덜 느낀다고 주장하는 것이 아닐 수도 있다. 사람들은 지시를 따를 때 자신의 행동 결과로부터 일종의 거리감을 경험하는 듯하다. 그러나 반복해서 말하지만 우리의 마음이 주관적인 책임감을 어떻게 생성하는지와 객관적인 사실로서 책임을 구별하는 것이 중요하다. 책임이 덜하다고 느낀다고 해서 전혀 책임이 없다거나 사회가 책임을 지우면 안 된다는 뜻은 아니다. 앞서 언급했듯이 명령을 따르는 데 동의하는 상황은 경우에 따라 상당히 다를 수 있으며 때로는 명령을 따르는 데 동의하는 것 자체가 하나의 결정이 되기도 한다. 결국 사회는 개인이 하는 일을 두고 객관적인 사실을 다루어야 한다.

이다음 작업으로 우리는 명령을 따르는 것이 주체의식 및 책임감과 관련된 뇌 회로에 어떤 영향을 미치는지 이해하고자 했다.[105] 그래서 우리는 실험 설계를 MRI 스캐너 환경에 맞게 조정하고 런던에 있는 웰컴트러스트신경영상연구소Wellcome Trust for Neuroimaging에서 첫 번째 연구를 진행했다. 만일 MRI 검사를 받기 위해 병원에 가본 적이 있다면 좁고 시끄러운 원통형 공간에 홀로 있었던 것을 기억할 것이다. 폐쇄 공포증이 있다면 인생에서 최악의 경험이었을 수 있다. MRI 스캐너는 비좁고 시끄러우므로 사회적 상호작용을 유지하기 어렵다. 스캔을 받는 사람은 완전히 고립된다. 따라서 사회신경과학자들은 MRI 스캔 중에 사회적 상호작용을 유지한 채 사회적 행동을 연구하기 위해 독창성을 발휘해야 했다.

우리 실험의 경우 강압에 의한 주체성 감소와 관련된 뇌 회로를 이해하려고 MRI를 사용했다는 것은 실험 대상자가 실험자뿐만 아니라 '피해자'로부터도 격리되었다는 것을 의미했다. 이처럼 사회적 접촉이 끊어지는 것을 막기 위해 두 가지 방법을 사용했다. 먼저 대상자는 헤드폰을 통해 실험자로부터 지시를 받았다. MRI 스캐너는 매우 좁을 뿐만 아니라 소음도 대단히 크다. 설사 내가 스캐너실 안에서 참가자들 옆에 앉아 있었더라도 그들은 내 말을 전혀 들을 수가 없었을 것이다. 두 번째로 우리는 실시간 카메라를 사용해 피해자의 손이 충격을 받는 모습을 촬영하며 MRI 스캐너 안에서 볼 수 있게 했다. 따라서 대상자는 스캐너에 격리된 상태에서도 피해자에게 미치는 자기 행동의 결과를 눈으로 볼 수 있었다.

이런 식으로 재차 우리는 행동과 그 결과 사이에 인식된 시간 간격을 기반으로 한 암묵적 방식을 사용하여 명령에 대한 복종에 의해 주체의식이 얼마나 영향을 받는지를 측정했다. 그리고 다시 한번 이 결과는 복종 상황에서의 주체성과 책임감의 감소가 실제로 우리의 생물학적 측면에서 주로 기원한 것임을 보여주었다. 우리는 주체의식과 책임감이 전두엽에서 자발적 행동 선택과 관련된 영역인 내측 전두회의 활동과 연관이 있음을 관찰했다.[106] 좀 더 구체적으로 보면, 명령에 따를 때 주체성 느낌이 가장 많이 감소한 사람들이 이 뇌 영역의 활동도 가장 크게 줄어든 것을 관찰했다. 유사한 효과가 공개적인 책임감 평가에서도 나타났다. 즉 강압적인 상황에서 자신의 행동에 책임감을 느꼈다고 보고하는 참가자일수록 내측 전두회에서 더 많은 활동이 관찰되었다.

이러한 연구 결과는 행동을 계획하고 실행하는 동안의 자유의지 과정이 강압하에서도 강력한 주체의식을 유지하는 데 도움이 될 수 있음을 시사한다.

고도로 계층적인 사회 구조의 영향

지금까지 설명한 모든 연구는 규칙을 엄격히 준수해야 하는 상황에 직면하는 일이 드문 민간인을 대상으로 수집했다. 물론 민간인이라 하더라도 우리는 모두 어떤 규칙을 준수해야 하는 상황에 직면하게 된다. 그러한 규칙은 상사가 정했거나 경찰이나 부모가 정한 것일 수 있다. 하지만 군대 같은 일부 사회 구조에서는 사람들이 명령을 따라야 하는 엄격한 계층적 조직이 있다. 예를 들어 군인의 직업적 역할은 사회가 해당 권위에 부여한 권한을 기반으로 계층적 권위에 복종하는 것을 의미한다.

따라서 중요한 질문은 그러한 환경에서 일하는 것이 자유 선택 행위와 복종 행위를 수행할 때 주체의식에 어떤 영향을 미치는지 이해하는 것이 된다. 군대 및 계층적 환경에 초점을 맞추면 권위, 복종, 주체의식 사이의 복잡한 상호작용을 깊이 있게 이해할 수 있다. 이를 통해 연구자들은 권위자가 막강한 권력과 영향력을 가진 상황에서 개인이 의사 결정을 하는 심리적, 사회문화적 요인을 탐구할 수 있다. 복종이 주체성에 해로운 영향을 미치는 것으로 밝혀졌으므로 매일 복종을 해야 하는 환경에서 일하는 것이 그 사람의 주체의식에 해로운 영향을 미칠 것이라고 예상해 볼 수 있다.

이것이 우리가 군을 대상으로 한 연구에서 검증하고자 했던 가설이다.

나는 살바토레 로 부에 중령을 학회에서 만나기 전까지 군에 관한 연구를 하겠다는 생각은 전혀 하지 못했다. 이미 강조했듯이 신경과학 분야에서 연구자들은 주로 대학생들이나 뇌 손상 환자에 초점을 맞춘다. 그리고 학업 과정 내내 이러한 표본에 초점을 맞춘 연구만 배웠다면 틀에서 벗어나 다른 선택을 고려하는 게 쉽지 않을 수 있다. 내 연구에 군을 포함하는 것은 매우 관련성이 있지만 내가 그 관련성과 가치를 깨닫는 데는 아마도 몇 년이 더 걸렸을 것이다.

그런데 다행스럽게도 2016년 벨기에 심리과학협회Belgian Association for Psychological Science에서 살바토레를 만나게 되었다. 나는 강압이 주체의식에 어떤 영향을 미치는지에 관한 연구 결과를 포스터로 발표했다. 살바토레는 군인이었을 뿐만 아니라 심리학 박사 학위도 가지고 있었다. 그는 벨기에 왕립육군사관학교에서 심리학 교수로 임명되었고 연구 활동에도 관심이 있었다. 사실 그는 협업 기회를 찾기 위해 이 학회에 참석했다. 우리는 내 연구 결과에 대해 토론했고 과학적으로 의견이 일치한다는 것이 분명해졌다. 내가 오랜 세월에 걸쳐 깨달은 것은 내 일에 관심이 있는 사람을 찾으면 일이 항상 더 수월해진다는 사실이다. 그리고 나면 문이 훨씬 더 쉽게 열리는 것이다.

이렇게 해서 나는 군대 환경에서 프로젝트를 수행하는 것을 고려하기 시작했다. 솔직히 민간인에게는 정말 흥미로운 세계다. 그렇게 체계적인 구조, 그렇게 조직적인 사람들, 그리고 많은 규칙들. 어느 날 군사 기지에서 두 가지 연구 조사 세션 사이에 동료와 함께 식사했던 일이 생각난다. 그때는 겨울이었고 정말 추웠으므로 외투를 입고 갔다. 자리에 앉았을 때 외투를 의자 뒤에 놓고 먹기 시작했다. 군인 두 명이 나에게 다가와 외투를 옮겨달라고 요청했다. 나는 규칙을 따라야 하는 이유를 이해하고 싶어서 자연스럽게 물었다. 하지만 군대에서는 그렇게 하는 것이 아니었다. 그들은 그게 규칙이니 내가 꼭 그렇게 해야 한다고 했다. 그래서 나는 그냥 재킷을 옆 의자에 올려놓는데 그것은 문제가 되지 않았다. 의자 뒤에 재킷을 두면 안 되는 이유가 무엇인지 전혀 이해할 수 없었지만, 어쨌든 나는 그 환경에 들어간 순간 이 집단을 대상으로 한 연구 프로젝트의 가능성을 깨달았다.

실제로 군대는 수십 개의 군대 계급으로 구성된 매우 계층적인 기관이며 각 계급은 특정한 책임을 맡고 있다. 아주 간략하게 말하면 명령을 내리는 사람이 있고 명령을 수행하는 사람이 있다. 물론 결정을 내리기 위해 기능과 능력을 지정하는 여러 가지 계급이 그 안에도 존재하기 때문에 실제 구분은 이보다 더 복잡하다. 대체로 군대에서 명령은 일반적으로 매우 긴 지휘 계통 속에 묻혀 있으며, 상위 계급의 장교는 하위 계급의 장교에게 명령을 내리고 하위 계급의 장교 역시 명령을 실행하는 사람에게 명령을 내린다.

이런 환경에서 일하는 것은 사람의 주체의식에 어떤 영향을 미칠까?

나는 동료들과 함께 사관학교 출신의 초급 사관생도와 민간인을 비교하는 최초의 연구를 수행했다.[107] 초급 사관생도는 장차 장교가 되려고 사관학교에서 1학년을 보내고 있는 군인이다. 우리는 연구 검증을 위해 우리의 실험 모델을 반복했지만, 동시에 명령을 내리는 사람의 신원이 결과에 영향을 미치는지도 평가하고 싶었다. 군대에서는 민간인으로부터 명령을 받는 것과 상관으로부터 명령을 받는 것 사이에 큰 차이가 있다. 그래서 표본의 절반은 살바토레가 조사했고 나머지 절반은 내 동료이자 친구인 페드로가 조사했다. 나도 그 자리에 있었지만 단순히 연구 조교라고 소개했다.

우리는 두 그룹 모두 명령을 따를 때 주체성이 낮다는 것을 관찰했다. 하지만 중요한 점은 초급 사관생도의 경우 어떤 버튼을 누를지 자신이 결정할 수 있을 때도 주체의식이 낮았다는 것이다. 이러한 결과는 누군가 고도로 계층적인 환경에서 명령을 따르도록 훈련받으면 자유로운 결정도 마치 명령을 받은 것처럼 처리하게 된다는 것을 시사하기 때문에 흥미로웠다. 중요한 점은 이러한 효과가 실험자의 신분에 관계없이 나타났다는 것이다. 이 말은 계급이 있는 장교의 효과가 민간 실험자보다 강하지 않았다는 뜻이다. 이 결과는 우리가 이미 다른 연구에서 관찰한 내용을 재현한 것이다.[108] 즉 명령을 내리는 실험자의 신분은 주체의식에 영향을 미치지 않는다. 물론 이 결과는 전쟁 상황에서 민간인이 명령을 내리든 계급이 높은 장교가 명령을 내리든 복종이 비슷할 것이라는 뜻은 아니다. 우리의 실험은 그 어떤 선생 상황과도 비교할 수 없다. 하지만 이 연구는 복종 효과가 명령을 내리는 사람의 특정한 사회적 지위에 의존하지 않는다는 것을 보여준다. 그보다는 강압적인 상황과 자율적인 상황 사이의 좀 더 일반적인 차이를 반영한다. 다른 말로 하면, 일단 한 개인이 다른 사람의 명령을 따르기로 동의하면 그 복종이 주체의식에 미치는 효과는 누구의 명령인지와 상관없이 동일하다.

그다음 해에 우리는 추가 연구를 수행하기로 했는데 이번에는 서로 다른 계급의 군인을 모집했다. 우리는 군인을 이등병, 초급 사관생도, 상급 사관생도로 나눈 세 그룹으로 모집했다. 초급 사관생도와 비교하면 상급 사관생도는 평균 5년의 장교 훈련을 받고 소위 계급에 도달한 사람이다. 따라서 그들은 초급 사관생도보다 군에서 더 오랫동안 근무했으며, 타인에게 명령을 내리는 것을 포함해 자신의 행동에 책임감을 느끼도록 훈련받았다. 이등병은 사병에 해당하며 주로 명령을 받고 수행하는 수준에 있다. 이들은 군대 조직 내에서 더 낮은 계급을 가지고 있으며, 이와 같은 조직에서 비슷한 기간 동안 복무하더라도 사관생도들에 비해 훈련과 경력에서 책임감이 덜 강조된다.

실험의 아이디어는 두 집단을 비교함으로써 군대라는 사회적 환경에서의 오랜 경험이 명령에 복종할 때 주체의식에 어떤 영향을 미치는지, 그리고 장교와 일반 병사의 훈련에 내재한 서로 다른 책임 개념이 어떻게 주체의식에 영향을 미치는지 이해할 수 있으리라는 것이었다.

결과는 흥미로웠다. 우리는 다시 한번 초급 사관생도의 경우 자유롭게 결정하는 것과 명령을 따르는 것 사이에 주체성의 차이가 없다는 것을 관찰했다. 또한 이러한 결과가 사병에게 해당한다는 것도 관찰했다. 즉 사병들은 자유롭게 결정을 내릴 수 있을 때도 주체의식이 낮았는데 이는 군 환경에서 장기간 근무하는 것이 주체의식에 부정적이라는 것을 보여준다. 하지만 가장 흥미로운 결과는 자신의 행동과 자기 부대의 행동에 책임감을 가지는 훈련을 받은 군 장교들인 상급 사관생도에게서 나타났다. 군 장교들은 군대라는 환경에서 일하면서도 자유롭게 결정을 내릴 수 있을 때 높은 주체의식을 느낀다는 것을 보여주었다.

군 장교들이 더 큰 책임감을 느끼도록 훈련을 받아 주체의식이 더 강해졌다면, 그런 훈련을 민간 생활에도 접목할 수 있지 않을까? 민간인에게도 자신의 행동에 더 큰 책임감을 느끼도록 그렇게 교육할 수 있을까? 이것이 바로 내가 미래에 시행되기를 기대하는 것이다.

결론

건강한 인간은 주체의식과 책임감을 느끼는 생물학적 성향을 가지고 있다. 그러나 이 장에서 보여주듯이 명령에 따르면 뇌 수준의 주체의식이 영향을 받는다. 이는 복종 상황의 강력한 힘을 보여준다. 더불어 이러한 발견은 집단학살 가해자가 명령을 따랐을 때 그 일에 책임이 없다고 주장하는 이유를 설명할 수 있다. 한편으로는 기소를 피하려고 개인의 책임을 줄이려는 시도가 있을 것이다. 다른 한편으로는 명령에 복종하는 것을 선택한 결과 그것이 한 사람의 주체의식과 책임감에 부정적인 영향을 미쳐 자신의 온전한 결정을 내리지 못한 것일 수 있다.

명령에 따랐을 뿐!?

JUST FOLLOWING ORDERS

4

복종할 때의

도덕적 감정

ATROCITIES
AND
THE BRAIN SCIENCE
OF
OBEDIENCE

역대 가장 많이 시청된 영화인 유명한 1942년 디즈니 영화 〈밤비Bambi〉를 본 적이 있을 것이다.

더 말하지 않더라도 곧 언급하려는 장면이 무엇인지 이미 알 것이다. 여러분은 아마 이 장면과 관련된 감정을 이미 느끼기 시작했을지도 모른다. 이로 인해 부정적인 감정을 불러일으켰다면 미리 사과드린다. 하지만 영화를 보지 않은 사람을 위해 들려주고 싶은 것이 있다.

영화의 36분쯤에 밤비와 엄마가 등장한다. 그들은 굶주리며 혹독한 겨울을 견뎌내고 있다. 그렇게 먹을 것을 찾던 중 갑자기 풀을 뜯을 수 있는 작은 풀밭을 발견한다. 하지만 갑자기 밤비의 엄마가 머리를 쳐든다. 사냥꾼의 소리를 들은 것이다. 그녀는 위험을 감지하고 밤비에게 최대한 빨리 숲으로 돌아가 몸을 숨기라고 말한다. 밤비의 뒤를 따르며 계속 가라고 재촉하는데 멀리서 총소리가 들린다.

갑자기 총소리가 더 커지고 밤비의 엄마가 아들에게 숨으라고 재촉하는 소리가 더 이상 들리지 않는다. 밤비는 깊은 숲속으로 안전하게 들어가며 이제 위험하지 않다는 사실에 기쁨을 느낀다. 하지만 밤비의 엄마는 도착하지 못했다. 밤비는 숲을 떠나 엄마의 대답을 기대하며 필사적으로 엄마를 부른다. 하지만 몇 분간 찾아다닌 후 밤비는 숲의 왕자를 만나게 되고, 왕자는 밤비에게 엄마를 이제는 볼 수 없을 것이라고 말한다.

바로 그 순간 영화 역사상 가장 중요한 순간으로 여겨지는 장면에서 여러분은 울었을지도 모른다. 아마 여러분은 밤비의 괴로운 감정을 모두 느꼈을 것이다. 왜? 바로 공감 능력이 있기 때문이다.

여러분은 아마 지금까지 살아오면서 다른 사람의 고통과 아픔을 느꼈던 순간들이 수십 가지는 쉽게 떠오를 것이다. 우리는 다른 사람이 감정적이든 신체적이든 고통을 겪는 것을 보면 공감하는 반응을 보인다. 그리고 이것이 다른 사람을 해치는 행위를 꺼리게 만드는 이유로 생각된다. 공감은 대체로 다른 사람의 감정을 느끼고 이해하는 능력이라고 볼 수 있다. 이는 다양한 학문 분야에서 광범위하게 연구되었으며 다양하게 정의할 수 있다. 이 장에서는 신경과학적인 접근을 통해 공감이 뇌에서 어떻게 발생하는지, 이러한 신경학적 능력이 타인에 대한 친사회적 행동 결정에 어떻게 영향을 미치는지, 그리고 공감을 할 수 있는 내적 능력이 명령을 따르는 행위에 의해 어떻게 영향을 받는지 살펴볼 것이다.

뇌는 공감을 느끼도록 설정되어 있다

공감은 우리의 사회적 상호작용을 형성하고 다채롭게 만드는 놀라운 능력으로서, 다른 사람의 감정을 이해하게 해준다. 물론 다른 사람의 감정을 이해하는 것은 문화나 교육 또는 삶의 경험 같은 환경적 요인과 상황적 요인에 의해서도 형성된다. 하지만 무엇보다도 중요한 것은 다른 사람에게 공감하는 능력이 우리 뇌의 깊은 곳에 자리 잡고 있다는 점이다. 공감은 기본적으로 모든 인간이 가지고 있는 내적인 능력이다.

이론적 발전에 따르면 공감은 서로 다른 신경 시스템에 의해 뒷받침되는 별개의 세 가지 하위 과정으로 구성된다고 한다. 먼저 여기에는 자신의 신경계에서 다른 사람의 감정과 고통을 처리해 그들의 감정을 이해하고 상상할 수 있는 경험 공유experience sharing가 포함된다. 그다음 정신화mentalizing는 다른 사람의 내면 상태와 생각을 이해하는 능력에 해당한다. 마지막으로 공감적 관심empathic concern은 다른 사람에 대한 연민과 배려의 감정을 말한다.

공감은 다른 사람의 감정 상태뿐만 아니라 그들이 겪을 수 있는 심리적, 신체적 고통에 의해서도 유발될 수 있다. 여기에서는 주로 신체적 고통의 공감에 초점을 맞추겠다. 우리는 누군가가 명령에 따라 다른 사람에게 신체적 고통을 가했을 때, 왜 그 사람이 자신이 준 고통에 별로 공감하지 않는 것처럼 보이는지 이해하고자 한다. 사실 그들은 때로 명령에 따른 살해를 넘어 인간 표적을 잔혹하게 다루고 고문하기까지 한다.

요리하다가 칼로 손가락을 베어 나졌다면 뇌는 그 고통스러운 감각을 처리한다. 해부학적으로 손가락의 통증 수용체는 통증 메시지를 척수, 뇌간, 시상으로 전달한 다음 이차 체성 감각 피질과 섬 영역, 전대상 피질을 포함하는 뇌 영역, 그리고 보조 운동 영역이나 소뇌 같은 운동 관련 뇌 영역으로 전달한다.[109] 이러한 신경 경로 혹은 통증 네트워크가 통증을 느끼게 한다.

특히 우리가 고통을 느낄 수 있는 능력은 우리를 해로움으로부터 보호해 주고 생존에 필수적인 역할을 한다. 예를 들어 통증을 느끼는 능력이 억제된 질병인 선천적 무감각증을 앓고 있는 환자는 다른 사람에 비해 조기 사망률이 높다.

2004년 타니아 싱어Tania Singer가 이끄는 연구진은 권위 있는《사이언스매거진Science Magazine》에 사회신경과학 분야에 혁명을 일으킨 연구를 발표했다.[110] 저자들의 아이디어는 개인이 다른 사람이 같은 고통을 겪는 것을 목격할 때 통증 네트워크가 어느 정도 활성화되는지 이해하는 것이었다. 그들은 16쌍의 커플을 연구에 참여하도록 초대했다. 여성 파트너는 MRI 스캐너에 들어가게 하고 그녀의 파트너는 근처에 앉게 했다. 그리고 거울 시스템을 통해 여성 파트너가 MRI 스캐너 내부에서 자신과 파트너가 고통스러운 자극을 받는 모습을 볼 수 있게 했다. 통증을 주는 장치는 손에 전극을 붙이고 전기 자극을 보내는 기계에 연결해 구성했다. 선택한 전기 자극 역치가 통증을 줄 수준인지 확인하기 위해 MRI 스캔 세션에 앞서 자극의 강도를 결정했다. 각기 다른 시행에서 여성 파트너는 자신이나 파트너가 강한 자극(통증)을 받거나 약한 자극(통증 없음)을 받는 것을 볼 수 있었다.

이전 연구와 유사하게 연구자들은 여성 파트너가 자신의 고통을 직접 보고 경험할 때 통증 네트워크가 활성화된다는 것을 관찰했다. 흥미로운 점은 파트너의 고통을 볼 때도 통증 네트워크의 일부가 활성화되었다는 점인데, 변연계의 일부인 뇌 영역, 그중에서도 전대상 피질과 전측 섬이 활성화되었다(그림 4).

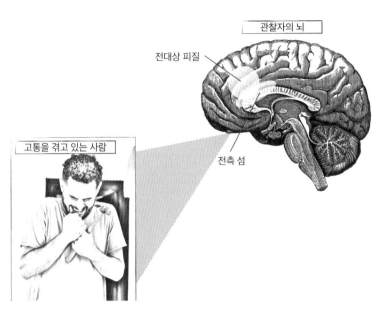

전대상 피질

관찰자의 뇌

고통을 겪고 있는 사람

전측 섬

그림 4　다른 사람의 고통을 이해하는 데 관여하는 뇌 영역. 누군가가 고통을 겪는 것을 보면 전측 섬과 전대상 피질의 활동이 유발되는데, 이를 통해 우리는 다른 사람의 고통을 이해할 수 있다.

　변연계는 일반적으로 감정 뇌라고 불리며 뇌의 깊은 곳에 있는 피질 하부 구조다. 주로 감정과 정서적 상태, 그리고 행동 양식과 연관되어 있다.*▮▮▮ 연구 결과에 따르면 타인의 고통을 목격하는 것은 통증 처리 시스템 전체를 활성화하는 것이 아니라 그중에서도 특히 중요한 역할을 하는 변연계의 일부만을 활성화한다. 이는 다른 사람이 고통스러워하는 것을

---

* 정서, 감정, 기분은 서로 연결되어 있지만 별개의 심리적 구성 요소다. 정서란 감정과 기분 등 다양한 느낌을 망라하는 포괄적인 용어다. 감정은 특정한 자극으로 나타나는 강렬하고 짧은 감정인 반면, 기분은 강렬하지 않고 특정한 자극과 얽히지 않는 보다 지속적인 정신 상태다. 예를 들어 누군가가 부정적인 사건을 경험하면 감정이 기분으로 발전하여 구체적인 자극 없이도 지속적이고 일반적인 슬픔을 느낄 수 있다.

목격하는 것이 실제로 감각적 고통의 느낌을 유발하는 것이 아니라 그 고통의 감정적이고 정서적인 느낌을 유발한다는 뜻이다. 다시 말해 여러분은 다른 사람의 고통을 육체적으로 느끼지는 않지만, 정서적으로 그것을 처리하고 이해하게 된다.

타니아 싱어와 그의 동료들이 얻은 결과는 현재 연인 관계에 있지 않은 사람들 사이에서도 여러 번 반복되었다. 따라서 공감은 신경과학에서 흔히 타인이 느끼는 것을 우리도 느낄 수 있는 능력으로 정의되며, 이는 유사한 뇌 반응을 유발하기 때문이다. 우리의 뇌는 다른 사람이 겪는 일을 상상하고 이해함으로써 다른 사람의 고통을 처리하게 되어 있다. 신경과학자들은 공감과 공감의 개인 간 차이를 참가자가 타인의 행동, 감정, 감각을 볼 때 자신의 행동, 감정, 감각에 관련된 뇌 영역이 얼마나 강하게 활성화되는지와 연관시켰다.[112]

하지만 그렇게 공유된 활성화 이면에는 어떤 작용원리가 있을까? 통증을 느낄 때와 다른 사람이 같은 통증을 겪는 것을 관찰할 때 모두 전대상피질과 전측 섬이 활성화되는 이유는 무엇일까? 이 질문에 답하려면 거울뉴런mirror neurons과 동물 연구를 살펴봐야 한다.

거울뉴런의 발견에 얽힌 이야기는 사실 나의 전 멘토 중 한 명인 크리스티안 카이저스Christian Keysers가 그의 책 『공감하는 뇌The Empathic Brain』[113]에서 아주 잘 설명하고 있다. 크리스티안은 이탈리아 파르마 대학교에서 뇌에서 거울뉴런의 존재를 발견한 자코모 리촐라티Giacomo Rizzolatti의 팀과 일했다. 이 이야기에서는 거울뉴런의 발견이 신경과학 분야에 혁명을 일으켰다는 사실보다는 실제로 그 발견이 이루어진 방법이 흥미로운 부분이다. 때로 가장 위대한 혁명은 우연한 사건에서 발생하는 데 이번 경우가 그렇다.

리촐라티와 그의 팀은 마카크원숭이의 전운동 피질에 있는 뉴런의 전기적 활동을 기록하여 이 뉴런들이 움직임의 계획과 시작에 어떻게 영향을 미치는지를 연구하고 있었다.[111] 여러 개의 개별 뉴런에 전극을 삽입한 다음 뉴런이 활성화될 때마다 소리를 발생시키는 장치에 연결했다. 이 장치를 사용하면 연구자들이 기계에서 나는 소리를 들을 수 있으므로 뉴런이 활성화되는 시점을 알 수 있었다. 그런데 어느 날 연구원들은 장비를 끄지 않고 점심을 먹으러 나갔다.

연구자 중 한 명이 돌아와 원숭이 앞에서 아이스크림을 먹기 시작했고 원숭이의 뇌에는 여전히 활성화된 장치가 연결돼 있었다. 놀랍게도 그 기계는 뉴런이 활성화될 때 나는 소리를 내기 시작했다. 그러나 원숭이의 움직임은 없었다. 연구자가 아이스크림을 먹는 모습을 수동적으로 지켜보고 있을 뿐이었다.

이러한 신경 반응은 당연히 연구팀을 당혹스럽게 만들었고 그래서 몇 가지 추가 시험을 하기로 했다. 연구팀은 원숭이가 먹이를 입으로 가져오는 동작을 하면 예상대로 기계에서 소리가 발생한다는 사실을 알아냈다. 하지만 연구팀의 입으로 음식을 가져오는 것을 원숭이가 관찰할 때도 그 소리가 발생했다. 또한 이것은 원숭이가 물건을 움켜쥐거나 실험자가 물건을 움켜쥐는 모습을 보는 것 같은 다른 간단한 실험에도 적용되었다. 즉 원숭이의 움직임은 없었어도 전운동 피질의 뉴런은 관찰한 행동을 미러링하고 있었다. 이렇게 해서 거울뉴런이 발견되었는데, '거울'이라는 용어는 이 뉴런이 수신된 정보를 그대로 반영한다는 사실에서 유래했다.

이러한 발견은 정말 획기적이었고 결국 신경과학뿐만 아니라 다른 분야에도 혁명을 일으켰지만 그 연구자들이 무엇을 발견했는지 깨닫기까지는 수년이 걸렸다. 이 연구는 처음에 소규모 신경과학 저널에 게재되었으며 다른 연구자들로부터 거의 인용되지 않았다. 하지만 오늘날에는 수십 년에 걸친 추가 연구 끝에 신경과학자들은 거울뉴런이 운동 피질에만 나타나는 것이 아니라 전대상 피질과 전측 섬 등 뇌의 다른 부분에도 존재한다는 것을 밝혀냈다. 이는 이러한 영역들이 어떻게 다른 사람의 감정과 고통을 처리할 수 있는지 설명해 준다. 거울뉴런이 있는 덕분에 전대상 피질과 전측 섬은 다른 사람이 느끼는 것을 그대로 반영하고, 이로써 우리는 그 사람의 감정적, 신체적 상태를 이해할 수 있게 된다.

흔한 예로는 하품이 있다. 옆에 있는 사람이 하품을 하면 여러분도 하품을 하게 될 가능성이 크다. 어떤 때는 영화 속 등장인물이 하품하는 것을 본다거나, 반려견이나 반려묘가 하품하는 것을 본다거나, 누군가가 하품하는 소리를 듣는 것도 효과가 있다. 하품이라고 글이 써진 것만 보아도 당장 하품을 하고 싶어질 수도 있다. 이것은 단순한 느낌이 아니다. 하품은 실제로 전염성이 있으며 이 현상에 대한 과학적 설명이 있다. 2013년 취리히의 한 연구팀은 11명의 자원자를 MRI 스캐너에 넣고 다른 사람들이 하품하거나 웃거나 무표정한 표정을 짓는 영상을 보여주었다.[115] 연구자들이 예상했듯이 참가자들은 하품하는 사람의 영상을 보았을 때 50퍼센트 넘게 자기도 하품을 했다. 그들이 전염성 하품을 경험하는 동안 거울뉴런이 있는 것으로 알려진 뇌 영역인 하전두회에서 뇌 활동이 나타났다. 흥미로운 점은 참가자들이 무표정한 표정의 다른 영상을 볼 때는 이러한 뇌 활동이 나타나지 않았다는 것이다. 하지만 하품하는 사람을 보면 거울뉴런이 자신의 뇌에 하품하는 동작을 제시하여 결과적으로 행동에 영향을 미치고 하품을 하게 된다.

인간의 뇌 속에 거울뉴런이 존재한다는 것을 증명하려면 침습적 기술이 필요하므로 복잡하다. 리촐라티가 마카크원숭이에게 사용한 것과 같은 단일 뉴런 시술은 두피를 열어 뇌에 접근한 다음 특정 개별 뉴런에 전극을 삽입해야 해서 매우 침습적이다. 동물에게는 매우 엄격한 규정에 따라 이 시술을 시행하는 것이 허용되었지만, 인간에게는 윤리적 문제로 이 기술이 허가되지 않았다. 인간의 뇌에서 단일 뉴런을 기록할 유일한 기회는 대상절개술을 받는 환자처럼 뇌 수술을 받는 환자, 즉 어차피 뇌가 열려 있는 환자에만 있다. 그리고 실제로 2010년에 한 연구진이 이 일을 했다.[116] 그들은 환자가 손을 움켜쥐는 동작을 실행할 때와 그러한 동작을 관찰할 때, 내측 전두엽 피질과 측두엽 피질에 있는 1,000개의 세포 활동을 기록했다. 연구진은 어떤 세포는 행동 실행에만 반응하지만, 어떤 세포는 행동 실행과 행동 관찰 중에 모두 활성화된다는 사실을 확인했다. 따라서 인간에게도 거울뉴런이 존재한다는 증거가 제시되었다.

공감에 중요한 뇌 영역인 전대상 피질과 전측 섬에도 거울뉴런이 존재한다는 증거가 있지만, 이곳은 뇌의 더 깊은 영역이고 접근하기 어려워 인간에서는 아직 완전히 입증되지 않았다. 결국 전대상 피질과 섬 영역에 거울뉴런이 존재한다는 증거는 동물 연구에서 나왔다. 하지만 동물을 이용한 공감 연구는 인간이 아닌 종들도 공감 능력을 가지고 있는지, 그리고 이 과정이 진화 과정에서 어떻게 발달했는지를 이해할 수 있는 기회를 제공해 주었다.

우리는 인간만이 도덕적 감정을 느끼고 타인에게 공감할 수 있는 유일한 종이라고 믿는 경향이 있다. 동물들은 일반적으로 '영혼이 없는' 존재로서 다른 동물의 고통을 처리할 수 없다고 여겨진다. 하지만 최근 신경과학적 연구 결과는 이런 생각을 정면으로 반박했는데, 이러한 연구에 따르면 같은 종 다른 구성원의 고통에 공감 반응을 보이는 종이 매우 많았다. 실제로 먹이 때문에 다른 개체를 해치는 행위를 피하는 예처럼 공감과 관련된 많은 친사회적 행동이 다른 동물 종에서도 발견된다.

최근의 연구를 보면 암스테르담의 네덜란드신경과학연구소Netherlands Institute for Neurosciences의 한 연구팀은 여러 마리의 쥐에게 두 개의 지렛대 중 하나를 누르도록 훈련했고,[117] 두 지렛대는 모두 동일한 먹이를 보상하도록 설정했다. 약간의 훈련 후 쥐들은 두 지렛대를 성공적으로 구별할 수 있었고 자연스럽게 둘 중 하나를 선호하게 되었다. 쥐들이 하나의 지렛대를 선호하게 되자 연구자들은 장치를 약간 바꾸어, 지렛대 중 하나가 다른 쥐에게 불쾌한 전기 충격을 가하는 것과 연관되도록 했다. 이러한 변화로 쥐들은 다른 쥐에게 충격을 전달하는 레버의 선호도가 낮아지고, 다른 쥐에게 불편함을 주지 않는 레버를 선호하게 되었다. 이것은 우리 안에 짝으로 있을 때도 마찬가지였지만, 전혀 모르는 쌍에서도 마찬가지였다. 따라서 이러한 결과는 쥐가 인간과 마찬가지로 다른 동물에게 해를 끼치는 것을 싫어한다는 것을 보여준다.

인간의 전대상 피질이 타인의 고통을 인식하는 데 중요한 역할을 한다는 것을 보여주는 논문 외에도, 몇몇 설치류 연구에서 이 영역에 거울뉴런이 있다는 증거가 제시되었다. 같은 연구자들이 쥐의 전대상 피질에 국소 진통제를 투여해 해당 뇌 영역의 활동을 감소시킨 뒤 쥐에게 동일한 과제를 수행하게 했다. 국소 진통제를 투여받은 쥐들은 다른 쥐를 해치는 것을 피하지 않았다. 사탕을 얻기 위해 그들은 전기 충격과 연결된 지렛대를 눌렸다. 심지어 다른 지렛대가 다른 쥐에게 고통을 주지 않으면서 음식을 제공하더라도 그렇게 했다. 그러나 쥐는 다른 과제에서는 여전히 지렛대를 바꿀 수 있었는데, 이는 전대상 피질이 통증의 정서적, 사회적 요소에 구체적으로 관련되어 있음을 시사한다.

다른 연구에서도 비슷한 결과가 나왔다. 쥐들은 다른 쥐가 발에 전기 충격을 여러 번 받는 것을 목격하면 충격을 받은 쥐의 반응을 반영하듯 얼어붙는 행동을 보였다. 이 효과는 전기 충격을 받는 쥐가 짝이나 형제자매처럼 사회적으로 관련이 있는 경우 더욱 강화되었다. 2010년에 실시한 한 연구[118]에서 연구진이 전대상 피질을 비활성화시키자 이러한 얼어붙는 행동이 사라졌다. 2020년에 실시한 또 다른 연구[119]에서 연구팀은 붉은털원숭이 여섯 마리를 훈련시켜 주스를 자기가 먹기를 원하는지, 다른 원숭이에게 주기를 원하는지, 아니면 아무것도 하지 않기를 원하는지를 선택하도록 했다. 전반적으로 여섯 마리 원숭이 모두 우선 자기가 주스를 먹는 것을 선호했지만 그다음에는 다른 원숭이에게 주는 것을 선택했다. 따라서 그들은 중립적 행동보다 친사회적 행동을 선호하는 것을 보여주었다. 그 후 이 원숭이들 중 세 마리는 전대상 피질에 인위적인 병변을 만드는 수술을 받았다. 나머지 세 마리는 수술을 받지 않은 대조군으로 남겨졌다. 실험 결과는 수술 전에는 두 그룹의 원숭이가 비슷한 친사회적 선호도를 보였지만, 수술 후에는 대조군에 비해 수술한 원숭이들의 친사회적 선호도가 감소하는 경향을 보였다. 나아가 연구진은 원숭이가 조직이 손상된 후에도 수술 전과 마찬가지로 새로운 친사회적 선호도를 발달시킬 수 있는지 시험했다. 그 결과, 수술을 받은 원숭이들은 새로운 친사회적 선호도를 발달시킬 수 없었지만 대조군에서는 발달시킬 수 있었다.

인간이 아닌 종에서 공감 능력을 연구하면 이러한 신경 능력이 진화 과정에서 어떻게 진화했는지 이해하는 데 도움이 된다. 예를 들어 설치류는 약 9,000만 년 전에 진화 계통수에서 분기되었는데,[120] 이는 우리가 타인을 해치는 것을 싫어하는 마음이 얼마나 오래되었는지를 보여준다.

하지만 여전히 의문은 남는다. 공감은 어떻게 친사회적 행동을 촉진하는 것일까?

친사회적 행동prosocial behavior이라는 용어는 다른 유기체의 고통을 덜어주고 잘 살게 해주려는 모든 행동을 말한다.[121] 공감은 친사회적 행동을 촉진하고 다른 사람의 괴로움을 줄이는 데 중요한 역할을 한다. 길을 걷다가 갑자기 벤치에 앉아 울고 있는 사람을 발견했다고 하자. 여러분은 자연스럽게 그 사람의 고통을 상상하게 되므로 그 사람 옆에 가서 도움을 줄 수 있는지 살펴볼 가능성이 크다. 다른 사람의 괴로움을 보고 이해하는 것은 실제로 도움을 주는 행동의 동기가 된다.[122] 자신의 행동이 다른 사람에게 고통을 준다면, 본인이 그 고통을 더 많이 경험할수록 그 사람에게 추가적인 고통을 줄 가능성은 줄어든다.

물론 공감이 친사회적 행동을 촉진하는 데 중요한 역할을 하지만 그 둘의 관계가 절대적인 것은 아니다. 공감의 신경 과정만 표적으로 삼으면 된다면 세상을 살기 좋은 곳으로 만드는 게 너무 쉬울 것이다. 모든 형태의 친사회적 행동이 공감을 통해 유발되는 것은 아니다. 좋은 예를 들자면 공유와 협력은 다른 사람에게 공감을 느끼지 않고도 이러한 행동을 유발할 수 있다.[123] 다른 인지 과정인 주체의식이나 자신의 행동에 대한 책임감, 연민, 타인을 이해하는 능력, 감정 처리, 감정 조절, 타인을 도울 때 보상의 정도 같은 것도 친사회성을 설명한다. 예를 들어 사람들은 타인의 이익을 위해 자신의 이익을 희생하는 행동을 할 수 있다. 그런 행동이 자신의 생존이나 행복에 반하는 것처럼 보일지라도 그렇게 한다. 버스에서 노인에게 자리를 양보한다는 것은 서서 가는 불편함을 받아들인 것이다. 자선 단체에 돈을 기부한다는 것은 자신을 위해 물건을 살 수도 있을 돈의 기부를 수락한 것이다. 다른 사람이 들어올 때까지 엘리베이터를 잡아둔다는 것은 자기 시간의 낭비를 받아들이는 것이다.

이러한 결정이 자신의 안녕에 영향을 미칠 수 있다는 사실에도 불구하고 대부분의 사람은 친사회적 행동을 할 때 실제로 큰 행복감을 느낀다. 이타적이거나 친사회적인 행동을 한 후에 미소를 지을 가능성이 크다. 아마 누군가를 도운 후에 깊은 만족감도 느낄 것이다. 심리학과 신경과학에서 수행된 수많은 연구에 따르면 실제로 친사회적 행동은 보상이 있는 것으로 나타났다. 예를 들어 사람들은 자선 단체에 기부하는 것[124] 같은 친사회적 행동에 참여하거나 자신이 아닌 타인에게 돈을 쓴 후에 더 높은 행복감을 느끼곤 한다.[125] 신경과학 연구에 따르면 사람들이 자선 기부를 하면 보상 처리와 관련한 중변연계의 뇌 영역이 활성화한다.[126] 중변연계에는 중뇌 깊숙이 위치한 복측피개영역이 포함되며, 이 구조에는 약 5,000개의 뉴런만 들어 있다. 인간의 뇌가 수십억 개의 뉴런을 가지고 있다는 점을 고려한다면 5,000개의 뉴런은 정말 미미한 숫자다. 그러나 이러한 복측피개영역의 뉴런은 긴 연결(지금까지 기록된 최대 길이는 74센티미터에 달한다)을 가지고 있으며 변연계를 포함한 다른 뇌 영역으로 연결된다. 따라서 그들은 매우 다양한 뇌 기능에 관여한다. 또한 이러한 신경세포들은 보상 처리나 학습, 중독, 도박 등 여러 뇌 기능에 관여하는 신경전달물질인 도파민의 전달에도 관여하는 것으로 밝혀졌다. 맛있는 음식을 먹거나[127] 돈을 얻으면[128] 도파민을 분비하는 중뇌가 활성화되어 그러한 사건을 보상을 주는 일로 여기게 된다.

친사회적 행동을 선택할 때도 유사한 뇌 영역이 활성화되는데, 이는 이러한 사건을 긍정적인 보상을 주는 일로 처리한다는 뜻이다.

하지만 강조할 사항은 공감이 타인의 고통에 대한 감정적 반응으로 작용하면서 때로는 편향적이고 비이성적인 의사 결정으로 이어질 수 있다는 점이다. 저명한 심리학자 폴 블룸Paul Bloom은 『공감의 배신: 아직도 공감이 선하다고 믿는 당신에게Against Empathy: The Case for Rational Compassion』라는 책을 썼다.[129] 그는 공감이 편협할 수 있으며 우리가 사랑하고 아끼는 사람에게는 호의를 베풀지만, 우리 집단에 속하지 않는다고 생각하는 사람에게는 부정적인 태도를 유발할 수 있다고 강조한다. 블룸은 공감에만 의존하기보다는 더욱 광범위한 결과를 객관적이고 사려 깊게 고려하는 합리적 연민을 통해 윤리적이고 정의로운 결정을 내려야 한다고 제안한다. 서로를 집단으로 범주화하려는 인간의 경향에 대한 부분은 이 장의 후반부에서 다룰 것이다. 그러한 분류는 많은 갈등, 전쟁, 집단학살에서 자주 관찰되고 정당화되는 근본적인 요소이기 때문이다.

공격성 증가, 공감 저하, 공감 조절

이제 우리는 공감과 친사회적 행동 사이의 연관성을 이해하게 되었는데 공감 저하에 대해서는 무엇을 알 수 있을까? 구체적으로 이 섹션에서는 명령에 따를 때 공격성이 증가하는 것이 공감 저하 때문이라고 설명할 수 있는지 살펴본다. 예를 들어 르완다에서 이전에 누군가를 죽인 경험이 없는 많은 시민이 이웃들을 대량으로 학살하고, 훼손하고, 고문하기 시작한 이유를 어떻게 설명할 수 있을까? 우리가 가하는 고통에 대해 공감할 수 있는 내면 능력은 이런 불필요하고 비정상적 잔혹행위를 막을 것이다.

명령을 따르는 것이 행동에 어떤 영향을 미치는지 이해하려는 과정에서, 나는 우리가 명령을 따를 때 공감 능력이 흐려지거나 감소하는지에 대해 자연스럽게 탐구하기 시작했다.

나는 2017년부터 2019년 사이에 암스테르담의 네덜란드신경과학연구소에서 크리스티안 카이저스와 발레리아 가촐라Valeria Gazzola의 지도를 받으며 박사후연구원으로 재직하면서 이쪽 연구 분야를 개발했다. 우리는 제2장에서 설명한 실험 모델을 MRI 스캐너 안에서 재현하기로 했는데[130] 이번에는 공감을 흥미로운 신경 과정으로 보고자 했다. 다시 말해 요원과 피해자를 골라 요원은 MRI 스캐너 내부에 있도록 하고 피해자는 스캐너 외부에 있도록 했다. 우리는 실시간 비디오 녹화 체계를 이용해 스캐너 내부의 요원이 보는 화면에 고통스러운 충격을 받는 피해자의 손을 실시간으로 표시했다.

고통에 대한 공감을 측정하려 할 때 중요한 측면은 참가자가 고통이 전달되는 것을 직접 봐야 한다는 것이다. 참가자가 눈을 감거나 고통스러운 사건을 정확하게 보지 않으면 통증 처리와 관련된 뇌 영역 활동이 감소할 가능성이 크다. 따라서 충격을 주는 절차가 특히 여기서 관련이 깊다. 전극을 피해자의 왼손 근육에 부착해 전기 자극을 가하면 충격을 받을 때마다 근육이 눈에 띄게 수축한다. 이렇게 시각적 요소는 관찰자의 뇌에서 신경 공감 반응을 유발한다. 자유 선택 조건에서는 요원이 피해자에게 충격을 가해 0.05유로를 버는 것을 자유롭게 결정할 수 있다. 다른 조건에서는 요원이 실험자로부터 충격을 가할지 말지 명령을 받는다. 이번에도 마찬가지로 MRI 스캐너가 내는 소음 수준이 높아서 요원은 헤드폰을 통해 명령을 받았지만, 실제로 지휘하고 실시간으로 명령을 내리고 있다는 인상을 강화하기 위해 나도 그 자리에 있었다. 하지만 참가자들이 나를 보고 있으면 후두엽 피질에 추가적인 활동이 일어나므로 참가자들의 시야에서 벗어나 있어야 했다. 뇌 뒤쪽에 위치한 후두엽 피질은 실제로 시각적 자극을 주로 처리하고 눈에서 들어오는 빛 신호를 일관된 시각적 이미지로 변환하는 일을 담당한다.

행동의 결과를 살펴보면 참가자들이 내 명령을 따랐을 때보다 자유롭게 선택할 수 있을 때 전기 충격을 덜 가하는 것을 확인할 수 있었다. 내 명령을 따랐을 때는 전기 충격의 수가 고정되어 있었다(즉 30번). 하지만 명시적으로 허락받지 않았더라도 그들이 명령을 따르지 않는 일을 막을 수 있는 것은 아무것도 없었다.

우리의 연구 질문과 관련하여 중요한 점은 신경영상 결과, 자유롭게 행동할 때보다 명령에 따를 때 공감과 관련한 영역의 활동성이 낮았다는 것이다. 실제로 우리는 참가자들이 자유롭게 결정을 내렸을 때보다 명령에 따랐을 때 뇌 활동, 특히 전대상 피질과 전측 섬의 활동이 감소한 것을 관찰했다.

이러한 결과는 명령을 따르는 것이 타인에게 공감하는 능력에 영향을 미친다는 것을 확인해 준다. 또한 실제로 우리는 이 획기적인 연구 이후 실시간으로 뇌 활동을 측정하는 뇌파검사 같은 다른 방법을 사용해서도 그 결과를 여러 번 확인했다.[13] 이 결과는 참가자들이 두 실험 조건에서 충격의 통증 강도가 정확히 동일하다는 것을 알고 있었기 때문에 특히 흥미로웠다. 그들은 실험을 시작하기 전에 기계를 시험해 보았고 실험 중에는 역치가 절대 변하지 않는다는 사실을 명확하게 들었다. 두 상황에서 전기 충격은 정확히 동일했지만 그런데도 개인이 명령에 따를 때는 전기 충격이 덜 고통스러운 것으로 처리되었다. 이러한 결과는 고통을 초래한 행동의 주체가 여전히 자신임에도 명령에 복종할 때면 어떻게 타인에게 해를 끼치는 것에 대한 반감이 약해지는지를 인상적으로 보여준다.

또한 이렇게 사람들이 명령을 따를 때 공감 능력이 감소하는 것은 집단 학살 가해자들이 피해자들을 살해하기 전에 종종 명령받지도 않은 잔혹한 짓을 하는 이유를 설명해 주기도 한다. 대상에 공감하지 못하면 분노를 표출할 가능성이 더 커진다. 하지만 이 가설을 확인하거나 반박하기 위해서는 추가 연구가 수행되어야 한다.

실험이 끝난 후 한 참가자와 나눈 토론이 기억난다. 그는 자신이 스탠리 밀그램의 실험을 알고 있으며 실험에 오기 전에는 '피해자' 역할을 하는 참가자에게 어떠한 충격도 가하지 않고 내 명령에 따르지 않을 계획이었다고 말했다. 그러나 그는 자유롭게 결정할 수 있을 때는 피해자에게 충격을 가하지 않았지만 충격을 보내라는 내 명령에는 모두 복종했다. 우리가 이에 대해 논의했을 때 그는 실제로 자신의 복종적인 행동과 그저 명령을 따르는 것이 얼마나 쉬웠는지에 대해 매우 놀랐다고 말했다. 그는 명령을 받을 때 충격을 가하는 것이 더 쉬운 선택이었을 뿐 아니라 온전한 책임감을 느끼지 않는 선택이었고, 불복종하는 것이 오히려 더 큰 부담이었을 것이라고 덧붙였다. 그는 자신이 그런 명령을 따를 리가 없다고 생각했기 때문에 이 실험 후 정말 심란하다고 말했다.

사실 이런 종류의 반응을 표현한 사람은 그 사람만이 아니었다. 실제로 명령에 저항할 계획을 세우고 참가한 사람이 많았다. 그러나 그들 중 누구도 그렇게 하지 않았고, 설사 명령이 다른 사람에게 실제 고통을 주더라도 그러한 명령을 따르는 것이 얼마나 '쉽고' '간단한' 일인지 한목소리로 이야기했다. 사람들이 강압적인 상황에서 공감을 느끼지 못하는 것은 아니다. 그냥 느끼지 않는 게 더 쉬울 뿐이다. 다음 섹션에서 볼 수 있듯이 공감은 우리가 통제하고 조절할 수도 있는 능력이다.

물론 이 실험 설정에서 통증은 실제이지만 개인의 통증 역치에 맞춰 설정했기에 견딜 만한 수준이다. 따라서 다른 사람에게 고통스러운 충격을 준다는 사실을 복종이라는 이유로 행해지는 대규모 잔혹행위와 직접 연관시킬 수는 없다. 그러나 통제된 통증으로 하는 실험 시나리오에서 단순히 명령에 따르는 것이 자유롭게 행동할 때보다 다른 사람의 고통을 느끼는 우리의 능력에 큰 영향을 미치는 것을 관찰할 수 있다면, 집단학살이나 복종에 근거한 행동 상황에서 이 효과는 증폭될 가능성이 크다.

그렇다면 다음과 같은 질문이 남는다. 사람들은 자신의 공감을 얼마나 통제할 수 있을까?

앞에서 보았듯이 공감은 거울뉴런의 존재를 통해 우리 뇌에 깊이 각인되어 있으며 수많은 다른 종과도 공유되는 특성이다. 따라서 다른 사람이 고통받는 것을 목격했을 때 공감하지 못할 이유가 없다. 하지만 타인에게 공감을 경험하는 것은 타인의 정신 상태와 고통을 기꺼이 느끼려는 의지의 영향을 받을 수 있다. 실제로 공감은 동기부여에 따른 선택이 될 수 있다.

타인에 대한 공감 부족과 공격성 증가와 관련된 대표적인 예는 사이코패스다. 그동안 언론과 대중문화는 사이코패스 성향을 가진 사람들을 타인에 대한 공감이 전혀 없는 존재로 일관되게 묘사해 왔다. 신경과학적 용어를 사용하면 이러한 사람들은 타인의 고통을 느낄 수 있는 신경학적 능력이 없어서 타인에게 고통을 가할 가능성이 더 크다는 것을 의미한다. 실제로 여러 연구에 따르면 사이코패스 성향을 가진 사람은 타인의 고통을 처리하는 신경 활동이 감소되어 있는 것으로 나타났다. 진 디케티Jean Decety가 이끈 2013년 연구[132]에서 연구자들은 121명의 남성 수감자를 높은 수준, 중간 수준, 낮은 수준의 사이코패스로 분류한 뒤 MRI 스캐너를 사용해 뇌 활동을 조사했다. 수감자들에게는 고통스러운 상황 또는 고통스럽지 않은 상황에 놓인 손과 발을 보여주는 시각적 자극을 제시했다. 예를 들어 발가락이 무거운 물건에 낀 모습이나 손가락이 문에 낀 모습을 실험에 사용했다. 실험 조건은 두 가지였는데 하나는 수감자들이 그 상황이 자신에게 일어나는 일이라고 상상해야 했고, 다른 하나는 그 상황이 다른 사람에게 일어나는 일이라고 상상해야 했다. 연구 결과에 따르면 사이코패스 성향을 가진 사람들은 자신에게 고통이 일어나는 것을 상상할 때는 통증과 관련한 뇌 영역인 전측 섬과 전대상 피질에서 전형적인 활동이 나타났다. 그러나 다른 사람이 고통을 겪고 있다고 상상해야 했을 때는 대조군에 비해 다른 사람의 고통을 인식하는 것과 관련한 뇌 영역의 활동이 감소했다.

사이코패스 진단을 받은 사람들의 공감 활동 감소는 타인의 고통을 느끼지 못하는 구조적 결함과 관련이 있는 것이 아니라, 실제로는 정상적인 신경 과정이 억제된 결과로 보인다. 2013년에 사이코패스 성향이 있는 수감자와 건강한 대조군을 대상으로 한 또 다른 연구에서 연구자들은 참가자들에게 다른 인간에게 고통스러운 자극을 가하는 영상을 시청하도록 요청했다. 이 과제 동안 연구자들은 MRI 스캐너로 뇌 활동을 기록했다. 관찰 단계에서 연구자들은 사이코패스 그룹의 공감과 관련된 뇌 영역의 활동이 건강한 대조군에 비해 적다는 결과를 보여주며 이전 연구 결과를 확인했다. 흥미로운 점은 두 번째 단계에서 연구자들이 참가자들에게 영상을 수동적으로 시청하는 대신 영상에서 관찰한 고통에 공감해 보라고 요청했다는 것이다. 그래서 참가자들은 다른 사람의 고통을 실제로 느끼려고 노력해야 했다. 이러한 실험적 조작에서의 결과는 완전히 달랐다. 연구자들은 참가자들에게 공감하도록 요청했을 때 사이코패스 성향을 가진 사람들과 건강한 대조군 사이에서 통증을 공감하는 것과 관련된 뇌 영역의 활동이 비슷한 것을 관찰했다.

따라서 이러한 결과는 사이코패스 성향을 가진 사람을 공감 능력이 없는 사람으로 보는 고전적 견해에 반한다. 오히려 그들은 공감을 경험하는 것보다 더 쉽게 자동으로 공감을 억제할 수 있다. 이러한 결과는 실제로 사이코패스 치료에 관한 몇 가지 새로운 아이디어를 제공할 수 있다. 즉 치료사는 공감에 대한 공식을 만들기보다는 이미 존재하는 이러한 능력을 더욱 자동적으로 발휘할 수 있도록 돕는 것이 좋을 것이다. 하지만 이 연구를 수행한 연구자들이 말한 대로, 사이코패스 성향을 가진 사람에게서 흔히 나타나듯이[133] 사람들이 변화를 원하지 않거나 변화에 대한 동기가 없다면, 이 과제는 정말 어려울 것으로 보인다.

흥미로운 점은 모든 사람이 타인의 고통에 대한 공감을 조절할 수 있다는 것이다. 2022년에 우리는 참가자들에게 화면에 고통스러운 자극이나 고통스럽지 않은 자극이 나오는 그림을 단순히 지켜보라고 요청하는 두 가지 연구를 진행했다.[134] 우리는 뇌파로 그들의 뇌 활동을 기록했고, 예상대로 뇌가 고통스러운 자극과 고통스럽지 않은 자극을 다르게 처리하는 것을 관찰했다. 또한 그러면서 우리 참가자들에게는 추가로 두 가지 노력을 하라는 요청을 했다. 먼저 한 조건에서는 그들에게 공감을 키워 그림 속 사람의 고통을 더 많이 느껴보라고 했다. 또 다른 조건에서는 공감을 낮추어 동일한 고통스러운 자극을 덜 고통스럽게 여겨보라고 했다. 결과는 정말 흥미로웠는데 그 이유는 사람들이 그림 속 사람의 고통을 두고 신경 반응을 성공적으로 조절할 수 있었기 때문이다. 공감을 키우는 조건에서는 고통 자극에 대한 신경 반응이 중립 조건보다 실제로 더 높았다. 공감을 줄이는 조건에서는 동일한 고통 자극에 대한 신경 반응이 중립 조건보다 낮았다.

특히 타인의 고통에 반복적으로 노출되는 상황에서는 공감을 조절하여 약화시키는 능력이 중요하다. 예를 들어 의료 전문가는 극도의 피로감과 감정 소진을 경험할 가능성이 더 크며 이는 그들의 행복에 해로운 영향을 미칠 수 있다. 따라서 환자의 고통에 대한 공감을 적절히 조절하는 법을 배워야 한다. 환자에 대한 공감 능력을 관리하지 않으면 환자를 돕고 돌보는 능력에도 영향을 미칠 수 있다. 의료 전문가는 타인의 고통을 느끼지 않기 위해 감정적 공감emotional empathy을 조절할 수 있어야 하지만, 그럼에도 타인의 고통을 이해하는 능력, 즉 인지적 공감cognitive empathy이라는 능력은 유지해야 한다.

브뤼셀에 있는 더슈플럭스협회DoucheFlux의 회장과 내가 나눈 대화는 감정적 공감과 인지적 공감의 차이를 설명하기에 좋은 예다. 이 협회는 노숙자들에게 샤워 시설과 옷 세탁 등을 제공해 노숙자를 돕는 일을 한다. 그에게 협회에서 자원 봉사할 사람을 찾는 게 쉬운지 묻자 그는 사실 봉사하겠다는 요청은 상당히 많이 있지만 모든 사람을 수락하지는 않고 예비 자원봉사자는 실제로 면접을 받게 된다고 했다. 그는 노숙자들을 돕는데 적합한 사람과 적합하지 않은 사람을 즉시 구별할 수 있다고도 말했다. 그는 때때로 자원봉사자들이 첫날부터 노숙자들을 자기 집에서 자도록 초대한다고 말했다. 그들은 너무 도움을 주고 싶어 하므로 그런 식의 초대가 가장 효율적인 방법이 아니라는 점을 전혀 고려하지 않는다. 그들은 깊은 감정적 공감을 느낄 수밖에 없는 한 사람에게만 집중하고 다른 사람들은 모두 무시한다. 그가 선호하는 자원봉사자 후보는 다른 사람들의 고통과 어려움을 이해하면서도 감정적인 결정을 내리는 대신 좀 더 실용적인 방식으로 도움을 줄 수 있는 사람이라고 말했다. 그는 감정 조절의 능력이 더 뛰어난 사람들이 실제 자원봉사자로서 훨씬 더 뛰어나다고 덧붙였다.

다시 말해서 감정적 반응은 우리가 효율적인 도움을 제공하지 못하게 하므로 인지적 반응을 갖는 것이 더 낫다. 그렇기 때문에 의사들은 감정적 공감보다는 인지적 공감을 관리하는 방법을 배운다. 만약 그들이 환자와 그 가족의 모든 감정을 느껴야 한다면 완전히 과부하 상태에 빠져 올바른 결정을 내릴 수 없을 것이다. 치료사와 의사 본인이 자신의 가족을 치료하는 것을 권장하지 않는 이유도 여기에 있다. 현실적으로 낯선 사람보다 친척에 대한 공감과 감정을 조절하는 것이 더 어렵다.

실제로 인지적 공감과 감정적 공감은 서로 다른 뇌 영역에 의존한다. 감정적 공감은 주로 변연계, 특히 전대상 피질과 전측 섬의 활동과 연관이 있다. 그에 반해 인지적 공감은 타인의 정신 상태를 이해하는 데 관련된 뇌 영역, 그중에서도 우측 측두두정 접합부TPJ와 후내측 전전두엽 피질과 연관이 있다. 제3장에서 이미 언급했듯이 전전두엽 피질은 결정을 내리고 자신의 행동을 통제하는 데 중요한 영역이다. 공감의 경우, 전전두엽 피질은 감정과 통증 처리를 담당하는 영역의 활동을 조절한다. 이를 통해 우리는 감정에 휩쓸리지 않고 더 실용적인 방식으로 행동할 수 있다.

감정을 조절하는 데 전전두엽 피질이 하는 역할에 관한 지식은 실제로 임상에서 활용되기 시작했다. 실시간 신경 피드백은 비교적 최근에 개발된 방법으로 뇌파검사와 같은 신경영상 기법을 활용해 사람들이 자신의 뇌 특정 부위의 활동을 실시간으로 확인할 수 있게 해준다. 머리에 뇌파검사EEG 장치를 착용하면 화면에 실시간으로 표시되는 신경 피드백 막대를 통해 검사하려는 뇌 영역의 활동 강도를 확인할 수 있다. 신경 피드백은 사람들이 감정적인 이미지를 처리할 때 전전두엽 피질의 활동 강도에 대한 피드백을 제공함으로써, 사람들이 인식한 부정적인 감정의 강도를 조절하는 데 실제로 도움을 줄 수 있다. 이 기술은 제6장에서 살펴보겠지만 부정적인 감정에 압도되는 경향이 있는 우울증 환자들과 외상성 기억의 발생을 통제할 수 없는 외상 후 스트레스 장애 환자들에게 특히 유용하다.

더불어 인지적 공감과 정서적 공감을 조절할 수 있는 능력은 연구자가 극심한 고통을 경험하는 인구 집단과 함께 일할 때 무엇보다도 자신의 안녕을 위해, 그리고 자료를 수집할 때 중립을 유지하기 위해 관리해야 하는 능력이기도 하다. 내가 연구팀과 함께 진행한 과학 프로젝트들, 특히 교도소나 르완다 집단학살 피해자들을 대상으로 한 연구에서는 감정적 공감을 조절하는 것이 감정에 압도당하지 않고 프로젝트를 지속할 수 있는 데 매우 중요했다.

나는 르완다에서 집단학살 피해자들의 연구를 진행하던 중, 현지 연구조교가 갑자기 건물에서 나가는 모습을 보았던 그날이 떠오른다. 내가 밖으로 나갔을 때 그녀는 울고 있었고 무슨 일인지 제대로 설명을 하지 못했다. 그녀는 글을 읽고 쓸 줄 모르는 한 노인 지원자의 설문지 작성을 도와주고 있었다. 집단학살 동안 무엇을 경험했는지 묻자 노인은 울기 시작했다. 르완다 문화권에서 남자들은 아무리 슬픔이나 고통이 심하더라도 감정을 표현하고 드러내는 것을 피한다. 감정을 드러내는 것은 상대방에게 약하거나 신뢰할 수 없는 사람으로 보일 수 있기 때문이다. 여성 피해자들이 울 때 그녀는 감정적 공감을 잘 조절할 수 있었지만, 이 나라에서 남성은 감정을 드러내지 않아야 한다는 것을 감안하니 노인이 우는 모습을 보는 것은 너무 힘들었다고 말했다. 그녀는 조사를 잠시 중단해야 했고 그 노인과의 설문조사는 계속 진행할 수 없었다.

공감이 어느 정도 동기에 의해 선택되며 우리가 일부 조절할 수 있는 능력이 있지만, 불행히도 타인의 고통에 공감하는 능력은 처음부터 모든 인간에게 동등하지 않다. 공감 능력이 자연스럽게 그리고 어쩌면 무의식적으로 약해지는 대상이 존재한다. 특히 이는 우리가 자신과 같은 집단의 일원으로 인식하지 않는 사람들이 고통을 겪는 모습을 볼 때 두드러지게 나타난다.

다음 섹션에서는 이러한 범주화categorization 과정과 그 신경학적 기초를 깊이 살펴볼 것이다. 또한 대규모 잔혹행위와 관계가 있는 중요한 측면인 비인간화 현상을 살펴볼 것이다. 이 현상은 범주화에서 비롯된다. 이러한 요소를 이해하는 것은 대규모 잔혹행위와 그 근본적인 메커니즘을 종합적으로 파악하는 데 필수적이다.

인간은 매우 사회적인 종으로서 대부분 크든 작든 집단 속에서 날마다 함께 발전해 나간다. 이러한 집단은 우리의 가족부터 친구, 직장 동료, 우리가 응원하는 축구팀의 다른 팬들, 비슷한 문화나 종교, 정치적 신념을 공유하는 사람들까지 다양할 수 있다. 역사를 살펴보면 집단생활은 우리가 진보하는 데 도움이 되었으며 분명 많은 이점이 있다. 우리가 이러한 집단에 속하는 이유는 혼자가 아니며 다른 사람들에게 보호받는다는 소속감이 필요하기 때문이다. 우리는 집단으로부터 도움을 받고, 지지를 얻으며, 협동 과제를 개발하고, 자원을 공유할 수 있다.

집단에서 고립되고 배제되는 것은 우리 본성에 반하는 일이어서 우울증이나 공격성, 죽음과 관련된 생각으로 이어질 수 있다. 신경과학 연구에 따르면 사회적 배제는 실제로 신체적 통증을 경험하는 것과 유사하다고 한다. 2003년 미국 심리학 교수인 나오미 아이젠베르거Naomi Eisenberger와 연구팀은 집단으로부터 사회적 거부를 경험하는 것이 실제로 어떻게 '상처'를 주는지 조사하고자 했다.[135] 지원자들을 초대해 두 명의 다른 플레이어와 함께 가상 공 던지기 게임을 진행했다. 사실 게임은 컴퓨터가 조종했고 다른 플레이어는 없었다. 지원자들은 두 명의 다른 플레이어가 서로에게 공을 던지는 것을 단순히 관찰하거나, 게임에 포함되어 함께 참여하거나, 두 명의 다른 플레이어가 지원자에게 공을 더 이상 던지지 않고 서로만 공을 주고받으며 지원자를 배제하는 상황을 경험했다. 맨 마지막 실험 조건은 지원자에게 사회적으로 배제되는 감정을 느끼게 했다.

연구자들이 사회적으로 배제되는 동안 활성화되는 뇌 영역의 정확한 지도를 얻기 위해 세션 내내 지원자들은 MRI 스캐너에 누워 있었다. 연구자들은 사회적 게임에서 배제당한 지원자들이 이전에 본 적이 있는 고통스러운 경험과 관련한 뇌의 두 특정 영역, 즉 전대상 피질과 전측 섬에서 더 높은 신경 활동을 보인다는 것을 발견했다. 또한 연구진들은 전대상 피질의 뇌 활동이 실험 후 지원자들이 소외감을 느꼈을 때 보고한 고통의 정도와 상관관계가 있음을 관찰했다. 따라서 사회적 고통은 신체적 고통과 비교적 유사하며, 사회적 분리 경험을 설명하는 대중적 표현인 거절당해 '아프다'는 말은 사실이다.

진화론적 관점에서 잠재적으로 상처를 줄 수 있는 상황을 피하게 해주며 생존에 필수적인 고통의 인지와 관련된 신경 메커니즘은 인간이 사회적 종으로 진화하기 오래전부터 존재했다. 진화 과정에서 사회적 포용은 집단 내 생존을 위해 매우 중요해졌다. 현대 과학계의 주요 이론에 따르면 집단에 참여하지 않는 개인을 처벌하기 위해 사회적 배제가 신체적 고통과 관련된 기존의 뇌 신경망을 기반으로 형성되었다고 한다.[136]

인간의 생물학적 성향은 집단의 일원이 되도록 동기를 부여하여 자연스럽게 자신이 속할 집단을 만드는 경향이 있다. 그러나 인간의 자기 분리 성향은 때로 자기 집단을 보호하기 위해 다른 집단에 대한 부정적인 편견을 만들기도 한다. 외집단에 대한 이런 편견적 태도는 부정적 사고부터 시작해 반사회적 태도, 친사회성 감소, 사회적 배제, 증오 표현, 그리고 더 극단적인 형태인 전쟁과 집단학살에 이르기까지 다양한 형태로 나타날 수 있다.

사회심리학에서 실시한 흥미로운 한 연구는 외집단에 부정적인 편견을 형성하는 경향이 얼마나 극단적으로 갈 수 있는지를 밝혀냈다. 사회심리학자인 앙리 타이펠Henri Tajfel은 사람들을 무작위로 서로 다른 집단에 배치하여 외집단에 대한 편견을 만드는 요인을 탐구했다. 따라서 공유하는 이념이나 우정 등과 같이 특정 집단을 형성하는 데 영향을 미치는 구체적인 요인은 존재하지 않았다. 타이펠은 사람들이 다른 집단의 구성원을 만나보지 않고도 자기 집단이 다른 집단보다 더 나은 것으로 여기기 시작했다는 사실을 관찰했다.[137]

신경과학 연구는 사회적 범주화의 시간적 경과를 밝혀내는 데 기여했다. 2003년에 실시한 한 연구[138]에서 연구자들은 뇌파검사를 사용해 뇌가 개인 간의 차이를 처리하기 시작하는 시점을 밀리초 단위의 정밀도로 연구했다. 연구자들은 아프리카계 또는 유럽계 사람의 사진을 제시했을 때, 유럽계 사람들은 다른 유럽계 사람의 사진을 볼 때에 비해 아프리카계 사람의 사진을 본 후 120밀리초 만에 더 높은 신경 반응을 보인다는 사실을 밝혀냈다. 이 반응은 아마도 피부색에 대한 반응으로 더 높은 집중과 관련된 특정한 반응이다. 따라서 '우리'와 '그들'의 차이를 구별하는 과정은 뇌에서 매우 빠르게 발생한다.

신경과학에서 진행한 광범위한 연구에서도 외집단에 대한 편견이 인간의 생물학적 성향에 깊이 뿌리박혀 있다는 사실이 밝혀졌다.[139] 전형적인 외집단에 대한 부정적인 태도는 고정관념의 사용으로 표출된다. 고정관념은 특정 집단의 문화나 사회 또는 신체적 외모와 관련하여 연관되는 고정된 특성을 의미하며, 이는 대개 사실과 다르다. 예를 들어 금발 여자는 지능이 낮고, 불량배는 마약을 즐긴다는 식이다. 우리는 외집단에 근거 없는 부정적 편견을 갖는 경향이 있으므로 일반적으로 이런 고정관념은 부정적이다. 뇌에서 고정관념은 의미 기억과 관련된 전측두엽[139, 140] 같은 구조에 의존한다. 의미 기억은 우리가 평생 축적해 온 일반적인 세계의 지식을 일컫는 특정 형태의 기억이다. 또한 인상 형성에 관여하는 내측 전전두엽 피질 같은 영역과도 관련이 있다.[141]

공감에 관한 논문을 보면 대체로 고통을 겪는 개인이 인종, 문화, 종교 또는 정치적 차이에 따라 외집단의 구성원이라고 인식되면 관찰자의 신경적 공감 반응이 약해지는 것이 관찰되었다. 2009년에 수행된 한 연구[142]에서 연구자들은 백인과 동아시아인* 지원자를 모집했다. 연구자들은 그들에게 바늘에 찔린 백인과 동아시인의 얼굴 사진을 보여주었다. MRI 결과에 따르면 백인과 동아시아인 지원자 모두 외집단의 고통을 보았을 때보다 내집단의 고통을 보았을 때 전대상 피질이 더 활성화되었다. 2010년에 실시한 또 다른 연구[122]에서 연구자들은 지원자들이 라이벌 축구팀 팬이 고통을 겪는 사진을 볼 때 자기팀 팬이 고통을 겪는 사진을 볼 때보다 전대상 피질과 전측 섬의 활동이 감소하는 것을 관찰했다. 내가 르완다에서 수행한 연구[143]에서는 과거 집단학살 가해자와 생존자 간의 공감이 일관되게 감소한 반면, 자기 내집단 속에서는 공감이 온전하다는 것을 관찰했다. 우리는 또한 부모들이 그랬듯이 과거 가해자의 자녀나 생존자의 자녀가 다른 집단에 대해 공감이 감소하는 모습을 관찰했다. 이는 외집단 편견이 다음 세대에도 나타날 수 있음을 보여주므로 갈등이 지속하는 이유를 일부 설명해 준다.[144]

---

* 연구자가 비록 여러 나라 출신의 사람으로 구성된 대규모 집단과 단일 아시아 국가의 사람들로 구성된 집단을 비교하긴 했지만, 그는 논문에서 이런 식으로 구별했다. 또한 '백인caucasian'이라는 용어는 인종적 의미가 강하기 때문에 인류학적 관점에서 보면 '유럽계of European descent'라는 용어가 더 적절하다.

중요한 점은 외집단 사람에게 공감을 전혀 느낄 수 없는 것이 아니라는 사실이다. 예를 들어 여러 연구에 따르면 공감이 사회적으로 바람직한 특성이라고 믿는 사람들은 외집단 구성원에게마저 좀 더 공감을 가지고 행동하는 것으로 나타났다.[145, 146] 다른 연구에 따르면 외집단 국가에 살면 외집단에 대해 공감이 줄어드는 이러한 자연스러운 경향이 감소한다고 한다.[147] 이전에 진행된 fMRI 연구는 사회적 위계에 대한 선호도의 문화적 차이가 집단 간 공감을 뒷받침하는 신경 반응에 영향을 미치며, 사회적 위계에 대한 선호도가 높을수록 집단 간 공감 편향이 더 크게 나타난다는 사실을 밝혀냈다.[148]

이와 같은 연구들은 우리가 외집단 구성원에게 공감할 수 없는 것은 아니라는 사실을 보여준다. 그보다는 그들에게 공감하려는 동기가 없다. 이것은 복종의 경우와 비슷한데, 복종하면 책임을 권위자에게 쉽게 전가할 수 있으므로 타인에게 주는 고통을 느끼지 않기가 더 쉬워진다.

특히 지금까지 극우 정당은 다른 집단으로부터 위협을 느끼는 인간의 자연스러운 경향과 자신의 집단을 보호하려는 의지를 광범위하게 이용했다. 그들의 정치 캠페인은 외집단 소수자를 향해 두려움이나 분노 같은 주로 부정적인 감정을 불러일으키는 데 중점을 두었다. 그들은 우리가 자연스럽게 다른 집단에 부정적인 편견을 갖는 경향이 있다는 것을 알고 있다. 예를 들어 그들은 이민자들이 일자리를 빼앗을 것이라거나 이민자들이 문화와 종교를 강요할 것이라고 말한다. 극우 정당은 인간이 자신의 집단을 보호하도록 이끈 진화 과정을 표적으로 삼는다. 우리 모두에게 가장 필요한 것은 본능적인 생물학적 반응에 따르기보다는 사실을 확인하는 것이다. 그러지 않으면 이미 너무나 많은 집단 갈등과 그에 따른 재앙적인 결과가 발생하고 있는 인간 사회가 극단주의자들에 의해 더욱 분열될 것이다.

모든 집단학살 정권이 가지는 공통점은 선전을 통해 '우리'와 '그들' 사이의 차이를 과장하는 데 성공했다는 것이다. 그들은 민족성, 종교, 국적 또는 정치적 이념을 이용해 차이를 부각하고 사회를 분열시켰다. 독일인과 유대인. 후투족과 투치족. 터키인과 아르메니아인. 세르비아계 보스니아인과 이슬람 보스니아인. '문명인'과 '야만인'. 이는 모든 집단학살의 공통적인 특징이다. 즉 개인을 각자의 특성이 있는 개인으로 간주하지 않고 그저 집단의 구성원으로 간주한다. 성공적인 범주화가 이루어지고 나면 집단학살 정권은 목표를 달성하기 위해 또 다른 중요한 단계를 시행한다. 바로 다른 집단의 인간성 제거하기다.

어떤 권위를 가진 사람이 갑자기 정치적 이념이나 민족성 또는 종교적 신념 때문에 다른 인간을 말살하라고 명령했다고 해서 집단학살이 바로 시작된 경우는 전혀 없다. 나치의 집단학살 당시 사용한 가스실도, 르완다에서 마체테를 이용한 대량학살도 대상의 비인간화 과정이 없었다면 일어날 수 없었을 것이다. 사람들에게 "다른 사람들이 없는 것이 더 나을 것이다"라고 믿게 만드는 세뇌 교육이 없었다면 말이다.

전쟁과 집단학살 중에 가해자들이 매우 자주 사용하는 수법은 표적이 된 인간을 하위 인간이나 짐승 같은 존재로 만들어 인식을 왜곡하는 것이다. 달리 말하면 인간성을 제거한다. 르완다에서는 라디오 방송국 RTLM이 정부 지도자들과 연합해 투치족을 바퀴벌레를 뜻하는 이니엔지inyenzi와 뱀을 뜻하는 인조카inzoka로 묘사하기 시작했다. 거의 언제든 죽여야 할 해충으로 여기는 동물의 이름으로 투치족을 부름으로써 집단학살을 조장한 이들은 그들의 표적에게서 인간성을 제거했다. 한 달 후, 노인, 청소년, 갓난아이 등 수많은 투치족이 무자비하게 추적당하고 고문당하고 살해당했다. 라디오의 사용은 실제로 최대한 많은 사람이 그러한 주장을 들을 수 있도록 치밀하게 계획된 수단이었다. 르완다에서는 라디오를 듣는 것이 일상적인 활동이자 일을 마치고 가족들과 함께 하는 활동이었기 때문이다.

홀로코스트 당시 나치는 유대인이 쥐와 같다고 보도했다. 사람을 죽이는 것은 나쁘지만 쥐를 말살하는 것은 받아들일 만하다. 유대인을 체포하면 죽음의 수용소에서 이름이 아닌 번호로 식별했다. 운터멘쉔Untermenschen(하위 인간)은 나치가 유대인, 집시, 슬라브인 등 열등하다고 보는 비非아리안인을 묘사할 때 사용했던 단어다. 독일어로 거의 400만 부나 인쇄해 여러 언어로 번역한 선전 책자에서는 다음과 같은 내용을 확인할 수 있다.[149]

밤이 낮을 거스르듯 빛과 어둠은 영원한 갈등 속에 있다. 이와 마찬가지로 하위 인간은 지구의 지배 종족인 인류의 가장 큰 적이다. 하위 인간은 자연이 만든 생물학적 생명체로서 손, 다리, 눈, 입, 심지어 뇌의 외관까지 갖추고 있다. 그럼에도 이 끔찍한 생물은 부분적으로만 인간일 뿐이다.

인간과 비슷한 특징을 가지고 있지만 하위 인간은 어떤 동물보다 영적, 정신적 수준이 낮다. 이 생명체 안에는 거칠고 절제되지 않은 열정이 숨겨져 있다. 그것은 바로 가장 원초적인 욕망과 혼돈, 냉혹한 악행으로 가득 찬 파괴를 향한 끊임없는 욕구다.

그들은 하위 인간에 불과하다!

겉모습이 인간처럼 보인다고 해서 모두가 실제로 인간인 것은 아니다. 이 사실을 잊어버리는 자는 화를 면치 못할 것이다!

언제나 그렇듯이 영원한 유대인*의 등장으로 시작해 물라토와 핀우 그리아계 야만인, 집시, 흑인 야만인까지 모두 오늘날 하위 인간의 지하세계를 구성하고 있다.

캄보디아 집단학살 기간에 150만 명 이상이 사망했는데, 이는 캄보디아 인구의 약 20~25퍼센트에 해당한다. 그러나 캄보디아에서 크메르루주가 저지른 집단학살은 대부분 크메르족이 크메르족을 상대로 저지른 것이었으므로 '가해자'와 '피해자'의 구분이 명확하지 않았다. 실제로 캄보디아 집단학살에 관심을 두기 시작했을 때 나는 크메르루주가 다른 집단학살의 경우처럼 개인을 명확하고 엄격하게 구분하지 않고 동족을 대량학살한 이유를 이해하는 데 어려움을 겪었다. 내가 읽은 다른 어떤 집단학살보다 "그들은 어떻게 그토록 많은 사람에게 다른 캄보디아인들을 집단학살하도록 설득할 수 있었을까?"라는 의문이 머릿속에서 떠나지 않았다. 다른 집단학살은 기존에 있던 사람들 간의 차이를 이용했다. 예를 들어 과거의 분쟁이나 긴장, 불안정으로 악화한 종교상의 차이나 민족의 차이 따위다. 다른 집단에 편견적 태도를 강조하는 것이 얼마나 쉬운 일인지 생각해보면, 어떻게 기존의 집단 간의 차이와 집단 간의 긴장에 기반해 사회를 분열시키고 결국 집단학살로 이어지는지 더 쉽게 이해할 수 있다.

---

* 나치는 유대인의 영속적인 위협, 바뀌지 않는 본성, 근절하기 어려움, 영생의 믿음을 비꼬려고 영원한 유대인이라고 불렀다.—옮긴이

하지만 캄보디아에서는 그런 식이 아니었다. 때로 캄보디아 집단학살은 가해자와 피해자가 명확하게 구분되지 않기 때문에 '자가집단학살autogenocide'이라고 불리기도 한다. 그러나 이 명칭은 크메르루주가 베트남인, 중국인, 이슬람 참족, 기독교인, 불교인 등 다른 소수 민족을 학살했다는 사실을 부정하는 것이므로 정확하지 않다. 1975년, 폴 포트와 그의 군대는 캄보디아의 수도 프놈펜을 점령하고 주민들을 시골로 강제로 이주시켰다. 크메르루주는 도시인들이 부르주아지에 속하며 자신들이 수립하고자 하는 농업 혁명에 위협이 된다고 믿었다. 도시에 살던 사람들은 농사일을 위해 시골로 강제이주를 당했다. 교사, 법조인, 의사, 성직자 등 지식인으로 간주되는 모든 사람은 정권의 표적이 되어 재교육을 받거나 아예 살해당했다.

크메르루주는 반대 세력을 '내부에 잠복한 숨은 적', '병적 요소', 사회와 생산성을 위협하는 '봉건 자본가/지주 계급'으로 표현함으로써 차이를 만들어 냈다.[32] 그들은 이념에 근거해 사람들 사이에 차이를 만들고 '청소', '분쇄', '죽이기' 같은 단어를 사용했다. 그러한 사람들은 정권의 새 이념을 위협하는 근원이었으므로 제거해야 한다는 것이다.

또 다른 비참한 예는 식민주의다. 식민주의는 비인간화를 이용해 기존 식민지에 거주하고 있던 사람에 대한 학대를 정당화했다. 식민주의와 노예제를 정당화하고 식민지인들에게 가하는 학대가 잘못되었다고 생각하지 않도록 하며 나아가 이를 받아들이게 하려면, 가장 효과적인 방법은 인간성을 제거하는 것이었다. 그들을 '비문명인', '야만인', '미개인'이라고 부름으로써 기업들이 이익을 얻기 위해 노예제도를 정당화하고, 더 문명화된 것으로 여겨지는 다른 종교로 개종시키는 것을 정당화하며, 그들의 땅을 빼앗고 착취와 학대를 정당화하는 일이 더 쉽게 이루어졌다.

이 섹션에서 살펴본 것처럼 범주화는 외집단 구성원이 겪는 고통에 대한 공감에 큰 영향을 미칠 수 있는 강력한 절차다. 이것이 비인간화 과정과 결합하면 정부나 권위자가 폭력이나 학대를 정당화하기 쉬워지는데, 그 이유는 표적이 된 사람들이 완전한 인간이 아니므로 다른 사람과 동일한 권리와 보호를 받을 자격이 없는 것으로 간주되기 때문이다. 다음 섹션에서 살펴보겠지만 비인간화는 행동과 특정 뇌 과정에도 영향을 미친다.

인간 행동에 미치는 비인간화의 영향

TV 쇼 〈블랙 미러〉는 좀 더 폭력적인 위법 행위를 허용하기 위한, 대상의 인간성 제거를 완벽하게 묘사하고 있다. 디스토피아적 미래를 배경으로 한 〈보이지 않는 사람들Men Against Fire〉 에피소드에서 군인들은 전투 능력과 지각 능력을 향상하기 위해 MASS라는 장치를 이식받는다. 하지만 MASS의 진정한 목적은 적을 비인간화하는 것이어서 군인들은 적이 '바퀴벌레'라고 불리는 괴물 같은 비인간적인 생명체라고 믿게 된다. 사실 그 바퀴벌레는 무고한 민간인이지만 MASS 기술은 그들을 비인간화하도록 군인들의 인식을 변화시켜 죄책감이나 양심의 가책 없이 잔혹행위를 저지르기 쉽게 만든다. 물론 이 이야기는 허구지만 비인간화가 행동에 영향을 미치는* 강력한 힘을 강조하고 있으며 이러한 효과는 연구자들이 실험실에서 진행한 연구를 통해서도 확인되었다.

---

* 이 에피소드는 〈블랙 미러〉 시리즈의 중심 주제를 따른 것이며, 인식을 조작해 타인에 대한 폭력을 정당화할 수 있는 기술이 내포한 윤리적 의미도 돌아보게 만든다.

허리케인 카트리나가 미국 남부를 강타한 지 2주가 지난 후 한 연구팀이 허리케인 피해자의 인간화가 남을 돕는 행동과 어떤 관련이 있는지 조사했다.[150] 연구팀은 백인과 흑인 참가자를 모집한 다음, 그들에게 백인 피해자나 흑인 피해자의 감정 상태를 추론하고 그러한 피해자를 도울 의향이 있는지 보고하도록 요청했다. 참가자가 타인의 감정 상태를 추론해야 하는 감정 귀인 방법은 지금까지 (비)인간화에 관한 심리학 연구에서 자주 사용되었다. 감정은 일반적으로 일차 감정과 이차 감정의 두 가지 유형으로 구분된다. 일차 감정은 분노, 기쁨, 슬픔 같은 단순한 감정이고, 이차 감정은 자부심, 죄책감, 향수, 만족감, 후회 같은 훨씬 복잡한 마음의 상태를 전부 포함한다.[151] 일반적으로 우리는 비인간화된 인간에게는 동물에게 하듯이 일차 감정만을 부여하는 경향이 있으며, 그들이 훨씬 복잡한 감정을 경험할 수 있다는 사실을 부정한다.[152]

허리케인 카트리나 피해자에게 느끼는 감정 연구에서 연구진은 외집단인 허리케인 카트리나 피해자에게 이차 감정을 적게 부여하는 사람일수록, 즉 대상의 인간성을 부정할수록 돕고자 하는 의지가 줄어드는 것을 관찰했다. 따라서 인간은 다른 인간에게 인간성을 부여하지 않을 때 그들을 도울 가능성이 줄어드는 것으로 보인다.

2008년에 실시한 또 다른 연구[153]에서 한 연구팀은 1995년 네덜란드 유엔군이 스레브레니차에서 발생한 사망 사건에 연루된 것을 두고 네덜란드 사람들이 느끼는 죄책감의 정도를 조사했다. 이는 보스니아에서 발생한 인종 청소와 대량학살 중에 일어난 사건으로 그 과정에서 약 8,000명의 보스니아 이슬람교도가 보스니아 세르비아인들에게 집단학살을 당했다. 네덜란드 군인들은 유엔 평화유지군으로 활동하고 있었으며,

그들의 캠프로 피신한 300명의 이슬람교도를 돌려보낼 경우 보스니아 세르비아 군대가 그들을 고문하고 살해할 수 있다는 사실을 알았어야 했다. 병사들은 보급품이 부족하고 장비도 제대로 갖추지 못해 보스니아 세르비아 군대가 캠프에 들어와 300명을 죽이는 것을 막지 못했다. 연구진은 네덜란드 실험 참가자들이 이슬람을 비인간화할수록 스레브레니차 학살 당시 네덜란드 군인의 부정적인 역할에 관해 읽었을 때 죄책감을 덜 느끼는 것을 관찰했다.

그러나 비인간화 행동은 도움을 줄 가능성이나 죄책감을 느끼는 문제보다 훨씬 더 극적인 행동으로 이어질 수도 있다. 많은 학자는 사람들이 외집단 구성원으로 여겨지는 사람을 고문할 때 비인간화가 그러한 의지의 바탕이 되는 중요한 심리적 과정이라고 주장한다. 이라크 아부 그라이브 교도소에서 수감자를 고문한 끔찍한 장면을 기억할 것이다. 이라크 전쟁 중 미군은 아부 그라이브 교도소 수감자의 인권을 크게 침해했는데, 여기에는 강간, 성적 및 신체적 학대, 고문, 남색 등이 포함된다. 언론에 공개된 범죄 장면이 담긴 사진은 전 세계 사람들에게, 특히 인권 옹호자들 사이에 큰 충격을 주었다. 여러분은 실제로 몸과 얼굴에 인분 배설물이 묻은 수감자, 나체 수감자들로 만들어진 인간 피라미드 뒤에서 포즈를 취하는 군인 두 명, 심지어 나체 수감자가 자신의 앞에서 자위하도록 강요받는 것을 지켜보며 웃는 여성 군인의 사진도 볼 수 있다. 어떻게 인간이 다른 인간에게 학대 당하는 것을 보고서도 웃을 수 있을까?

2013년 한 연구팀이 그러한 수수께끼의 조각을 맞추기 위해 노력한 결과, 비인간화가 이러한 행위에서 핵심적인 역할을 하는 것으로 나타났다.[151] 그들은 기독교인 참가자를 모집한 뒤 아부 그라이브 고문 장면을 담은 장면을 보여주었다. 참가자들에게 자신도 군인처럼 행동했을지 질문을 던졌다. 결과는 설득력이 있었다. 이슬람의 인간성을 낮게 답한 참가자는 수감자를 고문하려는 성향을 높게 답한 참가자이기도 했다. 여기에 추가로 이슬람이 잠재적 위협이라고 제시하면 비인간화와 고문하려는 성향 사이의 관계는 더욱 강해진다. 물론 이 결과는 비인간화한 인간을 마주하고 있다고 해서 모든 사람이 그런 잔혹행위를 할 수 있다는 의미는 아니다. 추가적인 여러 요인을 고려해야 하겠지만 이러한 결과는 비인간화가 외집단 구성원을 고문하려는 의지를 뒷받침한다는 것을 설명한다.

1975년, 또 다른 연구팀은 3인 1조로 모집한 여러 명의 지원자를 초대했다.[155] 실험자와 실험 조교는 그들에게 옆방에 먼저 도착한 다른 그룹도 있다고 말했다. 실험자는 이 연구가 집단 의사 결정의 질과 이에 미치는 처벌의 효과에 관한 것이라고 설명한 뒤, 참가자들이 다른 그룹에 여러 강도의 (가짜) 전기 충격을 가하며 징벌적으로 행동할 수 있도록 했다. 한 실험 조건에서는 상대 그룹을 지각력과 이해력이 있는 존재로 제시하여 인간화했지만, 다른 조건에서는 상대 그룹을 동물적이고 썩어 빠진 집단으로 비인간화해 제시했다. 대조 조건에서는 상대 그룹에 대한 설명을 제공하지 않았다. 연구자들은 사람들이 중립적이거나 인간화한 그룹에 비해 비인간화한 그룹에 더 징벌적인 태도를 보인다는 사실을 관찰했다. 이 연구는 가혹함을 중화하는 인간화의 힘을 보여준다.

비인간화 과정은 타인의 고통을 느끼고 그들의 관점을 취하는 우리의 신경 능력에 영향을 미치기 때문에 실제로 매우 효과적이다. 전쟁과 집단 학살을 조장하는 사람들은 표적을 비인간화해 하위 인간의 집단으로 보이게 함으로써 다른 인간과 분리한다. 우리는 자연적으로 외집단 구성원에게 공감이 줄어드는 경향이 있으므로 주로 집단의 차이를 강조하고 비인간화 과정에 의지해 집단학살을 일으키는 현상을 관찰하는 일은 놀랍지 않다.

그동안 신경과학자들은 뇌에서 비인간화가 정확히 어떻게 일어나는지 조사했다. 앞서 고정관념 형성에 중요하다고 언급한 내측 전전두엽 피질은 사회적 인지에도 중요한 역할을 하는 것으로 밝혀졌다. 실제로 여러 연구를 통해 그것이 다양한 사회적 과제에 미치는 영향이 밝혀졌다. 2006년에 실시된 한 연구[156]에서 연구진은 지원자들에게 마약 중독자나 노숙자 등 극도로 비인간화된 사람들과 비인간화되지 않은 사람들의 사진을 지켜보게 하면서 지원자들의 뇌를 MRI 스캐너로 조사했다. 연구진은 참가자들이 모든 사람의 사진을 볼 때 내측 전전두엽 피질이 활성화된 것을 관찰했지만 비인간화된 사진은 예외였다. 그러므로 이 연구는 비인간화된 사람을 목격할 때는 사회적 인지에 관여하는 뇌 신경망이 자동으로 활성화되지 않는다는 것을 시사한다. 더 중요한 것은 비인간화된 사람의 사진을 볼 때 실제로 섬과 편도체 같은 뇌 영역에서 뇌 활동이 활발해지는 것을 연구진이 관찰했다는 점이다. 편도체는 뇌 깊숙이 위치한 구조로 변연계의 일부이기도 하다. 여러 연구를 통해 공포를 처리할 때 편도체의 역할뿐 아니라 혐오감을 유발할 때 섬의 역할도 확인되었다. 따라서 연구 결과들은 비인간화된 사람은 사회적 인지를 유발하지 못하고 공포와 혐오 같은 감정을 유발한다는 것을 보여준다.

몇 년 전에 내 연구에서 발견한 것도 언급할 가치가 있다고 생각한다.[157] 연구진은 비인간적 존재에 대한 인간성 부여만으로 그들의 고통에 대한 신경 반응을 끌어내기에 충분한지 궁금했다. 구체적으로 연구진은 참가자들에게 호박, 브로콜리, 가지 같은 채소가 주사기 바늘에 찔려 상처를 입는 사진, 혹은 부드러운 면봉으로 채소의 표면을 쓰다듬는 사진을 보여주었다. 한 실험 조건에서는 채소에 사람 이름(카를로, 로라, …)을 부여하고 다른 조건에서는 맛과 관련된 형용사(달콤함, 맛있음, …)를 부여했다. 연구진은 뇌파검사를 사용해 채소의 통증에 대한 참가자의 신경 반응을 측정했다. 흥미롭게도 이름이 있는 채소가 상처 입은 것을 보았을 때 참가자의 뇌는 공감 반응을 일으키지만, 형용사로 부른 채소가 상처 입은 것을 보았을 때는 그렇지 않다는 사실을 관찰했다. 물론 이러한 결과가 비인간화된 인간에게 단순히 이름을 부여하는 것으로 비슷한 결과가 나타나고 비인간화 과정을 바꿀 수 있다는 것을 의미하지는 않는다. 하지만 인간이 아닌 존재에 대해서도 공감할 수 있다는 점은 흥미롭다. 이러한 발견은 앞으로 분명히 재현해 볼 가치가 있으며 인간을 대상으로도 연구해 봐야 할 것이다.

표적의 비인간화, 다른 집단에 대해 공포 주입하기, 대량학살에 정부 권한 부여하기는 집단학살의 근간을 밝히는 중요한 메커니즘이다. 따라서 시급하게 논의할 사회적 과제는 현재 진행 중인 비인간화 과정을 어떻게 중단시킬 수 있는지를 이해하는 것이다. 정부나 NGO 같은 외부 단체는 특정 집단을 대상으로 혐오 메시지를 전파하는 라디오 프로그램이나 언론을 차단할 수 있기 때문에 중추적인 역할을 한다. 그러나 이러한 조치는 다른 국가의 원치 않는 간섭을 피하면서도 동시에 증오 표현에 맞서 싸우기 위해 신중하게 이루어져야 하므로 이는 종종 까다롭고 어려운 과제가 될 수 있다. 또한 사람들이 인간 이하로 취급받게 만드는 더 근본적인 사회적, 정치적 문제를 다루어야 하므로 쉽지 않은 과제다. 이는 단순히 악성 메시지를 차단하는 것 이상의 일을 해야 한다는 뜻이다. 여기에는 교육을 통해 다양한 집단 간의 이해와 공감을 증진시키고, 포용적인 대화가 활성화될 수 있는 환경을 조성하는 것이 포함된다. 이러한 어려움에도 집단학살의 참혹함을 막아야 하는 시급한 필요성 때문에 비인간화 과정을 이해하고 중단시키려는 노력은 전 세계적으로 반드시 수행되어야 한다.

명령 복종은 죄책감과 관련된 신경 기반에 영향을 미친다

죄책감은 일반적으로 사회적 규범을 위반했을 때 생기는 강력한 감정이다.[158] 이 감정은 친사회적이고 도덕적인 감정으로 간주되며 범죄자나 가해자가 잘못을 바로잡고 손상된 사회적 관계를 회복하며 선행을 하도록 동기를 부여한다. 어떤 행동에 죄책감을 느끼면 향후 같은 행동을 반복할 가능성이 줄어든다.

2014년에 한 연구팀은 수감된 지 얼마 안 된 수백 명의 수감자에게 그들을 감옥으로 이끈 사건에 대해 죄책감을 느끼는지를 묻는 종단연구longitudinal study를 했다.[159] 연구자들은 출소 후 약 1년이 지난 후 다시 수감자들에게 연락해 이번에는 심각한 범죄로 재수감되었는지, 혹은 범죄를 저질렀지만 잡히지는 않은 것인지 물었다. 이 연구 결과에 따르면 수감자가 첫 수감 후 죄책감을 많이 느낄수록 범죄를 저지를 가능성이 줄어드는 것으로 나타났다. 어떤 사건에 죄책감을 느끼면 대개 같은 행동을 다시는 하지 않게 된다.

죄책감을 느끼는 것과 법에 따라 유죄로 간주되는 것은 다르다. 예를 들어 심각한 범죄를 저지르고 유죄 판결을 받았어도 죄책감이 전혀 없는 가해자가 있을 수 있다. 1970년대에 최소 30명의 여성과 소녀를 납치, 강간, 살해한 미국의 연쇄 살인범 테드 번디Ted Bundy는 1981년에 "죄책감은 사실 전혀 도움이 되지 않아요. 그저 사람을 아프게 하죠… 나는 죄책감에 시달리지 않아도 된다는 점에서 부러운 위치에 있는 것 같아요."라고 진술했다.[160] 이러한 진술은 일반적으로 자신이 한 일에 양심의 가책이나 죄책감을 느끼지 않는 반사회적 성격의 사람들에게서 자주 나타난다.

그러나 다른 예에서는 자기가 잘못한 것이 없고 책임이 없는데도 죄책감을 느낄 수 있다. 여러분이 생일날 저녁 식사에 친구를 초대했는데 그 친구가 도중에 심각한 사고를 당했다면 사고에 대한 책임이 없더라도 죄책감을 느낄 수 있다.

테드 번디의 죄책감을 느끼면 마음이 아프다는 말은 어느 정도 맞는 말이다. 죄책감은 불안이나 우울한 성향, 심지어 자기 처벌로까지 이어지기도 한다. 그래서 사람들은 죄책감과 그로 인한 부정적인 심리적 영향을 피하려고 적어도 자신의 관점에서 도덕적으로 옳다고 여겨지는 행동을 선택하는 경향이 있다. 죄책감을 없애기 위한 자기 처벌은 역사적으로도 풍부하게 기록되어 있다. 예를 들어 수많은 종교적 전통에는 죄가 있을 때 행하는 고통 의식pain rituals이 있다.

심리학 연구자들은 실험 환경에서도 죄책감이 있고 난 후의 자기 처벌 행동을 포착할 수 있었다. 2011년, 한 연구팀이 62명의 지원자를 모집해 연구에 참여시켰다.[161] 지원자 중 일부는 다른 사람을 거부하거나 사회적으로 배제했던 경험에 관해 10~15분 동안 글을 쓰도록 요청받았다. 대조군인 다른 지원자들은 전날 다른 사람과 나눴던 대화에 관해 글을 쓰도록 요청받았다. 해당 사건과 관련하여 자신의 감정을 평가하라는 질문을 받앉을 때, 예상대로 따돌림 행위를 떠올려야 했던 지원자들은 대조군보다 자신을 더 부정적으로 판단했다. 글을 작성한 후 지원자들에게 신체 감각에 관한 다른 연구에 참여하게 될 것이라고 알렸다. 실험자는 섭씨 1도 정도의 매우 차가운 물이 담긴 양동이를 건네고, 실험 참가자에게 자주 쓰지 않는 손을 양동이에 최대한 오래 담그도록 지시했다. 그런 다음 참가자들은 앞서 글을 썼던 사건과 관련된 죄책감의 정도를 묻는 설문지를 작성하는 것으로 실험을 마쳤다.

그 결과는 매우 인상적이었다. 연구진은 자신의 따돌림 행동에 관해 쓴 지원자들이 중립적인 상호 행동에 관해 쓴 지원자들보다 마치 신체적 고통을 통해 자신을 처벌하는 것처럼 얼음물에 손을 더 오래 담그는 것을 관찰했다. 흥미롭게도 연구진은 얼음물 실험을 거친 지원자들이 따뜻한 물(섭씨 38도)에 손을 담가야 했던 다른 지원자들보다 죄책감을 덜 느꼈다고 했다. 이 연구는 사람들이 사건에 대한 죄책감을 줄이기 위해 '영혼을 정화'하는 수단으로서 신체적 고통을 사용하는 경향이 있음을 시사한다.

또 다른 연구에서 연구자들은 지원자들을 무작위로 세 그룹으로 나누어 죄책감을 느꼈던 때, 슬펐던 때, 단순히 식료품점에 갔던 때를 회상하도록 했다.[162] 그런 다음 지원자들에게 여섯 번의 가벼운 전기 충격을 받을 것이라고 알려주었는데, 이 전기 충격은 감지할 수는 있지만 고통스럽지 않도록 조정했다. 하지만 지원자들에게 전기 충격 때마다 전압을 높이는 선택을 할 수 있다고 알려주었다. 이 실험의 결과 역시 상당히 흥미로웠다. 실험 전에 슬픈 일이나 식료품점에 갔던 기억을 떠올린 지원자들은 전기 충격 수준을 불쾌함의 임계치를 넘어서까지 올리지 않았다. 그러나 죄책감을 느낀 때를 회상한 지원자들은 충격의 정도를 약간 고통스러운 수준까지 높였다.

많은 사람은 죄책감을 느끼는 일이 생기지 않도록 부도덕한 행동을 하지 않는다. 하지만 어떤 사람들은 의식적이든 그렇지 않든 다른 전략을 사용한다. 극단적인 사건에서 보듯이 친사회성을 향상하거나 자기 처벌 같은 '회복' 행위가 계획되어 있지 않을 경우, 죄책감을 최소화하는 것이 또 다른 전략이다. 죄책감의 최소화는 자신의 행동에 대한 외적인 핑계를 찾아 달성할 수 있다. 집단학살 동안 가해자들은 의식적이든 아니든 정부나 가해자 집단 등 외적인 원인을 비난함으로써 죄책감을 줄이는 경향이 있다.

그렇다면 부도덕한 명령에 복종하는 것이 죄책감의 인식에 영향을 미칠까?

내가 지금까지 '복종하는 뇌'에 대해 수행한 모든 연구에서, 참가자들은 동일한 강도의 전기 충격이라도 그것을 자유롭게 가했을 때보다 명령에 복종하며 가했을 때 피해자에게 미안함이 덜하고 충격을 가한 것에 대해 죄책감이 덜하다고 일관되게 말했다. 자유롭게 결정할 수 있을 때와 똑같은 행동을 했는데 마치 명령을 따랐다는 이유만으로 죄책감이 갑자기 사라진 것처럼 말이다. 흥미롭게도 이 결과는 르완다 가차차법원에서 실시한 대규모 조사에서 집단학살을 저지른 혐의로 기소된 사람들이 비교적 낮은 수준의 개인적 죄책감만 표현했다는 결과와 일치한다.[163] 다른 질적 연구에서도 아동 성추행범은 유죄 판결을 받은 후에도 자신의 범죄를 축소하거나 가볍게 여기는 경향이 있는 것으로 나타났다.[164]

그러나 가해자가 도덕적 죄책감을 최소화하는 것이 자기 행동을 사후에 정당화하기 위한 것인지, 아니면 그것이 범죄를 저질렀을 때 이미 일어난 과정을 반영하는 것인지는 알기 어렵다. 가해자의 진술은 형기를 줄이려는 욕망과 각종 사회적 편향이 결합해 영향을 줄 수 있으므로 그들의 진술은 비판적이고 신중하게 검토해야 한다. 실제로 많은 사법 시스템에서 죄책감이나 양심의 가책을 표현하면 형량이 줄거나 조기 출소하는 예가 있다. 예를 들어 르완다에서는 가해자가 유죄를 인정하면 형기를 일찍 마치고 석방되었다. 따라서 이러한 맥락에서 보이는 죄책감의 주관적인 평가는 매우 복잡하다.

우리는 실험에서 참가자들이 자유롭게 선택할 때보다 명령에 복종했을 때 자신이 가한 충격에 대해 미안함과 죄책감이 덜하다고 답한 것을 관찰했으므로, 명령을 따르는 것이 자유롭게 행동할 때보다 죄책감에 관련된 뇌 영역의 활동을 감소시키는지 알아보는 실험이 흥미로울 것이라고 생각했다. 지금까지 신경과학 분야에서는 죄책감과 관련된 뇌 영역을 밝히려는 광범위한 연구가 진행되었다. 연구 결과에 따르면 죄책감을 경험할 때는 타인의 생각과 감정을 이해하는 능력과 관련한 측두두정 영역이나 배측방 전전두엽 피질,[165] 쐐기앞소엽[166] 같은 뇌 영역과 부정적인 감정 처리와 관련된 전측 섬 및 전대상 피질 같은 변연계의 뇌 영역 등 다양한 곳에서 활성화가 이루어진다. 이러한 결과는 가해자의 죄책감이 피해자의 고통에 대한 이해와 감정적 처리에서 비롯된 것일 수 있음을 시사한다.

따라서 우리는 다시 한번 명령을 따르는 것이 죄책감과 관련된 뇌 영역의 활동을 감소시키는지 이해하기 위해 뇌 접근법을 사용했고, 정확하게 그러한 변화를 관찰했다. 죄책감과 관련된 뇌 영역의 활동은 자유롭게 선택했을 때보다 '피해자'에게 충격을 가하라는 명령에 복종했을 때 감소했는데, 이는 실제로 사람들이 누군가를 해치라는 명령에 복종할 때 죄책감을 덜 느낀다는 것을 시사한다.

결론

도덕적 감정은 우리의 도덕적 행동에 직접적인 영향을 미치기 때문에 매우 중요하다.[167] 지금까지 살펴본 것처럼 타인의 고통에 대한 공감이나 죄책감 같은 도덕적 감정은 자유롭게 선택할 때보다 명령에 복종할 때 약화된다. 복종이 요구되는 상황에서는 행위에 대한 주체성과 책임감이 줄어들기 쉽다. 이러한 결과는 위계적 상황의 강력한 영향을 보여주며, 권위에 대한 복종이 잔혹한 행위를 정당화하게 되는 이유를 설명해 준다. 이는 타인을 해치는 행위에 대한 본능적 거부감이 왜곡되기 때문이다.

하지만 위계적 상황에는 명령에 따르는 사람만 있는 것이 아니다. 명령을 내리는 사람도 있다. 다음 장에서는, 최소한 명령을 내리는 사람은 피해자에 대한 책임감과 공감을 느낄 것이라고 기대하겠지만 뇌 검사 결과는 반드시 그렇지 않을 수도 있음을 보여주는 몇 가지 연구를 제시할 것이다.

명령에 따랐을 뿐!?

JUST FOLLOWING ORDERS

계층적 사슬의 복잡성에 관하여
지도자들이 자신의 명령 아래 행해진 잔혹행위를 책임지는 경우는 얼마나 될까?
지도자의 도덕적 의사 결정
명령자와 중간자의 뇌
기계에 명령하기: 계층적 사슬의 새로운 과제?

5

명령을 내릴 때

명령자의

뇌 속에서는

ATROCITIES
AND
THE BRAIN SCIENCE
OF
OBEDIENCE

권력은 부패하기 마련이며 절대 권력은 절대적으로 부패한다.
위대한 사람은 거의 항상 악한 면을 지니고 있다.

액튼 경Load Acton(1887)[168]

대부분의 인간 사회는 효과적으로 기능하기 위해 정치, 종교, 전문 분야 등 다양한 분야의 지도자를 필요로 한다.[169]

진화적 관점에서 보면 인간은 사회적 집단 내에서 기능하도록 발전했으며, 이러한 과정에서 한 사람이 이끄는 시스템은 역사적으로 생존과 번식에 상당한 이점을 제공했을 것이다. 인류의 초기부터 조상들은 자원 분배, 포식자나 경쟁 부족에 대한 방어, 집단 갈등 해결 등 중요한 결정을 내릴 때면 지도자에게 의지했다.[170] 강력한 지도자는 집단이 협력하고 단결하여 행동하도록 도와 생존 가능성을 높인다.

지도자가 생존에 미치는 긍정적 영향은 인간이 자연스럽게 위계질서와 지도자를 선호하는 이유를 설명할 수 있다. 예를 들어 과학적 연구에 따르면 사람들은 강하고, 유능하며, 자신감이 있다고 여겨지는 사람을 따르는 경향이 있는 것으로 나타났다. 이러한 현상은 보호와 안전의 필요성, 사회적 결속의 욕구, 효과적인 의사 결정의 이점을 포함한 다양한 요인 때문에 발생할 수 있다.[171]

하지만 인간만이 유일하게 복잡한 계층 구조와 지도자를 가진 것은 아니다. 비인간 동물 연구에서 동일한 사실이 많은 종에서도 적용된다는 것을 보여주었다. 많은 야생 동물은 인간 사회에서 볼 수 있는 것과 비슷하게 단일 지도자의 지배를 받는 협력적 집단을 형성하여 살아간다. 그동안 일부 연구자들은 같은 종 구성원들 사이에 사회적 활동이 있는 한(즉 집단 활동이나 사회 구조가 존재하는 한) 자연스럽게 지도자가 등장할 것이라고 주장했다.[172] 다시 말해 지도자가 필요하고 그들을 따라야 한다는 욕구는 지구상의 다른 종과 마찬가지로 인간에게도 생물학적으로 깊이 각인되어 있을 수 있다.

인간 사회에서 지도자들은 때로는 무력으로 대중에게 영향력을 행사해서, 때로는 민주적으로 선출되어서, 때로는 지위를 물려받아서, 때로는 다른 수단을 통해서 권력을 얻는다. 실제로 권력을 얻는 길은 다양하다. 흥미로운 점은 비인간 종이 권력을 얻는 경로가 인간 사회에서와 마찬가지로 다양하다는 것이다. 예를 들어 꿀벌 군집의 구조를 생각해 보자. 꿀벌 군집은 일반적으로 세 종류의 성충 벌로 이루어져 있다. 일벌(즉 생식 능력이 거의 없는 암컷 벌), 수벌(즉 수컷 벌), 여왕벌이다. 꿀벌 집단은 생존을 위해 이러한 사회 구조가 필요하며 각 꿀벌은 특정한 역할을 맡는다. 여왕벌은 보통 유일하게 생식 능력이 발달한 암컷이며, 군집 내에서 주요 목적은 수벌과 교미해 번식하는 것이다.

여왕벌은 그 역할 때문에 몸이 더 길고, 흉곽이 더 크고, 날개도 더 길어서 다른 벌과는 생김새가 다르다. 그리고 역할을 완수할 수 있도록 일벌들로부터 다른 벌들보다 더 많은 먹이를 받는다. 여왕벌이 사라지거나 죽거나 너무 늙어서 제거되면 일벌 중에서 선택된 '비상 여왕벌'로 즉시 대체된다. 먼저 일벌 가운데 선발을 하고 나면 잠재적 후보들끼리 남겨지고 단 한 마리가 살아남을 때까지 싸움을 벌이는 식이다. 여왕은 힘든 싸움 끝에 자리에 오르게 되었지만, 주목할 점은 잠재적 후보로 선정되기 위한 최초의 결정은 스스로 통제할 수 없다는 것이다.

하이에나는 다른 지도자 모델을 보여준다. 지도자의 지위를 상속할 수 있는 일부 인간 사회와 마찬가지로, 얼룩하이에나도 어머니가 자식에게 지도자 지위를 물려주는 모계 무리에서 산다. 약 80마리로 구성된 큰 무리를 이루며, 그러한 무리는 알파 암컷이 지위를 계승하며 지배한다.[173] 알파 암컷과 새끼들은 더 많은 먹이와 자원을 얻을 수 있으며, 친족으로부터 더 많은 사회적 지원을 받아 원활한 번식을 보장받는다. 암컷 우두머리가 세상을 떠나면 그녀의 가장 어린 암컷 새끼her youngest female cub가 새로운 암컷 우두머리가 되어 무리 내 사회적 지위를 유지한다.[174]

어떤 종의 동물은 한 마리의 지도자에게 의존하는 모습이 전혀 없다. 예를 들어 집단 내에서 좀 더 민주적인 의사 결정과 집단 운영을 위해 투표 체계와 유사한 것을 사용하는 종들이 있다. 미어캣과 아프리카들개가 그러한 종이다. 그들은 다른 장소로 다 같이 이동하기 전에 울음소리를 내는데 충분한 수의 개체가 울음소리를 내 결정이 확정되고 나서야 집단이 출발한다.[175, 176] 다른 종에서는 울음소리로 투표하지 않고 신체적 방향으로 투표한다. 논문에 보고된 가장 유명한 예는 아프리카물소다.[177] 휴식을 취할 때 아프리카물소는 몸의 방향을 이용해 선호하는 이동 방향을 나타낸다. 휴식이 끝나고 무리가 이동을 시작하면, 무리 구성원이 표시한 평균적인 방향에 따라 최종 방향이 결정된다.

다른 집단은 좀 더 지배력에 따라 결정한다. 침팬지는 명확한 계층 구조를 갖춘 복잡한 사회 집단에 산다. 집단 내에서 가장 높은 알파 수컷이라는 지위는 출생에 따라 결정되지 않는다. 그보다는 지배권을 놓고 경쟁해야 하며 종종 공격성을 사용해 권력과 그에 따른 이점(예를 들어 먹이와 번식 가능한 암컷에 대한 접근)을 유지한다. 다른 수컷이 알파 수컷에 도전하기 위해 연합을 만드는 예도 있다.[178]

이러한 예들은 비인간 종에서의 계층 구조 다양성과 복잡성을 보여주며, 실제로 그것이 현대의 일부 인간 사회와 얼마나 유사한지를 보여준다. 그러나 인간 사회에서 더욱 특징적으로 나타나는 현상은 지도자가 권력을 심하게 남용할 수 있다는 것이다. 권력 남용은 흔히 부패, 억압, 특정 집단의 배제, 심지어는 대량학살로 이어진다.

지도자에게 권한을 부여한다는 것은 지도자가 사회의 이익을 위해 행동할 것이라고 가정한다는 뜻이다. 사람들은 지도자가 자신이 내린 지시에 책임을 질 것으로 기대하는데, 특히 그 결정이 다른 사람들에게 심각한 결과를 초래할 경우 더욱 그러하다. 그러나 지도자들은 때로 집단의 이익에 어긋나는 방식으로 행동한다. 예를 들어 어떤 지도자는 자신이 이끄는 사회의 이익보다 자신의 이익을 우선시하므로 자신에게 이익이 되는 결정을 내리기도 한다. 어떤 지도자는 강력한 이익 집단과 로비스트가 자신들에게 이익이 되는 방향으로 결정에 영향을 미치려는 압력을 느끼기도 한다. 또한 어떤 지도자는 자신이 다루어야 할 문제에 이해가 부족해 시민들에게 장기적으로 미치는 영향을 충분히 고려하지 않은 결정을 내릴 수도 있다.

이런 경우 지도자는 도덕적 이탈moral disengagement이라는 자기 조절 메커니즘을 이용해 양심에 거리낌 없이 위법 행위를 저지를 수 있다.[179, 180] 도덕적 이탈은 자기 행동을 재구성해 그것이 덜 해로운 것처럼 보거나, 타인에게 미치는 괴로움에 대한 인식을 줄이거나, 자신의 책임을 최소화하는 것을 포함한다. 예를 들어 전쟁 중에 지도자들은 때로 도덕적 이탈을 이용해 민간인 피해를 정당화한다. 그 일이 더 큰 선을 위한 불가피한 악이라고 주장하기도 하고, 적국의 주민들이 적군과 공모하거나 그들을 지원한다고 묘사하기도 한다. 2003년에 시작한 이라크 전쟁 동안에도 민간 시설을 공격한 사례가 있었다. 흔히 이러한 작전이 사담 후세인 정권을 약화하고 이라크 국민을 압제에서 해방하기 위해 사담 후세인 정권의 요충지를 표적으로 삼았다고 설명했지만, 일부 공격은 광범위한 민간인의 고통과 인명 손실을 불러왔다.[322]

이러한 도덕적 이탈 과정은 자기가 해를 끼칠 만한 결정을 내렸을 경우 기소를 당했을 때 책임을 줄이려는 시도일까? 아니면 지도자의 위치에 있다는 것이 명령을 내리는 행위와 그에 따른 결과를 처리하는 뇌의 방식에 영향을 미쳐 결과적으로 책임에 대한 인식이 영향을 받은 것일까? 전쟁이나 집단학살에서 비극적 사건의 책임은 폭력을 행사한 가해자에게만 있는 것이 아니라 그러한 행위를 저지르도록 명령한 사람에게도 있다. 이 책은 책임감이 누구에게 있는지 알아내기 위해 한 장을 전부 할애해 이런 비극에 대해 똑같이(대부분의 경우 더 큰) 책임이 있는 사람들을 다뤘다.

지도자가 명령을 내릴 때의 뇌 활동을 연구하면 의사 결정 과정의 귀중한 통찰력을 얻을 수 있으며, 그들이 사회에 영향을 미치는 결정을 어떻게 내리는지 더 잘 이해할 수 있다. 효과적인 의사 결정의 기반이 되는 신경 과정을 이해함으로써 지도자가 더 나은 결정을 내리는 데 도움이 되는 개입 방안을 개발할 수도 있을 것이다. 더 나아가 명령을 실행하는 사람들도 지도자가 언제나 자신의 책임을 온전히 처리하는 것은 아니라는 점과 자신의 책임이 전적으로 지도자에게 위임되지 않는다는 사실, 자신들 역시 행동할 때 판단력을 발휘하고 도덕적, 윤리적 기준을 지켜야 한다는 사실을 명확히 인식해야 한다. 이전 장에서는 명령을 따르는 사람에 초점을 맞췄다면, 이번 장에서는 비슷한 방법론적 틀을 사용해 명령을 내리는 사람에 초점을 맞출 것이다.

계층적 사슬의 복잡성에 관하여

2013년 어느 날 저녁, 나는 벨기에의 유명 텔레비전 쇼인 〈수사의 의무Devoir d'enquête〉를 보고 있었다. 범죄 수사를 다루는 쇼였다. 시청 중인 에피소드에서 기자들은 유치원 교사가 두 명의 살인청부업자를 고용해 자기 파트너를 살해하고 생명 보험금을 타려는 사건을 소개하고 있었다. 흥미로운 사건이었지만 내 관심을 끈 것은 이야기 자체가 아니라 법원이 내린 판결이었다. 두 살인청부업자는 자신들이 의도 없이 한 행동이므로 책임이 덜하다고 항변했다. 그저 명령을 따랐을 뿐이라고. 재판이 끝나고 판결이 내려졌다. 살인청부업자 두 명은 각각 18년의 징역형을 선고받았고, 유치원 교사는 23년의 징역형을 선고받았다.

이 다큐멘터리를 본 후 궁금증이 일었다. 명령을 실행하는 사람이 행동한 사람이므로 자기 행동에 책임을 지는 것이 더 쉬울까? 아니면 명령을 내리는 사람이 애초에 행동을 명령했으므로 책임을 지는 것이 더 쉬울까? 이 특정 형사 사건에서 법은 명령을 내린 사람을 명령을 수행한 사람보다 엄하게 처벌했다. 하지만 이 판결이 피고인들이 느끼는 것을 제대로 반영한 것일까? 그들은 이 사건에 궁극적인 책임이 누구에게 있다고 생각했을까?

계층적 상황은 개인의 책임을 결정하는 복잡한 예다. 일반적인 계층적 상황에서는 상사가 계획을 전달하면 부하 직원이 이를 실행한다. 따라서 상사는 결정에 책임이 있지만 결과와는 거리가 있고, 부하 직원은 행동에 주체의식은 있지만 결과에는 책임을 느끼지 못할 수 있다.[181]

이전 장에서 살펴본 것처럼 명령에 따르는 사람들이 자신이 느껴야 할 책임감을 느끼지 못하는 것처럼 보인다면, 명령을 내리는 사람들에게 중요한 책임 요소가 있을 수 있다. 명령을 내리는 사람은 자신의 명령에 따른 결과와 관련해 책임감을 느끼거나 죄책감이나 주체의식을 경험할까? 그들은 자기 명령의 희생자들에게 공감을 경험할까? 아니면 계층적 상황에서는 책임에 대한 주관적인 인식이 그냥 사라져 버리는 것일까?

이러한 질문이 매우 중요한 이유는 일어난 일에 대해 아무도 책임을 느끼지 못한다면 계층 구조 속의 행위자들이 집단학살 같은 끔찍한 복종 행위를 저지르는 것을 누구도 막을 수 없을 것이기 때문이다.

유치원 교사와 살인청부업자의 경우, 계층적 사슬은 비교적 단순했다. 즉 맨 위에 명령을 내리는 사람이 있었고 바로 아래에 명령에 따라 행동하는 두 명의 살인청부업자가 있었다. 이 경우처럼 계층적 사슬은 맥락이 매우 단순한 경우가 많다. 여러분이 제품에 결함이 있는 것을 알고 있는데 상사가 적합성을 증명하는 문서에 서명을 요구했다고 상상해 보자. 아니면 상사가 누군가를 직접 해고하지 않고 여러분에게 해고를 통지하라고 요청할 수도 있다. 이는 부도덕하거나 불편한 행동을 실행하는 단순한 계층적 사슬로 명령을 내리는 사람과 명령을 받는 사람 사이에 중간자가 존재하지 않는다.

그러나 많은 조직에서 명령은 훨씬 더 긴 지휘 계통에 파묻혀 상관으로부터 받은 명령이 한 명 이상의 명령자를 통해 다양한 행위자에게 전달된다. 예를 들어 군대에서 작전을 계획하고 실행하는 데는 여러 계층이 관여한다. 어떤 군 장교는 정보요원으로부터 받은 권고에 따라 특정 위치에 공격을 명령한다. 다른 장교는 다른 정보요원과 군 법무관의 권고를 바탕으로 정확한 공격 대상을 결정한다. 또 다른 장교는 명령에 따라 공격을 실행할 사람이나 집단에게 명령을 전달하는 일을 맡을 수 있다.

이런 상황에서 지휘관은 중간자 역할도 하는데, 이는 계층적 구조에서 그들이 가지는 위치의 한 측면으로서 잠재적 결과에 대한 개인의 책임감에 영향을 미칠 수 있다. 나치나 크메르루주를 포함한 수많은 역사적 사례를 통해 우리는 대량 말살이라는 끔찍한 행위를 쉽게 하려고 여러 개인에 걸쳐 작전을 나누는 것이 얼마나 큰 힘을 가지는지 보았다. 이러한 사례는 일부 지도자들이 책임을 인정하는 것이 그리 쉬운 일이 아닐 수 있음을 뒷받침해 준다.

지도자들이 자신의 명령 아래 행해진 잔혹행위를
책임지는 경우는 얼마나 될까?

캄보디아에서는 캄보디아 인구의 4분의 1을 학살한 혐의로 캄보디아특별법원ECCC에서 재판을 받은 사람은 겨우 다섯 명뿐이었다. ECCC가 창설되고 설립되기까지는 집단학살 이후 10년이 걸렸고, 법원에 끌려온 다섯 명을 기소하는 데는 10년 이상이 걸렸다.[182] 주목할 점은 크메르루주 정권의 주요 지도자였던 폴 포트는 이 재판에 포함되지 않았다는 것이다. 그는 앞서 1998년에 사망했으므로 통치 동안 저지른 잔혹행위에 대해 재판을 받을 수 없었다.

결국 약 4억 달러를 소모하고 나서야* 간신히 크메르루주 정권의 잔혹행위에 대해 다섯 명 중 세 명의 유죄 판결이 나올 수 있었다. 기소된 사람 중 한 명은 소송이 진행 중이던 2013년 3월에 사망했고, 또 다른 한 명은 알츠하이머병을 앓다 2015년 8월에 사망했다. 그 사이 ECCC는 부패 혐의와 정치적 간섭 혐의 등 수많은 도전과 비판에 직면했고, 이 때문에 재판은 더디게 진행되었다.

ECCC의 국제 검찰은 다른 여러 크메르루주 관리들에 대한 재판을 추진하려고 했지만 ECCC의 캄보디아 판사들이 그 절차를 막았다.[183] 과거 캄보디아에서 고문이나 살인 행위에 연루되었던 다른 사람은 이제 공식적인 기소를 두려워할 필요가 없어졌다. 폴 포트를 포함해 그 다섯 사람만이 그 행동을 한 것이 아닌데도 그렇다. 그렇다면 재판은 왜 끝났을까? 이는 다시 지도력과 책임의 문제일 수 있다. 캄보디아의 전 총리이자 전 크메르루주 군 장교였던 훈 센Hun Sen**은 최고 지도자들 외에 다른 사람까지 기소하는 것은 캄보디아 사회의 상처를 다시 벌려놓는 것일 뿐이고 바

---

* 이 비용은 캄보디아 정부와 전 세계의 39개국, UN 등의 기부에 의존했다.—옮긴이
** 제1장에 보고한 인터뷰를 진행할 당시 캄보디아의 총리는 1985년부터 1993년까지, 그리고 1998년부터 2023년까지 재임한 훈 센이었다. 그는 2023년 8월 재선 이후 아들인 훈 마넷에게 권력을 이양했다.

람직하지 않다고 주장했다.[184]

캄보디아는 크메르루주 정권 아래에서 저지른 모든 잔혹행위를 두고 공식적으로 유죄 판결을 받은 사람의 수가 매우 적기 때문에 책임 귀속과 관련해 매우 독특한 사례라고 할 수 있다. 그들의 역사에서 일어난 이 비극적인 사건을 두고 피해자들과 온 나라가 누가 책임을 질지 큰 기대를 했다. 그러나 최고 지도자로 여겨진 개인들만이 재판을 받았다. 모든 책임이 그들의 어깨에 놓여졌다.

그러면 이 지도자들은 저질러진 잔혹행위에 그 정도의 책임을 인정했을까?

1997년, 미국인 기자 네이트 세이어Nate Thayer는 폴 포트와 드문 인터뷰 기회를 얻어 크메르루주 정권 동안 일어난 일에 책임을 느끼는지 물었다. 기자는 또 그에게 그의 정권 아래에서 일어난 각종 고문과 살해 행위를 알고 있는지 물었다. 예를 들어 저지르지도 않은 범죄를 자백할 때까지 심문하고 고문했던 악명 높은 구금 시설인 뚜얼슬렝에서 1만 6,000명의 남성, 여성, 어린아이가 죽은 것을 아느냐고 물었다.

폴 포트는 다음과 같이 대답했다. "내 직책의 위치상 아주 중요한 사람들에 관한 결정만 내렸다는 점을 이해해 주십시오. 나는 그 기지와 하위 계급을 감독하지 않았습니다.[185] 그래서 내 양심과 사명에 관한 한 아무런 문제가 없었습니다." 결국 폴 포트는 캄푸치아 공산당CPK 서기장으로 재임 중이던 시절에 있었던 잔혹행위의 책임을 한 번도 인정하지 않은 채, 9개월 후 잠을 자다 평화롭게 심장마비로 세상을 떠났다.

가장 최근인 2018년 11월 16일에는 크메르루주 주요 지도자 중 한 명인 키에우 삼판Khieu Samphan이 반인도적 범죄 혐의로 4년간의 재판 끝에 종신형을 선고받았다. 그의 혐의는 집단학살과 1949년 제네바 협정의 중대한 위반(고의적 살인, 고문 또는 비인도적 처우 포함), 고의로 극심한 고통이나 신체 및 건강의 심각한 상해를 가한 행위, 전쟁포로나 민간인에게서 공정하고 정규적인 재판을 받을 권리를 의도적으로 박탈한 행위, 민간인에 대한 불법 추방 또는 불법 구금을 포함한다. 하지만 키에우 삼판은 기소된 범죄에 대한 책임을 부인했기 때문에 이 판결에 항소했다. 그가 첫 번째 재판에서 한 주장은 다음과 같다.

> 내가 모든 것을 알고 있었고, 모든 것을 이해하고 있었으므로 당시 상황에 개입하거나 바로잡았어야 했다는 말은 쉬운 상상일 뿐입니다. 정말로 내가 우리 민족에게 그런 일이 일어나기를 바랐다고 생각하십니까? 현실은 내게 아무런 힘도 없었다는 것입니다.[186]

2022년 9월 22일, ECCC는 추가 항소의 여지 없이 1차 판결을 확정했다. 검찰은 키에우 삼판의 주장을 반박하는 명확한 증거를 제시했는데, 여기에는 그가 크메르루주 지도부의 핵심이자 의사 결정 과정에서 중요한 역할을 한 인물이라는 것을 보여주는 문서와 증인의 증언이 포함되었다. 그가 책임을 부인했지만 법원은 그의 주장에 전혀 동의하지 않았다.

누온 체아Nuon Chea는 2번 형제[*]로도 알려져 있으며, 당의 수석 이념가이자 폴 포트의 오른팔이었다. 그는 크메르루주 정권 당시 숙청을 계획하고 지휘한 혐의를 받았다. ECCC 재판에서 누온 체아는 반인도적 범죄,

---

* 크메르루주는 집단적 지도력과 익명성을 강조하기 위해 '1번 형제', '2번 형제' 같은 호칭을 사용했다.—옮긴이

제네바 협약의 중대한 위반, 집단학살(참족과 베트남인에 대한), 살인, 고문, 종교 박해 혐의로 기소되었다. 하지만 누온 체아 역시 크메르루주 정권의 잔혹행위에 개입한 것을 대부분 부인했다. "나는 국회의장이었고 정부 운영과는 아무런 관련이 없었습니다. 회의에 참석하느라 때로는 그들이 무엇을 하는지도 몰랐습니다."[187] 그러나 증거들이 쌓이자 누온 체아는 뉘우침을 표하기 시작했다. 키에우 삼판과는 달리 책임을 인정했다. "지도자로서 나는 국가에 가해지는 피해와 위험에 책임을 져야 합니다. 나는 내가 그것을 알았든 몰랐든, 의도했든 의도치 않았든, 저지른 범죄를 반성합니다." 그럼에도 그는 국가와 국민에게 비극을 초래한 다른 지도자들이 저지른 사악한 행위를 알지 못한다고 덧붙였다.[188]

캉 켁 이우Kang Kek Iew(때로는 카잉 구엑 에아브Kaing Guek Eav라고도 쓴다)는 별명이 도익Duch이었는데, 크메르루주 정권의 비밀 경찰인 산테발Santebal(평화의 수호자)의 수장으로서 수용소 운영과 국내 보안을 담당했다. 그는 또한 S-21 구금 센터의 교도소장이기도 했다. 그는 반인도적 범죄와 제네바 협약의 중대한 위반 혐의로 기소되었다. 도익은 이름이 알려지지 않은 사람들 외에도 자신의 친척, 친구, 교수, 상관 등 많은 사람을 처형했다. 도익은 다른 크메르루주 지도자들과 달리 처음부터 자신의 범죄를 부인하지 않았다. 그는 책임을 인정하고 사과했다.

2009년 3월 31일 재판 중에 그는 법정에서 다음과 같이 말했다.

나는 과거를 떠올릴 때마다 깊은 고통을 겪고, 후회에 시달립니다. 내가 명령을 따라 수행한 행동과 내가 다른 사람에게 명령해서 여성과 어린이를 포함한 많은 무고한 사람의 삶에 영향을 미친 것을 떠올릴 때마다 소스라치게 놀랍니다. 비록 앙카르의 명령을 받들어 행동했지만, 그 범죄의 책임은 여전히 나에게 있습니다. 지금은 너무나 큰 슬픔과 후회에 빠져 있고, 부끄럽고 마음이 불편합니다. 가해자인 나는 모든 캄보디아 국민과 국가, S-21에서 목숨을 잃은 모든 희생자의 가족, 그리고 내 가족 중 일부도 목숨을 잃은 것에 대해 개인적으로 죄책감을 느낍니다.

2011년 3월 30일 그는 "나는 여전히 S-21에서 목숨을 잃은 희생자들, 1만 2,273명의 영혼에게 용서를 구합니다. 희생자들의 가족이 내 사과를 받아들이고 용서해 주시기를 바랍니다"* 라고 덧붙였다.

그러나 흥미로운 점은 도익이 자신의 책임을 인정했음에도 법원에 무죄 판결과 석방을 요청했다는 것이다. 이는 판사들과 피해자들을 충격에 빠뜨린 요청이었다. 그렇다면 이런 의문이 생긴다.[189] 한 인간이 죄책감을 표현하고 용서를 구하는 동시에, 법 앞에서는 유죄 판결을 받지 않도록 요청할 수 있을까? 그가 재판 중에 여러 번 웃었다는 것을 놓치면 안 된다. 도익의 심리 분석 결과 공감 능력이 없는 것으로 나타났지만, 도익 본인은 다른 사람이 느끼는 것을 느낄 수 있다고 주장했다. 그가 법원에 무죄 판결을 요청하는 동시에 책임을 받아들일 수 있는 능력은 아마도 그러한 심리 분석이 설명할 수 있을 것이다. 정말 이해하기 힘든 현상이다.

이 섹션에서 보았듯이 명령을 내리는 사람이 자신의 지도력 아래 저질러진 행동에 항상 책임을 지는 것은 아니다(사실상 드물다). ECCC에서 재

---

* 전체 사과문은 캄보디아 법원 특별법원 웹사이트 사건 001에서 크메르어, 영어 또는 프랑스어로 읽을 수 있다.

판을 받은 CPK 지도자들과 폴 포트 본인은 수십 명이 넘는 사람의 증언과 수년간 축적된 증거가 있어도 대체로 범죄와의 연관성을 부인하려고 노력했다. 이러한 부인은 기소를 피하기 위한 시도였을까? 아니면 그들의 뇌 속에 있는 실제 생각을 반영한 것일까? ECCC가 오직 자신들에게만 모든 집단학살의 책임을 지라고 요구했다는 사실이 책임을 부인하려는 욕구를 더 키웠을까?

이러한 질문들은 매우 복잡한 문제다. 특히 이들이 주장하는 내용이 편향되었거나 정확하지 않을 수 있다는 점에서 더욱 그렇다. 이는 제1장에서 논의된 바 있다. 아마도 실험 연구를 통해 이러한 지도자들의 입장이 도덕적 행동과 관련된 뇌 메커니즘에 어떤 영향을 주는지 도움을 얻을 수 있을 것이다.

지도자의 도덕적 의사 결정

과학 연구에서는 이전의 실험실 연구를 통해 명령을 내리거나 전달하는 역할이 행동을 직접 수행하는 경우와 비교하여 피해자에 대한 도덕적 행동에 어떤 영향을 미치는지 조사해 왔다.

실험 연구에 따르면 누군가를 해치는 명령을 직접 실행하는 행위자나 명령을 내리는 사람일 때보다 중간자 위치에 있을 때가 명령에 복종할 확률이 더 높은 것으로 나타났다. 제2장에서 언급했듯이 밀그램은 복종에 대한 그의 선구적 연구를 여러 가지로 변형해 수행했다. 실험 18에서는 참가자들에게 더 이상 충격 버튼을 누르라고 요구하지 않았다. 대신 다른 (가짜) 참가자가 충격을 전달하도록 스위치를 당기는 일만 맡겼다. 따라서 그들은 중간자였고 다른 사람이 버튼을 누르게 만드는 역할이었다. 이 상황에서 40명의 참가자 중 37명, 즉 92.5퍼센트가 치명적인 충격이 가해질 때까지 계속해서 스위치를 위로 당겼다.[18] 참가자가 바로 충격 버튼을 누른 사람들이었던 그의 선구적 연구(65퍼센트가 치명적인 충격까지 계속 눌렀다)와 비교했을 때 실험 18은 중간자 위치가 다른 사람을 해치라는 명령에 따를 가능성을 높인다는 것을 시사했다.

밀그램의 실험 설정을 재현한 연구도 있다. 웨슬리 킬럼Wesley Kilham과 레온 맨Leon Mann은 중간자와 명령을 실행하는 요원의 위치를 직접 비교하여 밀그램과 유사한 실험 설계에서 두 역할의 복종 정도를 분석했다.[190] 그들의 연구에는 실험자 외에 실제 참가자 한 명과 공모자 두 명이 있었다. 실험 조건에서 실제 참가자는 전달자 역할을 맡았고 누군가에게 전기 충격을 가해달라고 요청해야 했다. 또 다른 실험 조건에서는 참가자들이 직접 전기 충격을 가하는 사람의 역할을 맡았다. 연구 결과는 중간자 위치에 있을 때 파괴적인 복종에 참여할 가능성이 커진다는 것을 분명히 보여주었는데, 전반적으로 참가자는 전달자 역할을 할 때 행동 실행자 역할 때보다 더 복종적이었다.

다시 말해 사람들이 중간자 위치에 있을 때는 복종도가 더 높아서 행위 주체일 때보다 해를 끼칠 가능성이 더 큰 것으로 나타났다. 심리적인 측면에서 보면 중간자 위치에 있는 것은 매우 편안하다. 즉 최초의 명령에 책임을 지지 않으면서 행동을 수행할 책임도 지지 않기 때문이다. 아돌프 아이히만은 1961년 이스라엘에서 재판을 받는 동안 이렇게 주장했다. "사실 나는 독일 제국의 지시를 수행하는 기계의 작은 톱니바퀴에 불과했습니다."[12]

나는 네덜란드신경과학연구소의 동료인 크리스티안 카이저스, 발레리아 가촐라, 칼리오피 이웁파Kalliopi Ioumpa와 함께 2022년에 발표한 연구에서 참가자가 명령을 내리는 사람(이하 명령자)의 역할에 있을 때와 명령을 전달하는 중간자의 역할에 있을 때 피해자에게 전달하기로 결정한 전기 충격의 횟수를 비교했다.[191] 비교를 위해 참가자들은 두 가지 다른 실험 조건에서 각각 역할을 맡았다. 우리는 참가자들이 중간자 역할을 할 때 명령자 역할을 할 때보다 충격 버튼을 더 자주 누른다는 것을 관찰했다. 이러한 결과는 타인에게 고통을 주는 명령과 행동으로부터 거리가 있으면, 반사회적 행동이 증가함을 시사하는 것일 수 있다.

나는 또한 2018년에 요원 역할과 명령을 내리는 사람의 역할이 반사회적 행동에 어떤 영향을 미치는지 비교하는 두 가지 연구를 수행했다.[108] 실제 참가자 세 명을 구했는데 한 명은 명령자 역할을 맡았고, 한 명은 명령을 실행하는 요원 역할을 맡았고, 한 명은 피해자 역할을 맡았다. 그들의 역할은 실험 동안 바뀌므로 각 참가자는 세 가지 역할을 모두 수행하게 되었다. 첫 번째 연구에서 우리는 참가자들이 요원 역할을 할 때보다 명령자 역할을 할 때 피해자에게 더 고통스러운 전기 충격을 가하는 것을 관찰했다. 이러한 결과는 간접적 주체성(즉 버튼을 누르는 사람이 본인이 아닐 때)이 반사회적 행동을 증가시킬 수 있음을 의미한다.

하지만 흥미롭게도 실험 방법을 살짝 바꾼 두 번째 연구에서는 결과가 반전되었는데, 이 연구에서는 참가자가 명령자 역할을 할 때보다 요원 역할을 할 때 피해자에게 더 많은 전기 충격을 가했다. 첫 번째 연구에서 명령자는 실험실에 있는 모든 사람이 들을 수 있도록 큰 소리로 명령을 내려야 했다. 그러나 두 번째 연구에서는 버튼을 눌러 명령을 내렸다. 명령을 실행하는 요원만이 화면에 표시된 명령을 보고 이를 따를지 말지 결정할 수 있었다. 따라서 두 번째 연구에서 피해자들은 명령이 표시된 화면을 볼 수 없었으므로 해를 끼치겠다는 결정을 실제 내린 사람이 요원인지, 명령자인지 알 수 없었다. 피해자는 요원이 '명령에 따랐을 뿐'인지 아니면 자발적으로 행동했는지 알 수 없었으므로, 이러한 정보 부족 덕분에 요원들은 명령자보다 책임감을 좀 더 희석할 수 있었을 것이다.

다시 말해 요원들은 피해자에게 들키지 않고 명령자의 지시 뒤에 자신의 결정을 '숨길' 수 있었다. 이러한 형태의 책임 분산은 '정보에 기반한' 것으로 설명할 수 있다. 즉 사람들은 자신이 내린 결정을 사회적 맥락 속에서 추적하기 어려운 상황이라고 인식하면, 그 결정에 대한 책임감을 덜 느낄 수 있다는 것이다. 사회의 눈으로부터 잘못된 행위를 감출 수 있으면 이러한 반사회적 행동에 더 많이 가담하도록 동기를 부여할 수 있다.

또한 나는 참가자들에게 각 역할(명령자 또는 요원)에서 전체적으로 느낀 책임감의 정도와 테스트 중에 느낀 감정을 몇 마디로 설명해 달라고 요청했다. 참가자들은 대개 명령을 실행하는 요원의 역할보다 명령자의 역할에 있을 때 더 큰 책임감을 느꼈다고 밝혔다. 또한 사후 설명에서는 일부 참가자들이 명령자와 요원이라는 역할 사이에서 동일한 수준의 책임감을 느꼈다고 말했고 다른 참가자들은 이 질문에 의견을 표명하지 않았지만, 전반적으로 더 큰 책임감을 느꼈다는 점이 시사되었다.

참가자들이 말한 내용은 이것을 잘 보여준다(모두 프랑스어에서 번역됨).

- 명령자 역할을 할 때는 책임감을 느꼈지만, 요원 역할을 할 때는 그렇지 않았습니다.

- 내가 명령자일 때는 내가 요원일 때보다 요원들에게 충격을 보내라는 요청을 더 많이 했습니다. 다른 사람이 내 명령을 따져볼 수 없는 상황에 있는 것이 좋았습니다.
- 명령자 역할을 할 때는 권위, 힘, 책임감, 자유의지, 선택권을 느꼈습니다. 요원 역할을 할 때 느낀 것은 순응과 복종이었습니다.
- 명령자로서 내가 결정을 내릴 수 있는 사람이었기 때문에 강력함을 느꼈습니다.
- 명령자가 되면 피해자와 더 멀리 떨어져 있는 느낌이 듭니다. 우리는 발생하는 일의 영향을 덜 받게 되죠.
- 나는 명령자로서 큰 책임감을 느꼈습니다. 그런데 명령자가 일어나는 일에 100퍼센트 책임을 느끼는 것이 당연한 일 아닌가요?
- 명령자로서 나는 요원 역할일 때에 비해 피해자에게 전기 충격을 보낼지 말지 결정하는 데 더 많은 시간이 걸렸습니다. 내가 명령자였을 때는 요원이었을 때보다 피해자에게 더 적은 충격을 주었습니다. 요원일 때 나는 마치 단순한 로봇인 것 같은 느낌이 들었습니다. 하지만 명령자일 때는 피해자에게 더 큰 동정심을 느꼈습니다.
- 다른 사람에게 충격을 주라고 제안(명령)하는 것은 죄책감이 들게 했습니다. 다른 사람에게 명령을 실행하라고 요청하는 것이 마치 내 책임을 줄이는 것 같았기 때문입니다.
- 직접 명령을 내릴 때보다 명령을 따를 때 양심의 가책이 덜했습니다.

실험의 이 지점에서 나는 "지금까지는 다 잘됐구나!"라고 생각했다. 많은 사람이 명령을 내릴 때 더 많은 책임을 느낀 것처럼 보였다. 그러나 명시적인 주장을 해석할 때는 항상 주의가 필요하다. 이 실험적 맥락에서 사람들은 실제로 쉽게 책임을 인정할 수 있는데, 그들이 가한 충격을 두고 기소를 두려워할 필요가 없었기 때문이다. 실제 사례에서 지도자나 명령자는 자신의 지시에 법적 책임을 져야 하므로 공식적인 기소에서는 자신을 방어하려는 의지가 영향을 미친다. 게다가 참가자들은 실험자를 기쁘게 하거나 인간으로서 책임감 있는 모습을 보여주려고 듣기 좋은 말로 대답했을 수도 있다.

이 섹션에서 보여주듯이 참가자들은 전반적으로 명령을 실행하는 요원의 입장일 때보다 명령자 입장일 때 더 큰 책임감을 느꼈다고 주장했다. 일반적으로 책임감이 커질수록 반사회적 행동 수준도 낮아진다. 그러나 참가자들이 전달한 충격의 횟수나 복종 수준을 보면 명령자나 중간자의 입장에 있는 것이 도덕적 행동에 부정적인 영향을 미칠 수 있음을 알 수 있다. 전반적으로 명령을 내리거나 전달할 때 요원일 때보다 반사회적 행동을 더 많이 보였기 때문이다. 이런 논란의 여지가 있는 결과를 해결하기 위해 신경과학과 암묵적 방법을 사용할 수 있다.

명령자와 중간자의 뇌

신경과학자 입장에서, 2018년에 실시한 실험은 참가자의 주관적인 경험이 그들의 뇌가 정보를 처리하는 방식을 그대로 반영한 것인지 내 궁금증을 유발했다. 그래서 나는 명령을 내리는 입장일 때 뇌가 무엇을 드러내는지 더 자세히 살펴보기로 했다.

과학 문헌을 보면 권력 상황에 있는 것이 다양한 정서적, 인지적 메커니즘에 영향을 미친다는 것을 알 수 있다. 어느 연구팀은 두 가지 서로 다른 연구를 통해 높은 권력 위치나 낮은 권력 위치가 다른 사람의 고통에 대한 뇌의 반응과 주체의식에 어느 정도 영향을 미치는지 조사했다. 연구팀은 참가자들을 연구실로 불러 타인에게 권력을 행사했던 상황(즉 높은 사회적 권력 조건)이나 누군가가 자신에게 권력을 행사했던 상황(즉 낮은 사회적 권력 조건)을 떠올려 보라고 시켰다. 이러한 절차는 과학 문헌에서 '기억 복구memory retrieval'라고 불리며, 참가자들에게 특정한 정신 상태나 삶의 사건을 몇 분간 기억하고 연관시키도록 요청한 다음, 연구자들이 그것이 목표로 한 과정이나 행동에 미치는 영향을 관찰하는 방법을 포함한다.

주체의식을 표적으로 한 이들의 연구[192]에서 연구자들은 참가자에게 기억 복구 과정 후 자발적으로 행동하도록 요청한 다음 행동과 청각적 결과 사이의 지연 시간을 추정하도록 시켰다. 제3장에서 언급했듯이 이러한 암묵적 방법은 시간 인식에 기초하고 있으며 주체성 경험과 관련이 있다. 즉 추정 시간 간격이 짧을수록 더 큰 주체의식을 경험한다. 이 실험에서 연구자들은 참가자들이 강력한 권력 상황을 회상하는 것은 중립적인 상황의 회상과 비교했을 때, 주체의식에 영향을 미치지 않음을 관찰했다. 따라서 높은 권력 위치에 있는 것은 주체의식을 높이는 데 도움이 되지 않는 것으로 보인다. 그러나 참가자들이 사회적 권력이 낮은 상황을 떠올렸을 때는 주체의식이 감소했다. 이 결과는 명령을 실행하는 사람이 권력을 가진 사람에 비해 주체성 경험이 적다는 것을 시사한다.

이 연구자들의 두 번째 연구에서는 다른 사람의 고통에 대한 뇌의 반응을 표적으로 삼았다.[193] 기억 복구 과정이 끝난 후 참가자들은 컴퓨터 앞에 앉아 고통스러운 신체적 가해를 입힐 수 있는 도구를 든 손과 고통이나 고통스러운 신체적 가해를 입힐 수 없는 도구를 든 손을 지켜보도록 요청받았다. 그리고 두 가지 실험 조건에서 뇌파검사로 참가자의 뇌 활동을 기록해 통증에 대한 신경 반응을 측정했다. 연구자들은 참가자들이 높은 사회적 권력 상황을 떠올렸을 때 그림에서 본 고통에 대한 신경 반응이 더 높다는 것을 관찰했다. 흥미로운 점은 사회적 권력이 낮은 상황을 떠올렸을 때는 신경 반응이 더 낮았다는 것이다. 다시 말해 이 결과는 사회적 권력이 높을수록 타인의 고통에 대한 뇌의 반응이 증가하는 것을 보여주었다.

하지만 이러한 연구는 커다란 한계가 있다. 즉 비록 참가자들에게 실제 사건을 기억하도록 요구했지만 실험 중에 그들이 그 자체로 높거나 낮은 사회적 권력 상황에 있지는 않았다는 점이다. 참가자들은 사회적 권력이 높거나 낮은 상황이 어떤 것인지 상상하긴 했지만 과제 중에는 실제 권력을 전혀 행사하지 못했다. 그리고 스탠리 밀그램의 연구가 보여주듯이[18] 상황에 부닥쳐 있다고 상상하는 것과 실제로 상황에 부닥쳐 있는 것 사이에는 엄청난 차이가 있다.

2018년에 우리는 명령을 내리는 사람들의 주체의식을 먼저 연구하기로 했다. 명령자와 명령 실행 요원의 행위나 명령이 제삼자에게 실제적인 결과를 초래할 때, 그 둘 사이의 주체의식에 차이가 있는지 알고 싶었다.[108] 한 실험 조건에서는 참가자들이 요원 역할을 맡았고, 다른 실험 조건에서는 명령자 역할을 맡았다. 이전 연구처럼 그들은 피해자에게 약간 고통스러운 충격을 가하기로 결정(혹은 가하라고 명령)하고 0.05유로를 받을 수 있었다.

우리는 시간 인식에 기초한 주체의식의 암묵적 측정을 사용했다. 이러한 암묵적 측정을 통해 공개적인 보고에서 자주 발생하는, 사회적 편향이 결과에 영향을 주는 문제를 피하고자 했다. 이전 장에서 살펴본 것처럼 암묵적 측정에서 참가자는 실험자가 무엇을 측정하는지 추측할 수 없으므로 사회적 바람직성이 결과에 미치는 영향이 줄어든다.

우리 참가자들은 명령을 실행하는 요원의 역할에 비해 명령자의 역할에 있을 때 더 큰 책임감을 느낀다고 분명히 밝혔기 때문에 우리는 명령자 역할에서 더 높은 주체의식이 있을 것으로 예상했다. 하지만 암묵적 측정에서는 그런 결과가 관찰되지 않았다. 명령자로서 어떤 명령을 내릴지 결정할 때 참가자들의 주체의식은 자유롭게 결정하는 요원일 때에 비해 감소했다. 우리는 실제로 명령자의 주체의식이 명령자의 명령을 실행하는 요원일 때만큼 낮은 것을 관찰했다. 이 결과는 명령에 따르는 사람에 관한 이전 연구를 보완한 것으로서, 계층적 사슬에서 모든 사람이 주체의식을 덜 느낀다는 것을 시사했다. 명령을 수행하는 사람이나 명령을 내리는 사람 누구도 주체의식이 증가하지 않았다.

주목할 점은 명령을 내릴 때 주체의식이 가장 낮은 명령자가 정신병적 특성을 측정하는 척도에서 가장 높은 점수를 받았다는 것이다. 즉 정신병적 특성은 사람들이 명령을 내릴 때 주체성을(그러므로 책임감까지) 느끼지 못할 위험을 증가시키는 것으로 나타났다. 이는 과거 연구에서 사업이나 기타 분야의 지도자들에게서 정신병적 특성이 매우 흔하다고 밝힌 것을 고려하면 특히 우려스러운 결과다.[194, 195] 물론 아직 누구도 이 결과를 재현하려고 시도하지 않았으므로 결론을 도출할 때는 주의가 필요하다. 그런데 우리는 또 다른 연구에서도 명령을 내릴 때 주체의식과 책임감이 가장 낮은 명령자가 바로 피해자에게 고통스러운 충격을 가하라고 가장 자주 명령하는 사람들이라는 점을 발견했다.[191] 이러한 결과를 종합해 보면 누군가가 자신의 명령에 대한 주체성이나 책임감을 느끼지 못할 때 다른 사람에게 더 해로운 행동을 할 수 있다는 것을 알 수 있다.

그다음 연구는 명령자가 자신의 명령으로 피해자에게 고통을 줄 때 느끼는 공감에 초점을 맞추었다. 우리는 피해자를 해치라는 명령을 요원에게 내릴 때 타인의 고통에 공감하는 능력은 어떤 영향을 받는지 이해하기 위해 fMRI를 이용해 연구를 수행했다.[191] 우리는 두 가지 실험 조건을 설정했는데, 하나는 참가자들이 요원에게 내릴 명령을 자유롭게 선택할 수 있는 조건이고, 다른 하나는 실험자로부터 전달해야 할 명령을 받는 조건이었다. 따라서 참가자들은 명령자의 역할이나 전달자의 역할을 맡은 셈이었다.

결과는 참가자가 명령자나 중간자 역할을 할 때 전대상 피질과 전측 섬이 활성화되는 것으로 나타났다. 이는 피해자에게 전기 충격이 가해지는 것을 목격하면 뇌에서 공감 반응이 일어난다는 가설을 뒷받침한다. 하지만 이러한 활성화는 기대했던 것만큼 높지 않았다. 명령을 내리는 명령자의 공감 관련 뇌 영역의 활성화를 전달자나 명령을 실행하는 요원의 동일한 영역의 뇌 활성화와 비교했을 때(이는 전형적인 계층적 상황을 반영함) 세 가지 역할에서 활성화 정도가 모두 똑같이 낮았다. 게다가 죄책감과 관련된 뇌 영역의 활성화도 명령을 내리는 명령자, 전달자, 명령을 실행하는 요원 모두 똑같이 낮았다. 이러한 결과는 도덕적 감정이 계층적 상황에서 쉽게 또는 자주 영향을 받으며, 계층 사슬 내의 많은 사람에게 영향을 미친다는 것을 보여준다.

수많은 역사적 사례를 통해 우리는 작전 명령을 세분화하는 것이 잔혹 행위를 실행하는 데 큰 힘을 발휘하는 것을 보았고, 여기에 덧붙여 실험 연구는 그러한 힘이 어떻게 발생하는지 보여준다. 계층적 구조는 지휘 계통에 속한 사람이 도덕적 위법 행위나 기타 비윤리적인 행동에 관여할 가능성이 더 큰 상황을 만들어 낼 수 있는데, 이는 주체성과 도덕적 감정이 두 명 이상의 사람에게 분산되기 때문이다.

계층적 상황에서 도덕적 감정과 주체성을 느끼지 못하는 것은 불가피한 과정일까? 그렇지 않기를 바란다. 첫째, 이렇게 얻은 결과는 집단의 결과다. 즉 대다수 사람이 명령을 따르거나 내릴 때 주체성과 도덕적 감정 처리 능력이 감소하지만, 참가자 전부 그렇지는 않다는 것을 의미한다. 어떤 사람들은 다른 사람들보다 강압적인 환경의 영향을 덜 받는 것처럼 보인다. 둘째, 제4장에서 살펴본 것처럼 공감이 생물학적 과정이기는 하지만 인간은 공감을 조절하는 능력이 있다. 따라서 여러 사람 사이에 권력이 분산되는 상황이 해로운 영향을 일으킬 때, 그것에 저항하도록 사람들을 훈련해 성공적인 개입을 할 수 있다. 예를 들어 먼저 사람들에게 공감이 무엇이고 왜 중요한지 가르치는 훈련부터 시작할 수 있다. 그들은 다른 사람의 관점에서 상황을 바라볼 수 있도록 관점 전환perspective-taking을 연습하게 될 것이다. 이는 훈련 대상에게 상대방의 입장에서 상상해 보라고 요청해 그 상황에서 자신이 어떻게 느끼거나 반응할지 생각해 보거나, 책임을 다른 사람에게 떠넘기는 상황을 상상해 보는 방식이다. 하지만 당연히 이를 위해서는 사람들이 그러한 과정에 참여할 의지가 있어야 한다.

기계에 명령하기: 계층적 사슬의 새로운 과제?

우리는 새로운 시대로 접어들고 있다. 이전에는 계층적 사슬에 인간만 관여했는데, 이제는 사슬의 여러 단계에 새로운 기술이 들어간다. 로봇, 인공지능AI, 드론의 사용은 복잡하고 광범위한 방식으로 인간의 책임 영역을 변화시키고 있다. 그리고 이러한 기술들이 계속 발전해 민간이나 군사 분야는 물론이고 사회에 더 깊이 통합됨에 따라, 앞으로는 책임을 이해하고 부여하기 위한 새로운 틀을 개발하는 것이 중요해질 것이다.

제4장에서 살펴본 것처럼 명령을 수행하는 사람들은 피해자의 고통에 대한 공감이 줄어들긴 하지만, 그럼에도 약간의 공감 능력을 가질 수 있다. 이러한 공감 능력은 명령을 거부함으로써 잔혹행위를 저지르지 않도록 돕는 역할을 할 수 있다. 하지만 로봇이나 드론을 설계할 때는 공감이나 책임감을 느끼거나, 명령에 불복종하도록 만들지 않는다. 이러한 새로운 기술의 사용이 지휘 계통에서 공감과 책임감을 모두 없애버리게 될까? 아니면 반대로 명령을 내리는 사람들이 자신의 책임을 다른 사람에게 전가할 수 없어져서 자신의 행동 결과에 책임감과 공감을 되찾는 계기가 될까?

우리는 응답자 200명이 참여한 소규모 조사에서 다섯 가지 잠재적 행위자(남성 한 명, 여성 한 명, 인간형 로봇 하나, 로봇 팔 하나, 기본적인 모터 하나)의 영상을 보도록 요청했다. 우리는 응답자들에게 여러 행위자가 각자의 행동에 책임이 있다고 생각하는지 물었고, 만약 자신이 이러한 여러 행위자에게 명령을 내리는 역할이라면 결과에 책임을 느낄 것 같은지 물었다. 조사 결과에 따르면 인간형 로봇은 인간보다는 책임이 낮은 존재로 평가되었지만, 그럼에도 비인간형 로봇보다는 더 큰 책임을 지닌 것으로 여겨졌다.

이러한 결과는 로봇의 인간적 특징 때문에 그 존재에 대한 책임감을 묻는 인식이 높아질 수 있음을 시사한다. 결과에 따르면 응답자는 인간형 로봇이든 아니든, 로봇에게 명령을 내릴 때 인간에게 명령을 내릴 때보다 더 큰 책임감을 느끼는 것으로 나타났다. 이는 책임 분산 현상에 근거한 예측과 일치한다. 즉 스스로 책임이 있다고 여겨지는 다른 개체와 함께 행동하면 자신의 책임감이 줄어든다는 것이다.[196] 인간형 로봇은 인간과 같은 속성이 있지만 책임이 덜한 것으로 여겨지며, 이 때문에 인간이 로봇에게 과제를 맡기면 인간이 인식하는 책임감이 더 커지는 경향이 있다.

실제로 과학 문헌을 살펴보면 암묵적 측정과 신경영상 측정을 사용해 로봇과 협력하거나 명령을 내릴 때의 주체성과 책임 문제에 접근하는 연구가 시작되었다. 2020년에 발표된 한 연구[197]에서 연구진은 다른 인간과 상호작용할 때와 비교해 로봇과 상호작용할 때 주체의식이 얼마나 감소하는지 조사했다. 연구자는 참가자들에게 풍선이 핀에 닿아 터지기 전에 풍선의 팽창을 멈추게 하는 과제를 이용했는데 풍선이 터지면 점수가 감점된다. 풍선이 팽창하는 것은 언제든 멈출 수 있었지만, 늦게 멈출수록 터질 위험에 비례해 점수는 더 많이 얻을 수 있었다. 각기 다른 실험에서 참가자들은 혼자, 또는 작은 로봇과 함께, 또는 혼자이지만 행위자가 아닌 공기 펌프와 함께, 또는 다른 인간과 로봇과 함께 실험을 수행했다. 연구 결과에 따르면 참가자들은 혼자 행동할 때보다 로봇이나 사람과 함께 작업을 수행할 때 주체의식이 줄어든 것으로 나타났으며 이는 책임 분산 현상을 시사한다. 그러나 공기 펌프와 함께 행동할 때는 주체의식이 줄어들지 않았다. 이러한 결과는 의도성이 있는 것처럼 보이게 하는 로봇(기계식 공기 펌프와 대조적으로)과 상호작용할 때, 참가자의 주체의식이 감소한다는 것을 시사하며, 이는 다른 사람과 상호작용할 때와 유사한 반응이다.

하지만 이 연구에서 풍선의 팽창을 멈추는 행동에서 둘 다 동등한 역할을 맡았기 때문에 비인간 존재와 인간 참여자 간의 관계는 평등했다. 반면, 계층적 관계나 상황에서는 책임이 좀 더 명확하게 정의되고 계층의 맨 위에 집중될 수 있다. 두 상황 모두 책임이 존재하지만 책임의 성격은 관련 당사자의 역할과 기대에 따라 달라질 수 있다.

2022년에 실시한 한 연구에서 우리는 인간에게 명령을 내릴 때와 비교해, 로봇에게 명령을 내리는 것이 명령자의 공감과 주체의식에 영향을 미치는지 조사했다.[191] 우리는 명령자가 로봇에게 명령을 내릴 때나 인간에게 명령을 내릴 때나 명령자의 주체의식에 차이가 없음을 관찰했다. 하지만 그들은 로봇 조건에서 더 큰 책임이 있다고 명시적으로 주장했다. 이는 명시적 주장과 암묵적 측정이 영향을 미치는 요인에 따라 다를 수 있음을 뜻한다.

더욱이 흥미로운 점은 우리가 뇌파로 측정한 결과, 로봇에게 명령을 내리면 명령자의 고통 반응 중 일부가 다시 나타나는 경향이 있다는 것이다. 이는 예전 실험에서 다른 사람에게 명령을 내릴 때 피해자의 고통에 대한 공감이 감소한 것과 비교된다. 이러한 결과는 희망을 불러일으킬 수 있다. 왜냐하면 명령을 집행하는 최전선에 있는 사람들의 공감 능력이 감소한다면, 명령 체계에 비인간적 존재를 도입함으로써 위계 구조의 상위 단계에서 책임감과 공감 능력을 강화할 수 있기 때문이다.

인간에서 로봇으로 가는 책임 분산은 다양한 맥락에서 인간 행동에 상당한 영향을 미칠 가능성이 있으므로 중요한 연구 분야다. 인간이 책임을 로봇에게 분산시킬 수 있게 되면 이것은 인간의 의사 결정 과정에 영향을 줄 수 있다. 인간은 기계에 책임을 전가할 수 있다는 사실을 알기에, 평소라면 내리지 않았을 위험이나 결정을 감수하려는 의지가 강해질 수 있다. 인간에서 로봇으로 향하는 책임 분산을 연구하면 로봇이 사회에 미치는 잠재적 영향을 더 잘 이해할 수 있고, 로봇의 위험은 최소화하면서 이점은 극대화하도록 설계하고 규제하는 방법을 알아낼 수 있을 것이다.

JUST FOLLOWING ORDERS

6

황폐함은 어디에나

있다

ATROCITIES
AND
THE BRAIN SCIENCE
OF
OBEDIENCE

대량학살이나 전쟁 또는 극적인 갈등이 끝나고 나면 남는 것은 황폐함뿐이다.

물론 숫자로 셀 수 있는 결과도 있다. 사망자 수, 부상자 수, 난민 수, 전쟁 포로 수, 위탁 가정을 찾는 고아 수, 파괴된 사회기반시설 수, 국가 경제에 미치는 추정 비용 등이 그것이다. 분쟁의 결과는 일반적으로 이러한 객관적인 수치를 바탕으로 추정한다. 예를 들어 위키피디아에서는 다양한 분쟁과 관련된 사망자 수를 바로 볼 수 있다. 하지만 전쟁과 대량학살로 생기는 눈에 잘 드러나지 않는 결과에 대해서는 거의 언급이 없다. 바로 사람들의 마음에 깊이 영향을 미치는 심리적, 감정적 결과다. 모든 전쟁이나 갈등은 결국 끝나게 마련이지만 생존자들의 정신 건강을 위한 싸움은 그 후에도 오랫동안 이어진다는 사실을 인식하는 것이 중요하다.

2023년 초에 신문을 읽다가 2016년 3월 22일 브뤼셀에서 일어난 자살

폭탄 테러의 생존자 중 한 명이 벨기에에서는 합법적 절차인 안락사를 요청했다는 것을 알게 되었다. 그녀는 몸을 다치지도 않았고 영구적인 신체적 상해를 입지도 않았다. 겉으로 보기에 고통을 줄 만한 눈에 띄는 상처가 없었다. 하지만 그녀는 결코 극복할 수 없는 심각한 심리적 장애를 겪고 있었다. 그녀는 소셜 미디어에 자신이 더는 안전하다고 느낄 수 없으며, 잦은 공황 발작을 겪고, 다른 사람들이 있는 곳에서 두려움을 느낀다고 알렸다. 결국 두 번이나 자살을 시도했다. 매일 수없이 복용하던 약들이 효과가 없어지자, 수년간 견뎌온 심리적 트라우마를 안고 더 이상 살아갈 수 없다고 결심했다.

트라우마의 심리적 결과를 더 잘 인식하고 이해하려는 커다란 발전이 이루어졌으며, 이제 전쟁에서는 모든 사람이 위험에 처하게 된다는 것을 알게 되었다. 살아남은 피해자들은 영구적인 신체장애에 더해 심리적 트라우마까지 겪는다. 이는 사랑하는 사람의 고통을 지켜보며 도울 길이 없다고 느끼는 친척들에게도 마찬가지다. 부모의 트라우마 후유증을 유전자의 작동 방식에 변화를 일으키는 후성유전적 영향과 사회적 전달을 통해 물려받은 자녀나 손자 역시 고통을 겪는다. 가해자는 책임이 별로 없다고 주장하며 법을 피하려 하지만 그들의 마음에 영향을 미치는 정신적 고통까지 항상 피할 수는 없다. 그들은 자신이 한 일이나 명령을 받은 일이 가져온 심리적 결과를 처리해야 하며, 사건 이후에 트라우마, 죄책감, 수치심을 경험할 수 있다. 이는 정신 건강 문제로 이어질 수 있어서 일부는 자살하기도 한다.

예를 들어 르완다에서 우리 연구팀은 생존자와 가해자 사이에서 외상후 스트레스 증상의 유병률이 유사한 것을 확인했다.[143] 이는 가해자들이 과밀한 감옥에서 수년을 보냈다는 사실뿐 아니라 르완다의 가차차법원에서 그들이 저지른 행위로 인해 공공의 비난을 받거나, 나라를 떠나야 했다는 사실로 설명될 수 있다. 그들 중 일부는 자신이 한 일에 부끄러움과 죄책감을 느꼈으며,[198] 많은 사람이 약물 남용에 빠지거나 불안 장애를 겪었다.[21] 여러 연구에 따르면 죄책감과 수치심을 겪는 군 참전용사는 외상 후 스트레스 증상을 겪을 가능성이 더 큰 것으로 나타났다.[299, 200]

이 장에서는 이러한 문제를 인식하고 다루며, 가해자의 고통까지 살펴봄으로써 폭력의 악순환을 끊고 향후 발생을 예방할 수 있다고 주장한다. 첫째, 많은 가해자는 자신의 행동이 옳다고 확신하기 때문에 자신의 정신적 건강이 영향을 받을 수 있다는 사실조차 인식하지 못할 수 있다. 그들이 이후에 겪을 수 있는 고통에 대한 인식을 높이는 것은 일부 행동을 미연에 방지하는 데 도움이 될 수 있다. 둘째, 깊은 심리적 고통은 자신이나 타인에 대한 더 큰 공격성과 관련될 수 있다. 또한 복수심과도 연관될 수도 있는데 이는 폭력의 악순환을 더욱 부추길 수 있다.

유명한 역사적 사례로, 제1차 세계대전 이후 독일인들은 굴욕감을 느꼈는데 이 때문에 분노와 복수심이 커져 제2차 세계대전의 토대가 되었다. 실제로 많은 독일인은 국제 사회로부터 자국이 부당하게 대우를 받았으며, 1919년 6월 28일에 체결된 베르사유조약 때문에 향후 침략에 취약해졌다고 생각했다. 아돌프 히틀러와 나치당은 이런 분노와 굴욕감을 이용해 독일의 과거 영광을 회복하고 잘못을 저지른 자들에게 복수하겠다고 약속했다. 히틀러의 공격적인 정책과 군사적 정복은 결국 제2차 세계대전의 발발로 이어졌고, 이로 인해 수백만 명의 사람이 사망하고 독일은 다시 한번 황폐해졌다. 제2차 세계대전의 복잡한 원인을 제1차 세계대전 이후 독일의 굴욕감에만 한정할 수는 없지만, 이러한 감정이 독일의 다른 국가와 국민에 대한 태도를 형성하는 데 중요한 역할을 했고 제2차 세계대전의 발발로 이어졌다는 것은 분명하다.

폭력의 행사가 심리에 미치는 영향을 이해하면 이러한 사람들을 위한 적절한 재활 및 재통합 프로그램을 계획하는 데 도움을 얻을 수 있다. 그렇게 함으로써 그들이 사회에 성공적으로 재통합될 가능성을 키우고 폭력적인 행동에 다시 빠질 가능성을 줄일 수 있다. 마음의 평화는 외부 세계에서 평화로운 행동을 보장하는 중요한 단계다.

외상 후 스트레스 장애의 이해

외상 후 스트레스 장애post-traumatic stress disorder, 즉 PTSD는 사람들이 트라우마 경험을 한 후 겪을 수 있는 일련의 반응을 말한다. 그렇다고 꼭 트라우마 경험 후에 바로 나타나는 것은 아니다. 일반적으로 증상은 사건이 발생한 지 한 달 후에 나타나지만, 어떤 경우에는 사건이 발생한 지 몇 달 또는 몇 년 후에 나타나기도 하며 제대로 치료하지 않으면 오랫동안 증상이 이어질 수 있다.

나는 몇 년 전 네덜란드 위트레흐트에 있는 뇌 연구 및 혁신 센터Brain Research & Innovation Center에서 네덜란드 국방부의 한 연구원과 나눈 대화를 기억한다. 그들은 네덜란드 군인과 참전용사를 대상으로 정신 건강에 관한 연구를 수행하며, 정신 건강 문제에 부닥친 군인 환자들을 매일 만나고 있었다. 내가 만난 연구원은 군인들의 이러한 정신 건강 문제는 사건이 있은 지 수년, 심지어 수십 년이 지나서도 발생하는 일이 흔하며, 심지어 전역한 후에도 발생한다고 말했다. 많은 참전용사는 군 복무 중 임무와 소속부대의 필요에 집중하느라 감정과 고통스러운 기억을 의도적으로 억눌렀을 것이다. 군에서 전역한 후 경험을 되돌아볼 시간이 많아지자 억압해 왔던 감정과 기억을 처리하기 시작했을 것이다. 이는 어렵고 고통스러운 과정이 될 수 있으며, 정신 건강 문제를 일으킬 수 있다.

성인의 PTSD 진단은 다양한 증상을 기준으로 하며, 이러한 증상은 일반적으로 장애의 다양한 측면을 포괄하는 네 가지 주요 범주로 묶을 수 있다. 가장 흔한 것 중 하나는 트라우마 사건을 다시 경험하는 것이다. 이는 회상, 악몽 또는 고통스러운 경험 이미지의 반복 같은 형태를 취한다. 또한 PTSD를 겪는 사람들은 트라우마 사건을 떠오르게 만드는 것을 피하려고 한다. 따라서 그들은 회피적이고 감정적으로 무감각해진다. 예를 들어, 그들은 부정적인 생각을 막으려고 자신의 경험을 떠올리게 하는 장소나 사람을 피하려고 하며, 부정적인 생각을 피하려고 아예 아무것도 느끼지 않으려 애쓴다. 게다가 PTSD를 앓고 있는 사람들은 과도한 각성 상태에 빠질 수도 있는데, 편하게 있지 못하고 반복적인 경계 상태에 있을 수 있다. 그들은 과민함이나 불면 또는 분노 폭발에 시달린다.[201] 예를 들어 과학적 연구를 통해 많은 가정 폭력 가해자가 과거에 트라우마 경험을 겪었다는 사실이 조명을 받았다.[202] 더불어 이들은 파트너에 대한 폭력 수준과 상관관계가 있는 심각한 정신 질환을 겪을 가능성이 크다. 또한 PTSD를 겪는 사람들은 인지와 기분에 부정적인 변화를 겪을 수 있다. 예를 들어 그들은 트라우마 사건의 몇몇 핵심 요소를 기억하는 데 어려움을 겪을 수 있다. 또한 죄책감 같은 부정적인 생각이나 감정을 가지기도 한다.

그동안 심리학은 PTSD를 광범위하게 연구하고 조사했다. 의학과 신경과학 역시 그 증상과 근본적인 메커니즘에 관한 지식을 늘리는 데 큰 기여를 했으며, 덕분에 오늘날 더욱 효율적인 치료법을 제공할 수 있게 되었다. PTSD가 정신 건강에만 영향을 미치는 것이 아니라는 점도 중요하다. PTSD는 신체적 건강과 정서적 건강에도 영향을 미친다. PTSD를 앓고 있는 사람은 근골격계 통증, 심장 호흡기나 위장관 문제를 포함한 몇 가지 문제를 함께 보고한다.[203] 또한 자해 행동, 약물이나 알코올 남용 같은 파괴적인 행동, 심지어 자살 시도까지 이어질 수도 있다. 더 나아가 개인적 관계를 크게 손상할 수 있다.

전쟁에서는 피해자와 가해자 모두에게 트라우마를 유발할 수 있는 수많은 상황이 존재한다. 피해자의 경우 그러한 상황은 자신이나 사랑하는 사람의 생명을 잃을지 몰라 두려울 때, 가족과 이별할 때, 고문이나 투옥을 당할 때, 극심한 폭력을 목격할 때, 모든 재산을 잃었을 때, 강간이나 극심한 신체적 고통을 당했을 때 등이 될 수 있다. 가해자의 경우는 다른 사람을 죽이거나 다치게 했을 때, 전쟁 후 죄책감을 느꼈을 때, 다른 사람이 겪는 고통을 목격했을 때, 폭력 행위에 참여하도록 강요받았을 때, 패배 후 제재로 고통받았을 때 등이 될 수 있다.

물론 이 목록은 모든 사건을 포괄한 것이 아니고 전쟁과 관련된 사례만 나열한 것이다. 아동 학대, 가정 폭력, 개인적 공격, 심각한 건강 문제를 겪거나 자연재해에서 살아남은 후에도 트라우마가 생기는 경우가 매우 흔하다. 외상과 PTSD로 이어질 수 있는 상황의 범위가 매우 넓다는 점을 고려하면, 인구의 70퍼센트는 인생의 어느 시점에 PTSD를 경험할 수 있다.[204] 게다가 PTSD를 겪은 사람들은 새로운 스트레스 사건에 평생 민감하게 반응한다. 과거 연구에 따르면 잠복기가 지난 후에도 스트레스가 많은 사건이 발생하면(최초의 트라우마 사건과 관련이 없더라도) PTSD가 다시 활성화될 수 있는 것으로 나타났다. 예를 들어, 한 연구에 따르면 2001년 미국의 세계무역센터에 비행기가 충돌한 후 그 재난 장면을 TV로 시청한 남아시아, 보스니아, 소말리아 출신 난민 중 다수가 PTSD 증상이 재발했다고 한다.[205]

외상 후 스트레스 장애를 겪는 것은 개인뿐만 아니라 사회에도 큰 타격을 준다. 이 섹션에서 보여주듯이, PTSD를 겪는 사람들은 트라우마 사건에 대해 원치 않게 떠오르는 생각이나 기억, 트라우마를 상기시키는 요인을 피하게 되는 것, 과도한 각성이나 과장된 두려움 반응 등 다양한 해로운 증상에 직면해야 한다. 이러한 증상은 일상생활에서의 기능을 어렵게 하고 관계나 직장을 유지하는 데 어려움을 줄 수 있으며, 개인의 삶의 질을 크게 떨어뜨린다. 동시에 PTSD는 사회에 좀 더 광범위한 영향을 미치기도 한다. 특히 PTSD가 군 복무나 법 집행, 응급 의료 서비스처럼 위험이 큰 직업에 종사하는 사람들에게 영향을 미칠 때 더욱 그러하다. 외상을 겪은 사람이 효과적으로 PTSD를 치료하지 못할 경우, 약물 남용이나 가정 폭력, 기타 부정적인 결과의 위험이 증가하여 지역 사회 전체에 파급 효과를 미칠 수 있다.[206] 더불어 트라우마는 뇌의 기능과 구조를 모두 변화시키기 때문에 개인이 트라우마의 파괴적인 결과를 통제하는 것은 어려울 수 있다.

스트레스가 많은 사건은 뇌를 변화시킨다

트라우마 사건을 경험하면 결정을 내리는 방식, 다른 사람의 감정을 처리하는 방식, 심지어 주변에서 일어나는 사건에 무의식적으로 반응하는 방식 등 여러 수준에서 뇌가 변화한다. 효율적인 치료법을 개발하려면 이런 변화의 메커니즘을 이해하는 것이 중요하다.

PTSD 발병에 중요한 뇌 영역은 편도체, 측좌핵, 해마, 내측전 전두엽 피질의 네 개다(그림 5).[207] 스트레스 상황을 겪으면 우리 몸(주로 눈과 귀)은 정보를 수집하여 뇌의 감정 처리 영역인 편도체로 보낸다.[208] 편도체가 그 상황이 위험하다고 판단하면 시상하부에 긴급 신호를 보낸다. 시상하부는 뇌의 중요한 부위로서 신체의 나머지 부분으로 정보를 전송하

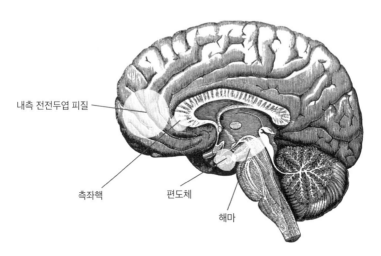

내측 전전두엽 피질

측좌핵   편도체

해마

그림 5　트라우마 후 변화된 뇌 영역. 트라우마 사건 이후에 변화되는 네 가지 주요 뇌 영역은 편도체, 측좌핵, 해마, 내측 전전두엽 피질이다. 이러한 변화는 PTSD 증상으로 이어질 수 있다.

는 역할을 한다. 스트레스가 큰 상황이라면 시상하부는 신경을 통해 신장 위쪽에 있는 부신에 신호를 보낸다. 부신은 혈류에 특정 호르몬인 아드레날린을 분비하여 반응하는데 이 때문에 여러 가지 신체적 변화가 발생한다. 예를 들어 스트레스가 많은 사건 직후에 땀이 나거나, 호흡이 빨라지거나, 심박수가 빨라지는 것은 바로 이 과정 때문이다.

스트레스 상황에 대한 몸의 반응은 매우 빠르고 효율적이어서 의식적으로 정보를 처리할 필요조차 없이 우리 몸은 '투쟁도피반응fight or flight response'을 보인다. 이것은 우리 종의 생존을 책임지는 중요한 메커니즘이다.

신경과학 및 신경학 연구를 통해 스트레스가 어떻게 뇌의 신경화학적 기능과 '스트레스 반응'에 관련된 뇌 회로를 변화시켜 뇌에 영향을 미치는지에 관한 중요한 정보가 밝혀졌다. 예를 들어 과거 연구에 따르면 PTSD 환자는 PTSD가 없는 대조군에 비해 편도체 활성화 역치가 낮은 것으로 나타났다.[209] 다르게 표현하면 PTSD 환자는 모든 상황을 좀 더 잠재적인 위협으로 인식한다.[210] 예를 들어, 한 연구진은 PTSD가 있는 참전용사 집단과 PTSD가 없는 참전용사 집단을 모집했다. 그리고 참가자들에게 몇 밀리초의 매우 짧은 시간 동안 두려움 자극과 행복 자극을 보여주었다. 연구 결과에 따르면 두려움 자극을 목격했을 때 PTSD가 있는 참가자들은 PTSD가 없는 참가자들보다 편도체 활동이 더 활발한 것으로 나타났다. 이는 위험한 상황이라고 판단하는 역치가 낮아졌음을 의미한다. 이것이 바로 여러분에게는 거의 스트레스를 유발하지 않는 상황에서도 누군가가 과잉반응을 보일 수 있는 이유다. 즉 그들의 뇌는 주변 환경을 정상적인 방식으로 처리하지 못한다.

스트레스 반응 과정의 첫 번째 단계에서는 편도체가 활성화하고 아드레날린이 분비된다. 뇌가 계속해서 상황이 위험하거나 위협적이라고 인식하면 피질자극분비호르몬corticotropin release hormone, CRH을 분비하는데, 이 호르몬은 뇌에 있는 뇌하수체로 이동해 부신피질자극호르몬adrenocorticotropic hormone, ACTH의 분비를 촉진한다. 그다음 ACTH가 부신으로 전달돼 코르티솔을 방출한다.[211]

PTSD 환자처럼 지속적으로 스트레스나 위험을 느끼면 신체는 계속해서 코르티솔을 방출한다. 코르티솔 농도가 높아지면 특히 뇌의 해마에 신경독성 효과가 나타날 수 있다.[212] 해마는 변연계의 일부로서 단기 및 장기 기억을 위한 정보 통합, 정보 검색, 그리고 공간 기억과 방향 감각에 중요한 역할을 한다.[213] 정상 노화란 어떠한 질병의 악화도 없이 진행하는 노화를 일컫는데, 이때 해마는 60세가 넘으면 변화가 일어나고 최종적으로 그 부피가 1~2퍼센트 미만으로 줄어든다.[214, 215] 이 때문에 사람들은 나이가 들면 어떤 사건을 기억하는 데 어려움을 겪는다. 노인이 되면 PTSD 증상이 나타날 가능성도 더 커진다. 노인의 기억을 조절하는 뇌 부분은 젊은 사람에 비해 이미 효율성이 떨어지는데 나이가 들면서 해마의 부피가 줄어듦에 따라 노인은 더욱 위험해진다.[216] PTSD 환자의 경우 이러한 변화는 스트레스 증가에 따른 지속적인 신경화학적 반응의 결과다.

실제로, 자기공명영상을 활용한 여러 연구에 따르면, 트라우마 경험은 PTSD 증상의 유무와 관계없이 해마의 부피 감소와 관련이 있는 것으로 나타났다.[217] 이는 트라우마 경험에 노출되는 동안과 노출된 후에 기억을 조절하기 어려운 이유를 설명해 준다. 기억이 정상적으로 처리되지 못하고 반복적으로 떠오르는 생각이나 악몽에 시달리는 것, 기억을 떠올리지 못하는 등의 현상은 전부 흔히 나타나는 현상이다.

그러나 스트레스, 코르티솔, 해마의 크기 사이의 메커니즘이 아주 간단하지는 않다. 예를 들어, 알코올 의존증이나 중증 우울증도 해마의 부피를 변화시킬 수 있으며 두 가지 모두 트라우마 사건 이후에 매우 자주 발생한다.[218] 따라서 트라우마 자체가 아니라 트라우마와 관련된 다른 심리적 결과에 따라 해마의 부피가 감소할 수도 있다. 다른 연구에서는 기존에 해마의 부피가 작은 사람들이 트라우마 사건을 겪은 후 PTSD에 걸리기 쉽다는 가설을 제시했다.[219]

세 번째 핵심 뇌 영역은 내측 전전두엽 피질이다. 전전두엽 피질은 이미 제4장에서 감정 조절과 관련해 소개했었다. 전전두엽 피질의 내측 부분은 특히 우리의 행동을 조절하고, 결정을 통제하고, 불안을 조절하도록 해준다. 이곳은 사건의 감정적 가치에 대한 기억과 우리의 두려움 반응에 중요한 역할을 한다.

감정을 조절하려면 전전두엽 피질과 편도체 사이의 적절한 균형이 필요하다. 해부학적 수준에서 편도체와 내측 전전두엽 피질의 일부는 매우 긴밀하게 연결되어 있다. 즉 내측 전전두엽 피질은 편도체의 활동을 조절하고, 반대로 편도체는 내측 전전두엽 피질의 활동을 조절한다.[220]

몇몇 신경영상 연구에 따르면 PTSD를 겪는 환자들은 내측 전전두엽 피질에 구조적, 신경화학적, 기능적 이상이 있는 것으로 나타났다. 결과적으로 편도체에서 두려움이 전달될 때 두려움의 감정 처리를 통제하는 능력이 떨어진다. 예를 들어, 어떤 연구에서 연구자들은 PTSD를 앓고 있는 사람들에게 두려움을 유발하는 얼굴 표정이나[221] 전투 사진 또는 전투 소리를 제시하며[222] 두려움 반응을 조절하도록 요청했다. 그들은 참가자들이 이러한 자극에 대한 감정적 반응을 조절하는 데 어려움을 겪는 것을 관찰했는데, 이는 내측 전전두엽 피질의 활동이 감소했기 때문일 가능성이 크다.[223, 221] 다른 연구도 이와 같은 결과를 확인했다. 내측 전전두엽 피질이 손상되면 두려움의 소멸이 적절하게 이루어지지 않는다.

트라우마 후에 영향을 받는 네 번째 주요 뇌 영역은 측좌핵NAcc이다. 이곳은 뇌의 보상 회로 중심인 중피질 도파민 작용계와 연결되어 있다.[225] 측좌핵은 일부 친사회적 행동이 보상으로 인식될 수 있다는 것을 설명한 제4장에서 이미 언급한 시스템이다. 그렇게 말한 이유는 친사회적 행동이 이 시스템의 뉴런을 활성화하는데, 이 시스템의 뉴런이 보상 처리와 관련된 신경전달물질인 도파민의 전달에도 관여하기 때문이다. 연구에 따르면 PTSD를 앓는 환자는 건강한 대조군에 비해 측좌핵에서 보상 처리 과정이 변형된 것으로 나타났다.[226] 따라서 트라우마는 도파민 조절에 영향을 미쳐 감정과 동기에 변화를 가져온다. 이것은 PTSD 환자에게 쾌락을 느낄 수 없는 증상인 무쾌감증을 유발할 수 있다.[227] 측좌핵은 중독과도 관련이 있어서 트라우마를 겪은 후 생기는 이 측좌핵의 변화는 PTSD를 겪는 사람들이 중독성 장애에 걸리기 쉬운 이유를 부분적으로 설명해 준다.

이 모든 연구는 PTSD 증상을 겪는 사람이 뇌의 화학작용, 구조, 신경 기능의 변화로 인해 자신의 반응을 조절하지 못할 수 있음을 보여준다. 그러므로 그들이 트라우마와 그 피해를 극복할 수 있도록 적절한 지원을 제공하는 것이 매우 중요하다.

실제로 전쟁은 가해자와 피해자를 포함한 모든 관련자에게 깊은 심리적 영향을 미친다. 폭력 행위를 저지른 사람들은 자신의 행동이 미치는 심리적 영향에 어느 정도 면역이 되어 있다고 흔히 생각하지만, 연구에 따르면 이는 사실이 아닌 것으로 나타났다. 그들은 피해자와 마찬가지로 기능적, 구조적 수준에서 유사한 뇌 변화를 겪을 수 있다.

최근 통계에 따르면 군 참전용사들은 광범위한 심리적 피해를 겪는 것으로 나타났다. 예를 들어, 과거 연구에 따르면 이라크 전쟁과 아프가니스탄 전쟁 이후 군 참전용사의 PTSD 유병률은 0.6~31퍼센트인 것으로 나타났다.[228] 이렇게 큰 변동성을 보이는 것은 실제로 전쟁 중 참전용사의 경험 유형과 전투 강도 수준에 따른 것으로 보인다.[229] 저격수의 사격, 총격전이나 즉석 폭발 장치, 장기간 배치 등 더 높은 강도의 전투에 노출되어야 하는 사람들은 요새화된 기지에서 근무하거나 전쟁과 관련이 있어도 현장에 배치되지 않은 사람들에 비해 PTSD 증상이 발병할 위험이 더 크다. 또한 군 참전용사의 자살률은 매우 높아 미군의 주요 사망 원인으로 여겨지고 있는데, 특히 가장 젊은 연령대인 29세 이하에서 높다.

이전 연구에 따르면 PTSD를 앓고 있는 참전용사는 PTSD 증상 발병과 관련된 뇌 영역에도 변화가 있는 것으로 나타났다. 예를 들어, 신경영상 검사를 이용한 몇몇 연구에서 PTSD 증상이 있는 군 참전용사의 해마 부피가 건강한 대조군이나[230] PTSD 증상이 없는 군 참전용사에 비해 감소한 것으로 나타났다.[231] 하지만 대부분의 경우 군 참전용사 그룹은 대조군과 비교했을 때 병력 상 알코올 소비량이 많았고 여러 가지 요인에서 차이가 있었다. 게다가 군 참전용사의 최대 20퍼센트가 외상성 뇌 손상 병력이 있었는데,[232] 이것 역시 해마 부피 감소와 관련이 있을 수 있다.[233] 따라서 PTSD가 해마의 부피 감소를 설명하는 요인인지, 아니면 다른 요인이 감소의 요인인지는 명확하지 않았다.

이런 차이점의 발견은 쉬운 일이 아니지만, 일반적으로 서로 다른 개인 집단을 비교하는 연구에서 혼란변수를 최소화하는 방법은 일란성 쌍둥이와 이란성 쌍둥이를 대상으로 연구를 수행하는 것이다. 모든 환경적 요인을 통제하는 것도 하나의 해결책이 될 수 있지만, 모든 사람이 각기 다른 개인적인 환경에서 성장하기 때문에 이 방법은 현실적으로 거의 불가능하다. 함께 자란 쌍둥이는 어린 시절 가정환경이 비슷하고 사회경제적 지위가 비슷하며 나이도 같다. 유전적 영향은 비교적 잘 통제할 수 있는데, 유전 물질을 거의 100퍼센트 공유하는 단일접합자 쌍둥이monozygotic twins가 일란성 쌍둥이이고, 유전 물질의 약 50퍼센트를 공유하는 이접합자 쌍둥이dizygotic twins가 이란성 쌍둥이이기 때문이다. 따라서 쌍둥이를 비교하면 두 인간 집단 간의 차이를 설명하는 일련의 요소를 제어할 수 있다.

최근의 한 정교한 연구에서,[234] 연구자들은 다른 혼란변수를 최대한 통제해 전투 노출의 스트레스가 해마 부피의 감소와 관련이 있는지 이해하고자 했다. 연구자들은 베트남전쟁 중에 군대에서 복무했던 쌍둥이 34쌍을 모집해 전반적으로 유사한 환경을 확보하는 데 성공했다. 그런데 쌍둥이 중 한 명만이 베트남에서 전투 경험이 있었고, 다른 한 명은 전쟁터에 나간 적이 없었다. 또한 이 쌍둥이들은 비슷한 수준의 음주 경험과 어린 시절의 트라우마를 겪었다. 연구자들은 베트남 전투 참전용사의 해마 부피가 군 복무 경력은 있지만 전투에 노출된 적은 없는 쌍둥이 형제보다 11퍼센트나 작은 것을 관찰했다. 흥미로운 점은 일란성 쌍둥이와 이란성 쌍둥이 모두 결과가 비슷했다는 것이다. 이러한 결과는 줄어든 해마의 부피가 유전적 요인과 관련이 없다는 사실을 보여주며, 해마의 부피가 줄어들어 PTSD가 발병한 것이 아니라는 생각을 뒷받침한다.

또 다른 연구에 따르면 군 참전용사는 편도체도 기능 장애를 보이는 것으로 나타났는데, 이는 두려움 반응이 더 심하다는 것을 의미한다. 4년 동안 연구팀은 현역 군인이나 참전용사 200명을 모집했다.[235] 모든 참가자는 2001년 9월 11일 이후 복무한 경력이 있었으며, 그중 75퍼센트 이상이 이라크 및 아프가니스탄에서 복무했다. 연구자들은 뇌 구조 영상을 촬영하여 편도체의 부피를 분석하는 방법으로 PTSD 증상이 있는 군인과 PTSD 증상이 없는 군인을 비교했다. 환경적 요인(예를 들어 우울증, 음주, 약물 복용, PTSD 만성화)을 통제하고 나자, PTSD 증상이 있는 군인 집단은 PTSD 증상이 없는 군인 집단에 비해 편도체의 부피가 줄었다는 결과가 나왔다.

다른 연구들은 기능적 수준에서도 PTSD를 겪는 군 참전용사들의 편도체 활동이 변화했음을 보여주었다. 즉 전투 장면을 보거나 전투 소리를 들을 때 PTSD를 겪는 참전용사들은 건강한 대조군에 비해 편도체가 더 많이 활성화되었다.[236, 237] 또한 PTSD를 겪는 참전용사들은 자신들의 트라우마 경험 이야기를 중립적인 목소리로 들을 때 감정 반응을 조절하는 역할을 하는 내측 전전두엽 피질 활동이 PTSD가 없는 참전용사들에 비해 감소한 것으로 나타났다.[223]

이 섹션에서 보여주듯이 군 참전용사들은 PTSD를 겪을 수 있으며, 여러 신경영상 연구 결과 각종 뇌 기능 장애 때문에 증상이 나타난다고 설명할 수 있다. PTSD 증상 외에도 군 참전 용사들은 자신이 잘못을 저질렀다는 느낌, 즉 자신의 도덕적 가치에 반하는 행동을 했다는 느낌을 가질 위험이 있는데 이것을 '도덕적 상처moral injuries'라고 부른다.

전쟁의 도덕적 결과

국제법에 따라 벨기에 군사 규정에서는 군인이 복무 목적에 맞지 않거나 범죄 또는 불법행위와 관련된 명령을 거부해야 한다고 명시하고 있다(1870년 5월 27일 법률, 제4장, 제28조).* 전 세계 많은 국가의 법률 제도에 이러한 규정이 실제 존재한다. 상사의 명령에 따랐다는 말로 전쟁 범죄를 변호할 수 없다는 인식이 널리 퍼져 있기 때문이다. 그러나 대부분의 경우 다른 인간을 죽이라는 명령이라 하더라도 범죄나 불법행위와는 관련이 없다. 평시에는 금지되어 있어도 전시에는 허용되는 행위가 있기 때문이다. 따라서 군인은 불법적인 명령은 거부해야 하지만, 군사법원에 기소되는 것을 피하려면 부도덕한 명령에는 복종해야 한다. 군인들은 종종 자신의 도덕적 가치에 어긋나는 행동을 해야 하는 매우 힘든 임무에 직면하는데, 그 이유는 그들의 직무가 주어진 명령에 따르는 것을 의미하기 때문

---

* 관습법 관할 영역에서 범죄는 일반적으로 법령이나 형사법규로 법전화되어 있으며, 살인, 강도, 절도 등의 범죄가 여기에 속한다. 불법행위란 다른 사람에게 피해를 입히는 잘못된 행위를 말하며, 일반적으로 손해배상을 청구하는 민사소송의 근거가 된다. 불법행위에는 과실, 명예훼손, 사기 등 광범위한 잘못된 행위가 속할 수 있다. 이러한 용어의 정의는 그 문제에 대한 구체적인 법률 제도에 따라 달라질 수 있으며, 다양한 맥락에 따라 이러한 용어에 대한 뉘앙스와 해석이 다를 수 있다는 점을 유의해야 한다.

이다.

'도덕적 상처'라는 개념은 도덕적 가치에 어긋난 행위를 목격하거나 그러한 행위를 저지른 군 참전용사나 아직 복무 중인 군인에게 일어난다. 예를 조금 들면 부도덕한 명령에 따르는 것이 있겠지만 실수로 민간인을 다치게 하거나 죽이는 것, 또는 동료 군인을 죽이거나 다치게 하는 명령을 전달해야 하는 상황도 포함된다.

도덕적 상처는 PTSD의 하위 범주가 아니지만 일부 증상이 공존할 수는 있다.[238] PTSD와 관련된 주요 감정이 두려움, 공포 또는 무력감인 반면 도덕적 상처와 관련된 주요 감정은 죄책감, 수치심 및 분노이고,[239] 이러한 것들은 군에서 발생하는 자살이나 자살 생각과 밀접한 관련이 있다.[240] 그러나 군에서 일어나는 도덕적 상처에 관한 연구는 최근에야 시작되었다. 부분적으로 그 이유는 군에서 도덕적 상처를 인정하는 것이 금기시되었기 때문이다. 이는 정신적 약함을 고백하고 인정하는 것을 포함하는데, 군대에서 이러한 면이 늘 긍정적으로 받아들여지는 것은 아니다. 도덕적 상처에 관한 연구가 최근에야 시작된 두 번째 이유는 정부가 군인들이 신체적, 정신적 피해를 입지 않도록 보호할 수 없다고 보고하는 것은 긍정적인 여론에 도움이 되지 않았기 때문이다. 특히, 군인들이 해야 할 일의 도덕성 때문에 생기는 피해에 대해서는 더욱 그렇다.

그러나 이러한 유형의 심리적 손상에 대한 조사가 점점 늘어나고 있으며 이제는 과학 문헌에도 기록되어 있다.

하지만 증오 선전에 휘말려 특정 이념이나 집단의 운동에 참여하기로 하고 대량학살에 가담한 민간인은 어디에 속할까? 집단학살의 민간인 가해자들은 그 여파로 얼마나 죄책감과 후회를 느낄까? 그리고 그것이 그들의 행동에 변화를 주었을까? 이전 연구에 따르면 집단학살 이후 르완다의 가차차법원을 거친 수감자들은 자신이 저지른 일에 개인적 죄책감을 더 많이 느꼈다고 고백했다.[198] 하지만 죄책감을 표현하는 것이 감옥에서 더 빨리 풀려나는 전제 조건이었는데, 과연 진심으로 죄책감을 주장했던 것 일까?

〈킬링 액트The Act of Killing〉는 아마도 지금까지 제작된 다큐멘터리 영화 중 가장 불편하고 당혹스러운 작품이지만, 인도네시아의 민간인 가해자들이 가진 죄책감과 심리를 보여준다는 점에서 빼어나게 흥미로운 작품이다. 이 영화는 조슈아 오펜하이머Joshua Oppenheimer와 크리스틴 신Christine Cynn 외에도 익명의 인도네시아인이 공동 연출을 맡아 많은 상을 받았고 여러 수상 후보에도 올랐다. 이 영화는 인도네시아에서 공식적으로 인정받지 못한 집단학살을 되짚어 보며, 1965년부터 1966년 사이에 약 100만 명의 공산주의자들이 희생된 사건을 다뤘다. 하지만 불편하게 만드는 것은 이야기 자체가 아니라 영화가 역사의 이 부분을 추적하는 방식이다.

영화감독들은 과거 집단학살 가해자인 안와르 콩고Anwar Congo를 찾아가 그의 친구이자 또 다른 가해자인 헤르만 코토Herman Coto와 함께 그들이 저지른 일과 그 당시 벌어진 사건을 다룬 영화를 같이 제작해 보자고 요청했다. 안와르는 카메라를 바라보며 과거에 자신이 어떻게 작업 라인에서 옷을 더럽히지 않고도 사람을 죽였는지를 설명하고 직접 몸짓으로 표현했다. 어떻게 그들이 여성과 아주 어린 소녀들을 강간했는지, 사람들을 고문하면서 어떻게 최대한 가학적으로 하려고 했는지도 설명했다. 예를 들어, 자백을 받아내기 위해 항문에 나무 조각을 꽂는 등의 고문을 가하는 식이었다. 그는 때로는 가해자 입장에서, 때로는 피해자 입장에서 그 장면을 재창조하기도 했다. 그는 영화 촬영을 위해 마을 사람들과 아이들에게 마치 죽임을 당할 것처럼 연기해 달라는 부탁도 했다. 다큐멘터리 전반에 걸쳐 안와르는 카메라 앞에서 자신이 저지른 끔찍한 일을 불편할 정도로 정확하게 자랑하듯 설명했다. 마치 히틀러와 다른 나치 지도자들이 살아남아 카메라 앞에서 홀로코스트 장면을 자랑스럽게 재연하는 것과 같았다. 다큐멘터리를 통틀어 반성이나 후회, 부끄러움, 죄책감은 조금도 찾아볼 수 없었다.

오펜하이머는 과거 가해자들의 신뢰를 얻고 그들이 자유롭게 마음을 열 수 있도록, 자신들이 저지른 잔혹행위를 자랑스럽게 이야기하는 것을 들었음에도 개입하거나 의견을 밝히지 않았다. 하지만 영화의 마지막 부분에서 안와르가 옥상에서 피해자들을 고문하던 모습을 촬영하던 중, 오펜하이머는 결국 그에게 "당신이 영화의 일부 장면에서 피해자 역할을 직접 연기했더라도 실제 피해자들이 어떤 기분을 느꼈는지는 결코 알 수 없을 겁니다"라는 말을 하고 만다. 피해자들은 두려움에 떨었고 자신의 삶이 끝날 것임을 확신했다. 그들은 눈앞에서 벌어지는 일을 멈춰달라고 카메라에 요청할 수도 없었다. 그때 갑자기 안와르는 자기가 가끔 악몽을 꾼다고 이야기했다. 그는 결국 자신이 한 일을 기억해 내고 옥상에서 구토를 했다. 이 영화를 본 내 친구와 동료들 사이에서는 엄청난 토론이 시작되었다. 안와르는 양심의 가책을 느끼고 자신이 저지른 일이 무엇인지 생각했을까?

이는 매우 어려운 질문이며, 현재 과학 문헌에는 답이 될 만한 요소가 거의 없다. 특히 이념적 이유로 집단학살에 자발적으로 참여한 민간인의 경우는 더욱 그러하다. 결국 이유나 근거를 제공하면 자신의 행동에 책임감이 약해지며, 이는 집단학살 전후와 과정에서 정기적으로 발생한다. 지도자들은 왜 일부 집단이 반드시 제거되어야 하는지를 설명한다. 게다가 당연하게도 집단학살 중에 사용되는 도덕적 무력화 기법은 사람들이 끔찍한 행위를 저지르는 데 분명히 일조한다.[17] 이러한 맥락에서 살인, 강간, 소탕 행위는 다수의 이익을 위한 행동이 되고, 그러한 행동을 하는 사람들은 그 순간 자신이 하는 일에 죄책감을 느끼지 않을 수 있다.

이 장의 시작 부분에서 언급한 것처럼 가해자가 죄책감이나 수치심을 느끼는 현상은 PTSD의 발생과 연관이 있다.[199] 예를 들어 폭력적인 싸움에 연루되거나 특히 다른 사람에게 해를 끼친 경우, 사람은 자신의 행동에 강렬한 죄책감이나 수치심을 느낄 수 있다. 만약 이 사람이 이런 감정을 해소하거나 대처하지 못한다면 회피와 부정의 악순환에 빠지게 되며 이는 PTSD 발병에 영향을 준다. 때로는 제4장에서 살펴본 것처럼 사람은 죄책감을 경험함으로써 상황을 바로잡으려 노력할 수 있다. 우리가 캄보디아에 있었을 때, 인터뷰에 참여한 전 크메르루주 조직원 중 다른 사람을 해쳤다고 밝힌 사람은 아무도 없었지만, 일부는 크메르루주 정권 시절에 저지른 일과 관련된 도덕적 상처의 강도를 측정했을 때 높은 점수가 나왔다. 흥미로운 점은 이러한 점수가 과거를 바로잡기 위해 할 수 있는 모든 것을 하려는 의지와 긍정적인 상관관계를 보인다는 것이다.[211] 어쨌든 모든 상관관계는 반대 방향으로도 해석할 수 있다. 과거를 바로잡으려는 의지가 강할수록 도덕적 상처를 더 많이 받았을 가능성이 있다.

이 섹션에서 보여주듯이 가해자는 자신이 해서는 안 될 짓을 했다는 느낌 때문에 도덕적 상처를 받을 수 있다. 그러나 이러한 과학 연구는 광범위하게 사회적 영향을 미칠 수 있음에도 아직 초기 단계에 머물러 있다. 개인이 정신적 충격을 주는 사건 이후 자신의 행동을 이해하거나 그에 대한 감정적 정리를 하지 못하면 추가적인 폭력 행위를 저지르거나 다른 해로운 행동에 가담할 위험이 커진다. 도덕적 상처를 해결하고 트라우마를 겪은 사람에게 지원을 제공함으로써 향후 발생할 수 있는 피해를 줄일 수 있다. 이 연구 분야가 앞으로 더욱 강화되어 더 많은 퍼즐 조각이 밝혀지기를 바란다.

이 장에서는 비난받을 만한 행동(때로 합법적이긴 해도)을 저지른 사람들에게 초점을 맞추었지만 피해자와 그 가족들 역시 잊어서는 안 된다. 비록 트라우마가 피해자와 가해자의 뇌에 비슷한 영향을 미치는 것으로 보이지만, 과거 분석에 따르면 민간인과 훈련된 전투원 사이의 증상이 다르다는 것이 밝혀졌다.[212] 가해자의 경우 죄책감과 감정적 무감각이 더 빈번한 반면, 피해자의 경우 원치 않는 기억이 더 자주 발생하는 것으로 보인다. 피해자는 가해자보다 심리적 피해를 입을 가능성이 더 크다. 따라서 피해자들이 입은 상처를 이해하는 것은 전쟁의 비참하면서도 잘 드러나지 않는 결과를 좀 더 자세히 알기 위한 필수적인 단계다. 이제 가해자의 표적, 즉 피해자와 그 가족들에 초점을 맞출 것이다. 이들은 겪은 일로 인해 필연적으로 고통을 받는다.

전쟁 트라우마 피해자의 PTSD

나는 그녀의 비명을 절대 잊지 못할 것이다.

르완다에 머물던 때였다. 우리는 과거 대량학살 가해자와 생존자 사이에 존재하는 집단 간 편견과 그러한 편견이 다음 세대로 어떻게 확대되는지 연구 중이었다. 우리는 200명 이상의 사람을 모집한 다음, 그들이 과거 집단학살 가해자나 생존자 또는 그들의 자손의 사진을 보는 동안 뇌 활동을 측정할 것이라고 설명했다.

어느 날 47세의 여성이 연구에 참여했다. 그녀는 집단학살 시기에 커다란 고통을 겪었지만 우리의 설명을 들은 뒤에는 연구에 참여하는 데 동의했다. 그런 다음 그녀의 머리에 뇌파검사 기기를 부착하고 검사를 시작했다. 그리고 다른 지원자를 준비하려고 다른 방으로 이동하려 할 때 갑자기 무서운 비명 소리가 들렸다. 절망의 비명이 온 건물에 울려 퍼졌다. 방으로 달려 들어가자 그 여자가 온몸을 떨며 울고 있었다. 방금 그녀에게 대량학살 가해자의 첫 번째 사진을 보여준 것 때문에 그녀가 견뎌내야 했던 일들의 기억이 다시 떠오른 것이다. 우리는 즉시 그녀를 진정시키려고 노력했고 관련 심리학자에게 전화를 했다.

우리가 방금 목격한 것은 PTSD의 전형적인 임상 증상이었다. 트라우마 사건을 다시 경험하는 것이다.

르완다에서 모집한 참가자 중 상당수가 PTSD 범주에 들어갔다. 우리는 트라우마가 재현될 수 있다는 것을 알고 있었으며 이것을 대비한 구체적인 대응절차를 마련해 두었다. 극심한 트라우마를 겪은 그 여성의 경우 집단학살 동안 일어난 일을 극복하기 위해 지난 27년 동안 취한 전략은 일관되게 과거 가해자와의 접촉을 피하는 것이었다. 어떤 장소를 지나가는 것도 피했고, 심지어 집단학살과 관련된 도구까지 피했다. 하지만 회피 전략이 트라우마 경험을 극복하는 데 썩 좋지 않다는 것은 과학계에 널리 알려져 있다. 회피 때문에 기억의 흔적을 점진적으로 새롭게 표현하는 것이 불가능해진다.[243] 게다가 르완다에서는 회피 전략이 쉽지 않다. 작은 나라이고 많은 가해자가 감옥에서 풀려나 전국에 살고 있다. 여기에 더해 집단학살 당시 사용된 도구는 어디에서나 볼 수 있다. 예를 들어 마체테는 흔히 가해자들이 피해자를 공격할 때 사용한 도구였다. 르완다에서 마체테는 농업 목적으로 흔히 사용되므로 길을 걷다 보면 이것을 든 사람을 만날 가능성이 크다.

개인적으로 나는 자신이 견뎌야 했던 트라우마를 끊임없이 떠올리게 되는 상황에서 그 상처를 치유하려고 노력하는 것이 어떤 기분일지 상상조차 할 수 없다. 게다가 이 생존자는 이전에 자신을 공격했던 사람들을 용서하려고 노력해야 한다는 의무감을 느꼈다. 기독교인으로서 그것이 자신의 의무라고 생각했기 때문이다. 하지만 용서할 수 없었기 때문에 강한 죄책감을 느꼈고, 이 때문에 이미 심각하고 지속적이었던 PTSD 증상에 심리적 손상이 더해졌다.

이 이야기에서 알 수 있듯이 트라우마와 PTSD는 복잡한 문제이며 환경에 따라 치유가 엄청나게 어려울 수 있다.

전쟁 트라우마 피해자는 다른 사람에 비해 PTSD를 겪을 위험이 더 크다. 2008년에 두 명의 연구자가 전쟁과 고문 피해자에게서 나타나는 PTSD의 발병과 지속에 대한 전반적인 개요를 파악하기 위해 체계적인 검토를 했다. 그들은 다양한 국가의 고문 피해자들이 PTSD를 겪을 가능성이 매우 크며, 그 비율이 약 50퍼센트에서 90퍼센트 이상에 달한다는 것을 관찰했다. 이 연구에 사용한 표본은 베트남의 과거 정치범 억류자,[244] 이란,[245] 방글라데시, 페루, 시리아, 튀르키예, 우간다의 고문 피해자 등 매우 다양했다.[68] 이어진 연구에서 주목할 점은 상황과 고문 방법이

나라마다 크게 달랐다는 것이다. 그러나 연구자들은 모든 그룹에서 PTSD 유병률이 69~92퍼센트에 이를 정도로 매우 높은 것을 관찰했다.

이러한 결과는 모든 사람이 PTSD에 걸릴 위험이 있는 가운데, PTSD를 일으킬 확률이 더 높고 그 심각도를 예측할 수 있는 위험 요소가 있다는 것을 보여준다. 예를 들어 여러 연구에 따르면 트라우마 사건의 수가 많을수록 PTSD의 중증도가 높아지는 경향이 있으며[246] 이러한 현상은 '벽돌 쌓기building blocks'라고 알려져 있다. 르완다에서도 비슷한 결과가 관찰되었다. 사건이 발생한 지 27년이 지났음에도 우리 연구 참가자들의 PTSD 증상은 그들이 대량학살 중이나 그 후에 견뎌야 했던 스트레스 요인의 수가 많을수록 더 심각했다.[143]

여러 연구에 따르면 성별도 예측 요인이 될 수 있어서 여성이 남성보다 PTSD를 겪을 위험이 더 컸다.[247] 대체로 여성은 전투 최전선에 설 가능성이 작으므로 전쟁과 그 영향에 노출이 덜 할 것으로 생각할 수 있다. 그러나 전쟁에서 여성은 사람 간 폭력의 첫 번째 표적이 되는 경우가 매우 잦으며 종종 강간이나 성적 학대와 같은 수단을 통해 적을 굴복시키거나 공동체를 파괴하려는 전쟁 전략의 도구로 이용되기도 한다. 여성은 무장도 하지 않으며 갈등 중에 흔히 혼자이고 남자보다 약하다. 따라서 그들은 가해자들의 쉬운 표적이 되어 PTSD 증상과 관련이 깊은 트라우마 상황의 피해자가 된다. 예를 들어 동부 콩고의 남키부South Kivu 지역은 20년 이상 반복적인 민족 갈등과 인권 침해에 시달렸는데, 이 지역의 여성들은 소규모 지역 게릴라 소속 남성들과 지역 주민을 보호해야 할 군인과 경찰이 저지른 성적 학대와 폭력의 피해자가 되었다.[248] 그들은 강간과 극심한 고문을 당했다. 예를 들어 나무나 유리, 총 같은 물건을 질에 집어넣는 식이었다. 키부의 여성 중 최소 40퍼센트가 일생에 한 번 이상 강간을 당했으며, 72퍼센트 이상이 강간 중에 고문을 당했다고 보고했다.[249]

여성은 전 세계 다양한 문화에서 계급, 민족 정체성이나 국가 정체성을 대표한다. 가해자의 의도는 여성을 표적으로 삼아 강간하고 에이즈 같은 전염병에 감염된 채 살아가게 함으로써 표적 집단의 정체성을 파괴하려는 것이다. 이처럼 전쟁에서 성별을 바탕으로 한 폭력은 전 세계적으로 다양한 문화와 역사에서 대규모로 보고되고 있다.

르완다에서는 집단학살 당시 강간이 공식적인 인종 청소의 수단으로 여겨졌으므로 많은 여성이 그 기간에 강간당해 평생 질병을 안고 살아야 했다.* 강간 피해 여성은 강간과 관련된 심리적, 신체적 피해에 대처하는 것 외에도 사회적 배제와 낙인에 직면하는 경우가 흔하다.[250] 이러한 여성들에게서 수치심과 죄책감의 경험은 물론 PTSD가 12~76퍼센트, 우울증이 44~68퍼센트, 약물 남용이 18퍼센트가 보고되었다. 또한 자살 시도가 30퍼센트 나타나는 등 심각한 정신 건강 문제가 발생하는 현상은 이상한 일이 아니다.[251] 그리고 강간으로 태어난 아이들도 예외가 아니다. 예를 들어 르완다에서는 이러한 아이들에게 '나쁜 기억의 아이' 또는 '악마의 자식'이라는 낙인을 찍기도 한다.[252, 41]

죄책감, 수치심, 복수심 등 트라우마 사건 이후에 나타나는 특정한 감정도 민간인 집단의 PTSD 유병률을 예측하는 데 도움을 준다. 죄책감은 대개 나치 집단학살 생존자들 사이에서 보고되었다. 남겨진 생존자들은 "왜 나는 살아남았는데 내 가족은 살아남지 못했을까?"라든지, "그때 내가 뭘

---

* 검사 대 장 폴 아카예수(1996) 사건번호 ICTR-96-4-T(르완다 국제형사재판소, 1심).

가 다르게 행동했다면 사랑하는 사람이 살아남을 수 있었을까?"라는 의문을 품었다.[253] 수치심은 성폭력 트라우마 생존자들이 느끼는 경우가 많다. 강간 피해자가 수치심 때문에 자신에게 일어난 일을 이야기하지 않는 예는 매우 흔하다. 트라우마 사건 이후에도 지속적인 죄책감이나 수치심을 경험하는 것은 정신 건강을 악화시키며 PTSD 증상과 연관이 있는 것으로 나타났다.[254] 또한 트라우마 사건 이후에 피해자가 가해자에게 적대감이나 분노 또는 복수심을 느끼는 경우도 많은데, 이러한 감정이 장기간 지속되면 PTSD 증상이 누그러지는 것을 방해할 수 있다.[255]

캄보디아에서는 크메르루주가 패배한 이후 피해자들이 복수 살인을 저질렀다. 특히 자신의 가족을 죽인 전 크메르루주 간부를 대상으로 삼았고[16] 결국 피해자 스스로 가해자가 되었다. 다른 상황을 보면, 외상 후 스트레스 장애 증상을 보이는 우간다와 콩고의 전직 소년병들은 화해에 적극성이 덜 하고 복수심을 더 많이 보이는 것으로 나타났는데,[256] 이는 이들의 사회 복귀를 위해 중요한 요소로 고려되어야 한다. 복수심은 여러 세대에 걸쳐 갈등이 지속될 수 있는 문을 열어두며, 그 결과 유사한 비극적인 결과를 불러올 새로운 갈등의 위험을 높인다. 따라서 모든 사람을 위해 이러한 심리적 상처에 대한 이해와 치료가 필요하다.

이처럼 PTSD의 존재나 가능성을 예측할 수 있는 눈에 띄는 요인들이 있기는 하지만, 전쟁 피해자들의 PTSD 증상의 정확한 비율이나 유병률을 파악하거나 예측하는 것은 불가능하다. PTSD 증상의 유병률을 조사한 연구는 매우 다양하다. 어떤 연구는 트라우마가 발생한 국가에서 조사한 반면, 어떤 연구는 사람들이 이주하거나 피난처로 삼은 국가에서 조사했다. 어떤 연구는 자기보고 설문 조사로 진행했고, 어떤 연구는 인터뷰로 진행했다. 또한 어떤 연구는 트라우마 사건 직후에 이루어진 반면, 어떤 연구는 PTSD 증상의 발생이나 지속을 장기간 평가했다.

이렇게 진행 중인 연구에서 중요한 또 다른 측면은 과학 문헌에서 언급된 민간인 생존자는 대부분 비서구인인데, 사용한 PTSD 척도는 서구 연구자가 개발했다는 점이다. 서구 기반의 트라우마 모델을 적용해 비서구 문화권 사람들에게 PTSD가 있다고 선언하는 것은 의문을 일으킨다. 게다가 사람들마다 트라우마에 대한 심리적 반응이 크게 다를 수 있고, 어떤 사람들은 다른 사람들보다 PTSD 증상이 나타날 위험이 더 크기도 하다. 따라서 PTSD에 걸릴 위험이 있는 사람이 누구인지 제대로 이해하기는 쉽지 않다. 한편 PTSD 발병을 예방하는 데 도움이 될 수 있는 여러 요인들도 존재한다.

회복력의 개념

과거 연구는 본질적으로 트라우마의 증상에 초점을 맞추었지만, 이제는 트라우마 경험 후 PTSD 증상의 발생과 지속으로부터 사람들을 보호하는 보호 메커니즘의 이해를 높이려는 연구가 점점 더 많이 진행되고 있다. 이것은 '회복력resilience'이라고 불리는 현상으로서, 덕분에 많은 사람이 심각한 심리적 또는 신체적 트라우마 사건에 노출되었음에도 비교적 좋은 정신 건강을 유지할 수 있게 된다. 지금까지 회복력은 역경, 트라우마, 비극, 위협 또는 상당한 스트레스 요인에 직면해 잘 적응하는 과정이라고 알려졌다.[257]

주목할 만한 임상적 관찰에 따르면, 어떤 사람들은 트라우마 사건에 더 잘 대처할 수 있는 보호막을 갖춘 듯 보이는 반면, 어떤 사람들은 끊임없이 괴롭히는 과거에서 벗어나지 못한다. 어떤 사람은 견딜 수 없는 잔혹행위를 겪었음에도 여전히 매일 아침 일어나 계속 나아갈 용기를 찾는다. 그중 일부는 비교적 정상적인 삶으로 돌아가기도 한다.

하지만 어째서 사람들마다 회복력이 다른 것인지는 아직 과학계에서 논쟁 중인 질문이다. 신경학적 관점에서 보면 회복력이 있는 사람은 스트레스 상황에서도 감정을 조절할 수 있는 사람이거나 스트레스 호르몬을 제한적으로 분비하는 사람일 수 있다. 또한 잠재적 갈등을 해결하기 위해 의사소통을 활용하는 사람도 회복력이 강한 것으로 여겨질 수 있다. 하지만 중요한 점은 회복력이 어떤 사람은 가지고 있고 어떤 사람은 가지고 있지 않은 특정한 성격 특성이 아니라는 것이다. 회복력은 트라우마 경험 전후 또는 과정에서 발생하는 여러 요인의 존재에 따라 나타나는 복합적인 현상이다.

과거 연구에서는 마치 연구 대상인 개인이 무인도에 홀로 있는 양, 트라우마 이후 회복력의 개인적인 측면만을 고려했다. 그러나 이제는 사회적, 환경적 요인 역시 PTSD 증상의 유병률에 중요한 역할을 한다는 사실이 널리 알려졌다.[258] PTSD 치료를 받을 수 있는 기회는 분명 중요한 요소다. 예를 들어 캄보디아 집단학살 이후에는 생존자들의 정신 건강은 고려하지 않았으며, 해당 국가에는 이러한 문제를 다룰 기반시설도, 훈련받은 의사나 심리학자도 없었다. 따라서 크메르루주 시대 이후 수십 년 동안 생존자들은 정신적 안정을 찾지 못했으며, 이는 많은 생존자가 여전히 높은 PTSD 발병률에 시달리는 이유이기도 하다.[259] 우리가 만난 캄보디아 집단학살 생존자 60여 명 중 정신 건강 전문가의 도움을 받은 적이 있는 사람은 아무도 없었다.

심리학에 대한 문화적 인식도 정신 건강 접근성이라는 개념을 더욱 복잡하게 만들 수 있다. 예를 들어 나는 바탐방국립대학교의 임상 치료사이자 심리학 교수인 사람을 만난 적이 있는데, 그는 캄보디아에서는 많은 사람이 '미친' 사람들만이 심리학자를 만나는 것으로 여기므로 그들에게 도움을 주는 데 커다란 장애가 되었다고 말해주었다.

빈곤 역시 주요 요인일 수 있는데, 신체적 또는 재정적 자원이 부족하면 사람들이 정신 건강을 위한 적절한 지원을 받지 못할 수 있기 때문이다. 나는 몇 년 전 신문에서 읽은 한 문장에 깊은 인상을 받았다. "… 하루하루 생존에 몰두하는 가난한 사람들은 현재의 좌절도, 과거의 트라우마도 되새겨 볼 여유가 없다."[260] 그러므로 단지 도움을 요청할 기회나 시간이 없어서 도움을 찾지 못하는 사람까지 포함해 모든 사람에게 임상 지원을 제공하는 것이 중요하다. 도움을 요청하지 않는다고 해서 그 사람에게 도움이 필요하지 않은 것은 아니다.

이와 관련해 사회적 지원은 정신 건강을 유지하고 PTSD 증상을 줄이는 데 도움이 될 수 있다. 예를 들어 여러 연구에 따르면 트라우마 사건 이후에 가족이나 친구 또는 동료로부터 사회적 지원을 받은 사람들은 PTSD 증상이 나타날 가능성이 적었다.[261] 하지만 불행히도 전 세계 많은 사회에서는 사회적 지원이 보장되지 않는다. 피해자들은 평생 심리적 고통을 겪어야 하고 반대로 가해자들은 단 하루도 감옥에 가지 않고 삶을 이어가는 세상을 상상해 보자.

물론 이런 일이 모든 곳에서 일어나는 것은 아니며 전 세계적으로 피해자를 보호하려는 커다란 진보가 이루어졌다. 그러나 여전히 일부 사회에서는 피해자가 가해자보다 보호를 받지 못하는 경우가 있는데 특히 성폭행을 당한 여성 피해자의 경우 더욱 그러하다. 많은 곳에서 강간당한 여성은 명예를 더럽힌 사람으로 여겨져 가족이나 지역 사회에서 배제된다.[262] 심지어 강간범(그들에게 영구적인 심리적, 신체적 손해를 끼친 남자)과 결혼하도록 강요받는 여성도 있다. 지금도 전 세계 20개국에는 '강간범과의 강제 결혼marry-your-rapist법'이 있어 가해자들이 법의 심판을 피할 수 있으며,[263] 많은 어린 소녀와 여성이 강제로 결혼한 뒤 자살하고 있다. 게다가 최근에 이 법을 폐지한 나라에서도 강간 피해자들은 여전히 사회적 소외를 겪는 경우가 많다. 그들은 자신에게 일어난 일을 심리적, 신체적, 정서적으로 해결해 보려고 하지만 그럼에도 완전히 고립된다.

전쟁 난민을 대상으로 벌인 연구에 따르면 PTSD 증상의 유병률은 치료 방법에 따라 감소할 수 있는 것으로 나타났다. 예를 들어 네팔로 이주한 부탄 난민의 경우 PTSD 유병률이 14퍼센트로 비교적 낮은 것으로 나타났는데, 연구자들은 이를 캠프 내의 긍정적인 생활 환경과 마을 전체 또는 전 가족의 동시 이주 덕분에 이용할 수 있는 개인적 지원의 수준이 높기 때문이라고 설명했다.[264] 가족의 존재는 망명과 관련한 트라우마를 극복하는 데 도움이 된다. 반대로 가족과 장기간 떨어져 있는 경우 가족의 소식을 듣지 못하면 스트레스가 증가하고 미래에 대한 희망이 줄어들 수 있다.[265]

따라서 최근의 연구는 난민 가족 분리 정책을 철폐해야 한다는 주장을 강력하게 뒷받침한다. 안타깝게도 많은 국가가 이 정책을 유지하고 있다. 예를 들어 엘파소 프로그램에 따라 망명을 요청하는 사람을 포함해 허가 없이 미국 국경을 넘는 모든 이주민은 구금되어 형사 고발되었다. 그들의 아이들은 아주 어린 아이까지 포함해 적절한 가족 재결합 시스템도 없이 끌려가 수천 킬로미터 떨어진 곳으로 보내졌고, 이는 부모와 아이의 정신 건강에 명백한 해를 끼쳤다. 대통령 임기 동안 국민의 지지를 잃지 않기 위해, 이른바 '무관용 정책zero-tolerance policy'을 도입한 도널드 트럼프Donald J. Trump는 멕시코 이민자들을 강간범과 범죄자로 묘사했다.[266] 제4장에서 살펴본 것처럼 이것은 일부 정치인들이 외집단에 대한 우리의 편견을 부추기려고 광범위하게 사용하는 전형적인 전략이다. 트럼프는 외집단에 대한 두려움을 조성하면 이주민과 아이들을 대상으로 한 끔찍한 비인도적 행위에 대해 반발이 줄어들 것임을 알고 있었다.

이 섹션에서 보았듯이 사람들마다 PTSD에 걸릴 가능성이 다른 이유는 여러 가지 요인으로 설명할 수 있다. PTSD를 예방하는 요인을 이해하면 회복력을 증진하고, 미래의 트라우마를 예방하고, 폭력과 역경의 여파 속에서 개인과 지역 사회를 지원하는 조치를 할 수 있다. 일부 문화적 요인은 통제가 거의 불가능하다. 그러나 정부는 자국민이나 자국에 받아들인 난민의 어려움을 완화할 수 있는 권한을 가지고 있다. 특히 지원을 제공하고 가족을 분리하지 않는 것이 중요하다.

트라우마의 후유증이 세대를 거쳐 전해질 수 있을까?

안타깝게도 트라우마는 그것을 직접 겪은 개인 수준에 그치지 않고 그 후손에게까지 확대된다. 과학 문헌에서 밝힌 상당수의 증거에 따르면, 트라우마의 영향은 세대를 거쳐 전해지고, 다음 세대까지 영향을 미친다. 트라우마 피해자의 자녀는 트라우마 사건으로부터 보호를 잘 받지 못하는 것으로 보인다. 실제로 최근의 연구는 한목소리로 우리의 삶은 부모의 경험에 의해 형성되며 이는 우리의 생리적 상태와 정신 건강을 변화시킬 수 있다고 이야기한다. 따라서 평화로운 미래를 보장하기 위해, 젊은 세대도 심리적 어려움을 인식하고 극복할 수 있도록 지원을 받아야 한다.

캄보디아에서는 집단학살 생존자, 집단학살 이후 태어난 1세대, 집단학살 이후 태어난 2세대 등 총 3세대를 대상으로 연구 대상자를 모집했다. 그들은 모두 같은 수준의 PTSD 증상을 겪고 있었다.[211] 홀로코스트 생존자와 그 자녀를 대상으로 수행한 유명한 연구에 따르면 생존자가 직접 트라우마적 사건을 겪을 경우 생존자의 자녀는 PTSD 증상을 발달시킬 가능성이 더 컸다.[267, 268]

트라우마는 직간접적인 사회적 전달뿐만 아니라 후성유전적 전달을 통해서도 전해지는 것으로 보인다. 사회적 전달은 트라우마 경험이 개인의 후성유전적 변화를 일으킬 수 있다는 의미에서 후성유전적 메커니즘epigenetic mechanism과 관련이 있을 수 있지만, 그 자체가 후성유전적 메커니즘은 아니다. 직접적인 사회적 전달이란 아이들이 부모나 조부모에게서 듣는 이야기를 뜻하며 이 때문에 아이들에게 심리적 문제가 발생할 수 있는 것으로 밝혀졌다.[269] 예를 들어 아메리카 원주민에게서 트라우마의 직접적인 사회적 전달이 잘 입증되었다. 그들은 역사 내내 여러 세대에 걸쳐 많은 충격적인 경험을 겪었다. 원주민들은 대량학살을 당했고, 집단학살 정책으로 고통을 겪었으며, 침략자들이 가져온 새로운 질병으로 죽었다. 또한 여러 차례 이주당했고, 그들의 정신적, 종교적 관행은 금지되었으며, 아메리카 원주민 어린이들은 학교에서 모국어를 말하는 것이 금지되었다.[270] 이러한 지역 사회에서는 전통적으로 대가족과 공동체 시스템이 형성되어 있으므로 사회적 전달이 특히 강하게 나타난다. 게다가 미국의 고전 서부극처럼 대량학살을 묘사한 영화 중에는 트라우마 경험의 기억과 관계된 것도 있다.

간접적인 사회적 전달의 예는 부모의 정신 건강이 좋지 않거나 양육 방식이 좋지 않은 경우다. 부모는 트라우마 사건의 심리적 여파 때문에 더 이상 자녀에게 부모로서 행동하지 못할 수도 있다. 심지어 무의식적으로 가족 내 부모의 역할을 바꾸어 감정적 욕구 때문에 아이에게 의지하기도 한다. 결과적으로 아이는 자신의 정서적 필요를 넘어 부모의 정서적 안녕까지 책임져야 한다. 그렇게 부모의 보살핌을 받지 못하는 아이들은 유년기를 잃게 되고, 이는 성인이 되었을 때의 정신 건강에 영향을 미칠 수 있다. 이러한 맥락에 따라 캄보디아에서 실시한 연구에 따르면 크메르루주 정권 시절에 부모가 겪은 트라우마 때문에 양육하는 역할이 자주 뒤바뀌고, 특히 딸의 PTSD 증상이 심해진다는 것이 밝혀졌다.[271]

후성유전적 트라우마 전달 메커니즘은 DNA 구조 자체의 변화가 아니라 유전자 발현에 영향을 미치는 식이다. 점점 더 많은 동물 연구에서 트라우마가 개체의 유전자에 흔적을 남기고 다음 세대로 이어질 수 있다는 사실이 밝혀지고 있다. 예를 들어, 2010년에 한 연구팀은 트라우마가 생쥐에게 몇 세대까지 영향을 미치는지 연구했다.[272] 그들은 어미 쥐를 새끼들과 떨어뜨린 뒤 튜브에 가두거나 물속에 빠뜨리는 등 스트레스가 심한 경험을 겪게 했다.

연구자들이 어미 쥐를 새끼가 있는 우리에 돌려보냈을 때, 어미 쥐의 행동에는 변화가 있었는데 새끼들을 무시하거나 주의가 산만하거나 흥분하는 모습을 자주 보였다. 트라우마를 직접 겪지는 않았지만 어미의 행동 변화를 관찰한 새끼들도 어미와 유사한 행동 변화를 보이기 시작했다. 그런 다음 연구자들은 향후 짝짓기를 위해 트라우마를 겪은 적이 없는 암컷을 집어넣었고 사회적 간섭을 피하고자 어미 쥐는 우리에서 꺼냈다. 중요한 점은 최대 6세대에 걸쳐 교배된 새끼들이 대조군 쥐와 비교했을 때 공중에 매달린 플랫폼을 탐색하거나 물에 빠졌을 때 더 빨리 수영하려 하지 않는 등 더 높은 위험 감수 행동*을 보였다는 것이다. 이 획기적인 연구는 후성유전적 영향이 세대를 거쳐 트라우마를 전달하는 데 중요한 역할을 할 수 있다는 것을 보여주었다.

물론, 인간의 경우 후성유전적 메커니즘과 사회적 전달이 수행하는 역할을 통제하는 것은 동물보다 훨씬 더 복잡하다.[273] 윤리적 문제점이 너무 확실하므로 동일한 실험을 인간에게 수행할 수는 없다. 즉 누구도 다른 사람에게 특정 스트레스 요인을 가해 의도적으로 스트레스를 유발한 다음, 그 사람에게 강제로 아이를 낳게 하고 아이를 어머니와 분리해 스트레스에 대한 반응을 실험할 수는 없다. 일부 사람은 과학을 위해 동물에게 이렇게 심리적 고통을 가하는 것의 도덕적 가치에 의문을 제기하고 심한 불쾌감을 느끼겠지만 이는 또 다른 논쟁거리다.

그러나 동물실험 수준의 통제가 불가능하긴 해도 몇몇 연구에 따르면 인간에게서도 트라우마의 후성유전적 전달을 관찰할 수 있음이 밝혀졌다. 2014년 한 연구진은 집단학살 당시 임신 중이었던 르완다 여성과 그들의 아이들을 모집했다.[274] 연구진은 임신 중에 트라우마적 사건을 겪고 PTSD를 앓은 어머니에게서 태어난 아이들이 성인이 되었을 때 정신 건

---

* 위험을 감수하는 행동으로서 공포 반응 시스템의 손상을 의미한다. ─옮긴이

강 상태가 좋지 않을 위험이 더 크다는 것을 관찰했다. 또한 연구진은 어머니의 PTSD가 스트레스 반응 조절과 관련된 특정 유전자의 변화와 연관이 있으며, 자녀에게도 동일한 변화가 발견되었음을 관찰했다. 흥미롭게도 연구진은 같은 민족 출신이고 같은 시기에 임신했지만 집단학살 당시 르완다에 없었던 어머니들과 아이들도 모집했다. 후자 그룹에서는 이런 변화가 관찰되지 않았다.

아버지의 트라우마 역시 아이들에게 영향을 미치는 것으로 보인다.[275] 한 연구진은 남북전쟁 당시 투옥되었던 미국 군인의 자녀와 남북전쟁 이후 투옥되지 않았던 군인의 자녀를 수천 명 모집했다. 연구자들은 전쟁 포로의 아이들이 일반인의 아이들에 비해 사망률이 더 높다는 것을 관찰했다.

2015년에 수행한 또 다른 연구에서는 홀로도모르Holodomor 집단학살이 3세대 동안 우크라이나 가족에게 미친 영향을 조사했다.[276] 홀로도모르는 '굶주림에 의한 말살'이라는 뜻으로 소련이 우크라이나인들을 학살하기 위해 계획한 조직적인 집단학살이었다.[277] 1932년과 1933년 사이에 스탈린이 일으킨 이 사건으로 300만~600만 명이 사망했다. 이 연구의 연구자들은 홀로도모르 집단학살이 생존자들뿐만 아니라 그들의 자녀와 손자들에게까지 영향을 준 것을 확인했다. 영향은 두 가지였다. 응답자의 감정을 분석한 결과 공포, 두려움, 불신, 슬픔, 수치심, 분노, 스트레스, 불안 등의 감정이 높은 빈도로 나타났다. 이렇게 보고한 트라우마의 대처 전략으로는 음식 비축, 음식 숭배, 음식에 대한 지나친 강조, 과식이 포함되었다. 2세대와 3세대는 흔히 자신들이 '생존 모드'에 있는 것처럼 느낀다고 호소했는데, 이는 그들이 끊임없이 생존 욕구와 현재의 삶을 즐길 수 없음을 경험한다는 것을 의미한다.

이 섹션에서 보았듯이 트라우마적 사건을 경험한 사람의 후손은 트라우마적 사건에 노출되지 않은 부모의 후손에 비해 심리적 손상을 입을 위험이 더 크다. 치료되지 않은 정신 건강 문제는 폭력과 갈등이라는 악순환을 영구화하며, 과거의 일을 복수하자는 증오 선전에 넘어가게 만든다.

흥미롭게도 일부 연구에 따르면 세대 간 트라우마 전달의 영향은 예방할 수 있거나 적어도 완화할 수 있다고 한다. 우리는 방금 트라우마를 받은 쥐의 새끼가 스트레스에 병적인 반응을 보인다는 것이 반복적으로 관찰된 것을 보았다. 그러나 또 다른 연구에 따르면 새끼를 음식, 물, 쳇바퀴, 소형 미로가 있는 풍족한 환경에 두었을 때 이러한 효과가 사라졌다고 한다.[278, 279] 따라서 이러한 연구는 스트레스가 많은 사건의 대처에서 환경 역할이 중요함을 보여준다.

전쟁, 트라우마, 갈등, 전쟁, 트라우마, 갈등: 끝없는 순환

갈등은 전염된다. 다른 사람에게 상처를 입었을 때 그 사람에게 보복하는 것은 인간의 본성에 깊이 뿌리박혀 있다. 그러나 복수심은 장기적으로 PTSD 증상이 나타날 위험을 키우기도 한다.[255] 이러한 복수심은 정의가 실현되지 않을 때 더욱 심해질 수 있다. 예를 들어 캄보디아의 크메르루주 정권이 몰락한 후 시민들은 과거 가해자들이 법의 심판도 받지 않고, 많은 경우 여전히 정부 고위직을 차지하고 있다는 사실을 알게 되었다.[280] 주변의 모든 것이 황폐해지자 복수하고 싶은 감정이 종종 나타났다. 복수심의 존재는 갈등이 여러 세대에 걸쳐 이어질 가능성을 만든다. 따라서 유사한 정도의 심각한 결과를 초래하는 새로운 갈등이 발생할 가능성이 커진다. 마치 끝없는 악순환처럼 보인다.

이 장에서는 가해자와 피해자 모두 평생 심각한 PTSD 증상을 경험한다는 사실을 보여주었다. 권위에 대한 복종이라는 핑계로 폭력 행위에 가담하거나 그러한 행위에서 살아남는 것은 그들의 자손을 포함해 관련된 모든 사람에게 평생 영향을 미칠 수 있다.

전쟁에서 승자는 없다.

하지만 다음 장에서는 희망의 빛을 보여주고자 한다. 혼란 속에서도 일부 평범한 시민들은 용기를 보여주며 대량 말살의 피해자가 될 뻔한 사람들을 구하기 위해 목숨을 걸었다. 비록 그런 사람들은 많지는 않더라도 죽고 죽이는 끝없는 보복의 악순환이 멈출 수 있다는 살아 있는 증거다.

명령에 따랐을 뿐!?

JUST

FOLLOWING

ORDERS

7

결론: 어떻게 평범한 사람들이

부도덕함에

맞서 싸우는 것일까?

ATROCITIES
AND
THE BRAIN SCIENCE
OF
OBEDIENCE

가장 어두운 밤에는 인간성이 사라진다.

———

자크 루아쟁 Jacques Roisin [281]

어느 일요일 이른 아침이었다. 나는 며칠 전 캄보디아에서 돌아온 상태였고, 아직 시차 적응도 되지 않은 채 새집으로 이사하며 공사를 마무리하고 있었다. 일요일 아침에 대학에는 정말 가고 싶지 않았다. 하지만 주어진 기회를 놓칠 수 없었다.

벨기에에 사는 50세의 르완다인 펠리시앙 바히지 Félicien Bahizi를 만나야 했기 때문이다. 르완다에서 집단학살이 일어났을 당시 그는 21세나 22세쯤이었다. 당시 그는 키갈리 북쪽에 있는 루통고 Rutongo라는 도시에서 사제가 되기 위해 공부하고 있었고 르완다 적십자사 청소년부 회원이기도 했다. 이제 30년이 지난 후에 비로소 그를 만나 이야기를 듣게 되었다.

그 사건은 1994년 4월 7일에 시작되었다. 전날 밤 그는 부활절 휴가를 보내기 위해 키부 Kivu 호숫가에 있는 카가노 Kagano라는 마을의 자기 집에 도착했었다. 문제의 그날 아침, 그는 평소처럼 오전 5시에 자연스럽게 눈을 뜨고 하루를 시작하려는 참이었다. 하지만 그날은 그와 온 나라에 엄청난 변화를 가져올 것이었다. 그날은 수많은 사람들의 마음에 오래도록 깊은 인상을 남기게 될 날이었다.

펠리시앙은 깨어난 직후 하브야리마나Habyarimana 대통령의 비행기가 키갈리에 접근하던 중 지대공 미사일 두 발에 맞아 추락했고, 탑승객 전원이 사망했다는 소식을 들었다. 우선 이 비극적인 사건에 누가 책임이 있는지를 결정하는 재판이 열릴 것이라는 생각이 들었다. 그러나 그 사건이 불과 3개월 만에 약 50만~60만 명이 사망하는 피비린내 나는 대량학살을 촉발할 것이라고는 전혀 예상하지 못했다.

그날 늦게 그는 한 무리의 젊은 남자들과 마주쳤다. 그들은 추락 사고에 책임이 있는 투치족에게 복수해야 한다고 주장했다. 그들은 손에 무기를 든 채 펠리시앙을 멈춰 세우고 그에게 르완다애국전선FPR 소속인지 물었다. FPR은 1980년대 후반 우간다에 거주하던 투치족 망명자들이 결성한 단체였다. 이 단체는 후투족이 주도하는 르완다 정부를 전복하고자 했다. 펠리시앙은 두려움에 떨며 FPR과 관련이 없다고 부인했다. 실제로도 그는 FPR과 관련이 없었다. 그는 즉시 냐마셰케Nyamasheke에 위치한 사제관으로 갔다.

신부는 그와 이야기를 나누며 다른 사람들과 함께 가지 말고 투치족을 공격하려는 집단에 가담하지 말라고 했다. 그리고 그들은 함께 시장을 찾아가 공격을 받을 수 있는 투치족을 보호해 달라고 요청했다. 그러나 바로 그날, 펠리시앙은 한 지역의 투치족이 참수당했고 일부 후투족이 무장 민병대를 조직했다는 소식을 접했다.

4월 8일, 긴장이 급격히 고조되었지만 아무도 향후 일어날 학살의 규모를 예측할 수 없었다. 일부 투치족은 잠재적인 폭력에서 벗어나려고 교회 본당 안으로 피신했다. 그들은 이 안전한 공간에서 자신들에게 닥칠 강간, 살인, 고문과 같은 말로 다할 수 없는 잔혹행위를 전혀 예상하지 못했다.

펠리시앙은 나마셰케 영양지원센터의 책임자인 조세핀이라는 여성을 알고 있었다. 그는 학교에서 공부할 때 그녀가 항상 그에게 빵과 차를 가져다주었던 것을 기억한다. 4월 9일, 조세핀은 잠시 들른 후 집으로 돌아가고 싶다고 펠리시앙에게 말했다. 펠리시앙은 그녀를 만류하려 했지만 그녀는 결국 떠났다. 이후 펠리시앙은 그녀의 안부를 확인하기 위해 경찰관과 함께 그녀의 집을 찾았다. 그러나 집에 들어가자마자 그들은 섬뜩한 광경을 목격했다. 조세핀은 몸이 두 동강 난 채 발견되었다. 그녀는 투치족이 아니었지만 그저 투치족과 비슷한 신체적 특징을 가지고 있을 뿐이었다. 그것은 집단학살 당시 자주 일어난 일이었다. 후투족처럼 보이는 일부 투치족은 살아남았고, 투치족처럼 보이는 일부 후투족은 목숨을 잃었다. 펠리시앙의 사촌 중 한 명에게도 똑같은 일이 일어났다.

그 후 며칠 동안 많은 투치족이 본당에 모였고, 펠리시앙과 신부는 그들을 보호하려고 노력했다. 4월 11일과 12일에 무장 민병대가 본당에 침입해 안에 숨어 있던 투치족을 죽이려는 시도가 여러 차례 있었다. 펠리시앙은 그들이 수류탄을 던졌던 것을 기억한다. 수류탄 하나가 그의 바로 옆에 떨어진 것이다. 그는 자신의 마지막 순간이 다가오고 있다고 생각했지만 수류탄은 터지지 않았다. 결국 나마셰케의 경찰관이 그들을 보호하러 왔고 민병대원 두 명을 죽이는 데 성공했다. 나머지는 도망쳤다.

대량학살 동안 펠리시앙은 가능한 한 많은 투치족을 도우려고 노력했다. 그는 가짜 적십자 완장을 만든 다음 난민 무리에게 주고 일을 돕도록 했다. 그는 키부 호수를 건너 콩고민주공화국의 도시인 부카부Bukavu까지 몇몇 투치족을 배에 태워 대피시키는 비밀 작전에도 참여했다. 적십자사에서 받은 간호 훈련 덕분에 많은 사람을 치료하고 약도 줄 수 있었다.

하루는 젊은 투치족 어머니를 만났다고 한다. 그녀는 후투족이 투치족을 구하려고 목숨을 걸었다는 것을 믿을 수가 없었기에 그가 어느 민족인지 물었다. 심지어 펠리시앙에게 "정말 후투족 맞나요? 부모님께 한번 물어보세요"라고 말할 정도였다. 서로에 대한 증오가 극에 달한 상황에서 후투족이 목숨을 걸고 투치족을 구한다는 것은 전혀 상상할 수 없는 일처럼 보였다.

2006년에 펠리시앙은 집단학살 당시의 활동 덕분에 공식적인 '쥐스트Juste'('의로운 사람'이란 뜻의 프랑스어)로 인정받았다.

2023년 아침 만남에서 나는 그에게 당시 구조자 역할을 한 이유를 물었다. 그는 '본능'이라는 단어와 그에게는 모든 인간이 똑같다는 사실을 언급했다. 그는 대부분의 사람들이 집단이나 국가에 소속감을 느낄 필요가 있다고 말하지만, 인류 전체에 소속감을 느끼는 경우는 거의 없다고 했다. 그는 피부색, 민족, 종교, 국가와 같은 것이 인간을 서로 다른 집단으로 구분하는 것은 아니라고 생각했다. 그보다는 사람들이 '타인'을 두려워해 자기 민족, 지역, 종교라는 그들만의 소수 집단에 갇혀 지낸다고 보았다. 그는 오직 교육만이 인간의 분열 경향을 극복할 수 있다고 믿는다.

펠리시앙이 현재 교사가 되어 청소년들에게 자신의 이야기를 들려주는 이유도 여기에 있을 것이다.

그러면서 그는 자신이 가장 싫어하는 것 중 하나가 불의라고 덧붙였다. 그건 아마도 그의 어린 시절에서 비롯된 것 같다. 아버지는 농부였는데 펠리시앙이 태어난 그날 밤 강도들이 가족을 공격했다. 펠리시앙의 아버지는 살아남았지만 피해자들을 위한 정의는 실현되지 않았다. 이후 펠리시앙은 수년간 너무나도 많은 불의를 목격했다. 그는 소신학교minor seminary에 다닐 때 투치족이 학대당하는 모습을 목격한 기억이 있었다. 소신학교는 소년들을 학문적으로나 영적으로 준비시켜 성직과 종교 생활에 소명을 준비하도록 돕는 가톨릭 교육 기관이었다. 어느 날은 기세니Gisenyi에서 약을 구하러 온 투치족이 붙잡혀 학대를 받는 것도 보았다.

펠리시앙은 이러한 모든 사건이 자신에게 강한 '정의감'을 키워주는 데 도움이 되었다고 생각한다. 그에게 1994년의 대량학살은 그가 절대 지지할 수 없는 완전히 부당한 행위였다. 하비아리마나 대통령이 살해되었을 때 복수로 대응한 것은 잘못이었다. 정의로 대응했어야 했다.

역사 전반에 걸쳐 대량학살이 얼마나 효율적으로 일어났는지 생각해 보았을 때 사람들이 어떻게든 살아남았다는 사실이 종종 놀랍다. 어떤 생존자들은 우연을 언급하고 어떤 이들은 '신의 개입'을 언급한다. 하지만 펠리시앙 같은 사람들의 친절과 도움으로 목숨을 구한 경우가 더 흔하다. 그들은 아마도 혼란 속에서 기꺼이 도와주려는 누군가를 우연히 만나 피난처를 제공받거나, 위험으로부터 숨거나, 탈출하도록 도움받았기 때문에 살아남았을 것이다. 이런 친절과 연민의 행동이야말로 많은 사람이 생존할 수 있었던 중요 요인이었다.

영웅적 행동은 일반적으로 기꺼이 행해지며 심각한 신체적 피해를 볼 위험이나 심하면 죽음에 이를 수도 있는 위험을 무릅쓰고 행해진다. 그렇다면 왜 어떤 사람들은 전혀 모르는 사람까지 포함해 타인의 생명을 구하기 위해 자신의 생명까지 희생할 준비가 되어 있는 것일까?

이 복잡하고 흥미로운 질문은 사회심리학, 사회학, 신경과학 등 다양한 분야에서 오랫동안 연구되어 왔다. 이 마지막 장은 전쟁과 집단학살에서 일부 사람이 아무런 개인적 관계가 없는데도 타인을 위해 궁극적인 희생을 감수하려는 이유를 파헤치고자 한다.

역사 속에서 구조자 알아보기

위협받는 사람들을 구하기 위해 얼마나 많은 사람이 목숨을 바쳤는지 정확히 파악하는 것은 불가능하다. 많은 사람이 구출 활동 중에 사망했거나 그 행동이 공식적으로 인정받기 전에 사망했다. 자신의 구조 활동을 공개적으로 언급하지 않거나, 그러한 활동을 인정받는 데 필요한 서류를 제공하지 않은 사람들도 있다. 어떤 경우에는 정치적 또는 사회적 상황 때문에 구조자의 행동을 인정하기가 어렵다. 예를 들어 정부가 검열하거나 집단학살을 부정하는 경우, 또는 구조자 자신이 박해받는 집단의 일원인 경우가 그렇다.

하지만 정확히 몇 명이 다른 사람을 구했는지를 아는 것이 반드시 가장 중요한 것은 아닐 것이다. 결국 생명을 구하는 일은 단순한 숫자의 문제가 아니라 그 자체로 깊은 의미를 지닌 가치 있는 행동이기 때문이다. 몇몇 연구에서는 구조 행위를 한 사람의 특징을 평가해 그들이 다른 사람과 다른 점이 무엇인지, 전쟁이나 집단학살 중에 박해와 폭력의 표적이 된 사람들의 생명을 구하기 위해 왜 그들이 자신의 생명과 안전을 걸었는지 이해하고자 했다.

이러한 조사의 첫 번째 단계는 도움을 준 사람을 파악하는 것이다.

과학 문헌을 보면, 이렇게 수행한 연구들은 대부분 홀로코스트 동안 유대인을 구출한 비유대인에 초점을 맞추었다. 그렇다고 다른 곳에서 구조 활동이 없었던 것은 아니다. 예를 들어, 여러 연구를 통해 르완다의 집단학살 당시 구조자나[282, 283] 1976년에서 1983년 사이에 아르헨티나에서 군사 정부에 의해 박해받던 사람들을 도운 사람들,[284] 그리고 아르메니아 집단학살, 보스니아 집단학살, 아메리카 원주민 집단학살 당시 이루어진 구조 활동 등이 조명을 받았다.[285] 미국 국가안보문서보관소US National Security Archive 소장이 '세계를 구한 사람'이라고 칭송한 소련 해군 장교 바실리 알렉산드로비치 아르키포프Vasily Aleksandrovich Arkhipov의 유명한 사례도 있다.[286] 1962년 쿠바 미사일 위기 당시 근무 중이던 그는 잠수함 함장에게 핵어뢰 발사 명령을 받았다. 이 결정에는 아르키포프를 포함한 세 명의 고위 장교의 승인이 필요했다. 아르키포프는 발사에 반대했고 다른 장교들에게 모스크바의 명령을 기다려 보자고 설득했다. 만일 그가 핵공격을 막지 못했다면 전 세계적인 핵폭탄 반격으로 북반구 대부분이 파괴되었을 것이다.*

다른 전쟁과 집단학살에서 나타난 구조자의 사례는 가리오The Gardens of the Righteous Worldwide, Gariwo 웹페이지에서 확인할 수 있다.[288] 이곳의 목적은 나치 박해 당시 유대인을 구한 사람들에게 처음 적용한 '의인Righteous'의 개념을 모든 집단학살과 반인도적 범죄로 확대하는 것

---

* 사실 아르키포프 이야기의 일부 요소에는 의문점이 있다.[287] 그날 그 자리에 있었던 다른 장교 한 사람은 미사일을 발사할 준비가 된 사람은 지휘관뿐이었고 아르키포프뿐만 아니라 다른 장교들도 동의하지 않았다고 말했다.

이다.

　이러한 사례 가운데 홀로코스트 중의 구출 행위가 가장 많이 연구된 데에는 몇 가지 이유가 있다. 첫째, 홀로코스트는 가장 광범위한 기록이 남아 있는 집단학살 중 하나로 그 시기에 일어난 사건과 관련된 사람들에 대한 더 깊이 있는 이해를 제공한다. 둘째, 대량학살로 죽거나 연루된 사람이 너무 많았기 때문에 이와 비례하여 더 많은 구조자가 나올 수 있었다. 과학 문헌에 따르면 구조 활동 다수는 곤경에 처한 사람이 구조자에게 도움을 요청했기 때문에 이루어졌다고 한다.[289] 위협을 받는 사람이 많을수록 도움 요청이 더 많았을 것이고 그 결과 구조 활동이 더 많이 이루어졌을 것이다. 또 다른 요소는 자금, 학문적 자료, 기관 지원의 접근성이다. 예를 들어 유럽의 대학과 연구 기관은 나치 집단학살과 관련 주제 연구를 지원할 자원과 인프라를 많이 보유할 가능성이 크며, 이 때문에 해당 지역의 구조자 연구가 집중적으로 이루어지는 데 도움이 되었을 것이다. 또한 문화적 차이 때문에 홀로코스트 당시 구조자에 대한 관심이 높아졌을 수도 있는데, 일부 국가에서는 영웅주의와 이타주의가 찬양이나 인정을 받지 못했을 수도 있다. 마지막으로 홀로코스트 중 많은 구조자가 야드바셈Yad Vashem 프로그램을 통해 공식적으로 인정을 받고 상을 받았는데 이것 때문에 그들을 찾는 과정이 수월해졌다.

　야드바셈은 홀로코스트로 희생된 600만 명의 유대인을 기리기 위해 이스라엘 국가가 설립했다. 야드바셈의 주요 임무는 홀로코스트 당시 유대인을 구하기 위해 자신의 목숨을 걸고 유대인을 구한 비유대인에게 유대인을 대표해 감사를 표하는 것이다. 고려해야 할 중요한 요소는 그들이 구조에 성공했는지 여부가 핵심이 아니라는 점이다. 중요한 것은 그들이 노력했다는 사실이다. 유럽 전역에 사는 사람들이 이 상을 받았으므로 수상 자에게는 '열방의 의인'이라는 칭호가 부여되었다.

의인으로 인정하기 위한 여러 가지 기준이 정해졌는데 그중 하나가 위험 요소다. 집단학살이 일어나는 동안 구조자들은 종종 심각한 위험과 어려움에 직면했다. 당국이 추적하거나 폭력적인 위협을 가하기도 했다. 구조자들은 구조 활동으로 자신의 생명이나 자유가 위험에 빠질 수 있다는 사실을 충분히 알고 있어야 했다. 다시 말해 의로운 사람은 모든 위험에도 불구하고 타인을 구하려는 사람들이다. 예를 들어 폴란드에서는 주요 도시에 붙인 포스터와 라디오 메시지로 유대인을 도우려는 사람들에게 처벌을 경고했다. 그러한 메시지는 유대인을 집에 받아들이거나 유대인을 도우려고 시도한 사람은 총살될 것임을 분명히 했다.[290] 그런데도 수천 명의 사람이 폴란드에서 구조 활동을 한 것이 확인되었다.[291]

또한 의인으로 선정되려면 표적 집단에 속하지 않아야 한다는 기준도 있다. 이는 야드바솀 프로그램의 경우 대개 수상자가 유대인이 아니라는 것을 뜻한다. 사실 제4장에서 논의했듯이 인간은 민족, 태도, 성격 또는 문화적 배경이 자신과 비슷한 피해자를 더 많이 돕는 경향이 있다. 이 사실은 왜 그렇게 소수의 사람만이 구조 활동에 참여하는지를 일부 설명해 준다. 따라서 의로운 사람들은 집단 구성원이라는 경계를 넘어 종교적 친밀함이 없는 사람들을 구하기 위해 목숨을 건 셈이 된다.

의인 선정의 또 다른 기준에는 구조 행위에 금전적 보상 같은 전제 조건이 포함되어서는 안 된다는 것이 들어 있다. 일부 사람은 금전적 보상 때문에 도움을 주었지만 그들이 대가성으로 받은 이익을 고려해 의로운 사람으로 인정되지 않았다.[292] 또한 의로운 사람으로 인정받으려면 구출 사건 전후에 유대인이나 다른 국적의 사람에게 신체적 해를 끼친 적이 없어야 한다.

의인 이야기에 나오는 구출 방법은 다양하다. 위협받는 사람들을 비밀 장소나 집에 무기한으로 숨겨주는 일, 그들에게 음식을 가져다주는 일, 그들의 존엄성을 지켜주기 위해 배설물을 치우는 일일 수도 있다. 또한 피해자가 신분을 감추고 새로운 신분을 갖도록 도움을 주거나 위험한 곳에서 도망치도록 도운 경우도 있다.

구조 활동에서 속임수나 위장이 결정적인 역할을 할 때도 있다. 나치의 집단학살 동안에는 위장의 한 형태로 독일 군수 산업의 필수 인력으로 등록하는 방법이 있었다. 오스카 쉰들러Oskar Schindler는 아마도 이 전략을 사용한 가장 유명한 사례일 것이다. 그의 이야기는 스티븐 스필버그의 영화 〈쉰들러 리스트Shindler's List〉에 담겨 있다. 오스카 쉰들러는 독일의 산업가였는데 자신의 공장에서 일하는 유대인들이 탄약을 생산하고 있어서 전쟁 수행에 필수적이라고 주장했다. 실상 그렇게 등록한 유대인들은 회사가 운영된 8개월 동안 단 한 개의 포탄도 생산하지 않았다. 쉰들러와 그의 아내 에밀리 쉰들러는 홀로코스트 당시 1,000명이 넘는 유대인 남성, 여성, 어린이의 목숨을 구한 공로를 인정받았다.

의인이라는 칭호를 수여하기 전에 이 용감한 행동들의 진실성을 보장하기 위해 야드바셈 프로그램은 증거와 정보를 면밀히 검토한다. 지금까지 다양한 국가에서 2만 8,217명이 이 칭호를 받았으며 자세한 숫자는 해당 웹페이지에서 확인할 수 있다.[291] 그러나 국가별 숫자를 기준으로 해서 비교해서는 안 된다. 야드바셈 프로그램에서 언급했듯이 이 숫자는 사용 가능한 문서를 토대로 공식적으로 인정한 개인만 포함한다. 게다가 홀로코스트가 이들 국가 모두에서 일률적으로 일어난 것은 아니었으므로 구출 시도 여부와 방법의 차이에 큰 영향을 미쳤을 것이다. 하지만 이 숫자가 분명하게 보여주는 것은 당시 유럽에 살고 있던 사람들의 수에 비해 구조자의 수가 많지 않다는 사실이다. 일부 연구자가 산정한 최고 추정치(100만 명의 구조자, 야드바솀 프로그램에서 공식적으로 인정한 수보다 더 많다)를 고려해도 여전히 나치 치하 인구의 0.5퍼센트 미만에도 못 미쳤다.[293]

르완다에서는 이부카Ibuka와 아베가Avega라는 두 협회가 인다켐와Indakemwa, 즉 '진실한 사람들'을 인정하기 시작했다. 2004년부터 '쥐스트'라는 단어가 '집단학살의 어려운 시기에 투치족을 도운 사람들'을 지칭하는 데 사용되었다. 두 협회는 "모든 인류는 집단학살자뿐만 아니라 박해받는 사람들을 보호하려 노력한 사람들도 있다는 것을 알아야 한다"*라고 선언했다. 쥐스트 선정의 세 가지 기준은 다음과 같다. (1) 집단학살 동안 적어도 한 명의 투치족을 구했고 동시에 투치족에 대한 비난받을 만한 행위에 전혀 연루되지 않은 사람. (2) 가차차법원에 참여했거나 집단학살 이후 증언에 기여한 적이 있는 사람. (3) 르완다의 화해 활동에 참여한 사람. 수백 명의 사람이 '쥐스트' 명예 칭호를 받았다.

일부 사람들은 레지스탕스 조직에 가입하는 등 다른 영웅적인 방식으로 행동했다. 홀로코스트 동안 이들은 무장 전투에 참여했고, 불법적으로 식량을 운반하는 것을 도왔으며, 나치 암살을 시도했고, 철도를 파괴했다.[294] 예를 들어 덴마크 저항 운동에서는 수많은 사람이 스파이 활동이나

---

* 국제형사개혁위원회, 2004, p.32; PRI, 가차차 보고서, 2004년 11월, p.32.

파괴 활동 같은 지하 활동을 수행했다. 이들은 생명을 구하고 가해자를 물리치려는 조직적 노력에 이바지했음에도 구조자로 인정받지 못하는 경우가 많았다. 예를 들어 덴마크 저항 운동 자체는 야드바셈 프로그램이 '열방의 의인'으로 인정했지만 저항 운동에 속한 개인의 이름은 알려지지 않았다.

따라서 우리에게 알려진 모든 구조자 외에도 이름과 행동이 세월 속에 잊힌 사람들이 훨씬 더 많을 것이다.

타인을 도우려고 모든 위험을 무릅쓰는 사람은 누구인가?

1988년, 새뮤얼과 펄 올리너Samuel and Pearl Oliner라는 부부 연구팀이 홀로코스트 기간 중 구조자 406명, 비구조자 126명, 생존자 150명을 대상으로 대규모 연구를 진행했다.[293] 올리너 부부는 분석을 통해 구조자들이 매우 특별하고 비범한 사람들이라는 사실을 강조했다. 그들은 구조자들을 높이 치켜세웠는데 아마도 새뮤얼 올리너 자신이 홀로코스트 당시 구조되었다는 사실이 영향을 주었을 것이다. 그가 열 살 무렵 가족이 나치에 의해 살해당했는데 다행히 그는 폴란드 기독교인 여성의 도움 덕분에 살아남을 수 있었다. 올리너 부부는 연구를 통해 구조자들이 뛰어난 도덕적 자질과 타인을 돕겠다는 강한 의지가 있으며, 모든 인간이 공통된 인간성을 공유하고 있다는 깊은 인식을 가지고 있다는 결론을 내렸다. 여기서 '공통된 인간성shared humanity'이란 특정 집단에 얽매이지 않고, 모든 사람을 동등하게 바라보는 사람을 의미한다. 펠리시앙처럼 그들은 모든 인간은 평등하며 하나의 가족으로 생각해야 한다고 믿는다.

올리너 부부의 기념비적인 연구 이래로 많은 연구자들이 전쟁과 집단 학살 동안의 구조 활동과 관련된 특정한 성향을 파악하려고 노력해 왔다.[293] 2007년에 실시한 한 연구[295]에서 연구팀은 구조자들이 방관자보다 더 높은 사회적 책임감을 느끼며 이타주의를 더욱 중시하는 도덕적 사고방식을 가지고 있음을 관찰했다. 그들은 다른 사람에게 공감적 관심이 높았고 위험을 좀 더 감수하려 했다. 이러한 결과는 인구통계학적 요인이나 상황적 차이와는 관계가 없었다. 유대인에게 연민과 공감을 느끼는 것이 죽음을 초래할 수 있었음에도, 구조자 집단에서는 도움이 필요한 사람들에 대한 연민과 공감이 아주 높았다.

다른 곳에서 이루어진 후속 연구에서도 이러한 결과와 일치하는 점이 있었다. 2018년 르완다에서 실시한 한 연구[296]에서는 두 명의 연구자가 르완다에서 구조 활동에 참여한 사람 35명을 인터뷰했다. 연구자들은 구조자들이 보편적 인간성에 대한 인식, 곤경에 처한 사람에 대한 도덕적 의무감을 언급했다는 것과 그들이 기독교 신앙에서 영감을 얻었다는 사실을 보고했다. 그들은 구조 활동을 하는 동안 자신들의 가치관과 일반적인 도덕 규범이 용기를 북돋아 주었다고 말했다. 제1장에서 우리는 일부 인터뷰 대상자들이 집단학살에 가담하는 것을 멈추게 된 이유를 설명하면서 종교를 언급한 것을 살펴보았다. 그러나 동시에 많은 사람은 종교를 믿으면서도 집단학살에 가담했다. 그러므로 종교가 타인을 돕는 것과 확실하게 연관된 요소라고 보이지는 않는다.

전반적으로 이러한 연구들은 구조자들이 공통된 인간성에 대한 인식과 타인에 대한 강한 공감과 높은 도덕적 책임감을 언급하는 일이 매우 흔함을 보여준다. 그렇다고 그러한 특성이나 도덕적 가치로 구조 활동을 완벽하게 예측할 수 있는 것은 아니다. 이는 맥락의 문제이기도 하다.

예를 들어 정치학자인 리 앤 후지이Lee Ann Fujii는 일부 르완다인이 집단학살 동안 폭력 행위와 구출 행위에 모두 가담했다는 사실을 보여주었다.[297] 그녀의 연구 결과는 성격이 구조자와 다른 사람을 구별하는 주요소라는 생각에 중대한 의문을 품게 했다. 일부 연구자들은 집단학살 당시 사람들이 구조 활동에 참여하도록 동기를 부여한 맥락적, 상황적 요인을 더 잘 이해하기 위해 심층 인터뷰를 진행했다.

앞에서 언급한 2018년 르완다에서 수행한 연구에서[296] 연구원들은 추가적으로 그들이 확인한 모든 구조자 중 단 두 명만이 다른 사람과 특별한 협력 없이 혼자 행동했다는 것을 관찰했다. 협력은 때때로 가족 단위로 이루어졌으며 때로는 친구나 이웃들과 이루어졌다. 예를 들어 어떤 사람들은 투치족을 자기 집에 숨겨주었고, 이웃들은 접근하는 무장 민병대를 막았다. 또한 어떤 때는 사람들이 집단으로 피해자를 교회에 숨기거나 도로를 건너도록 돕기도 했다. 이 결과는 집단의 영향력이 부정적 효과와 긍정적 효과를 모두 가져올 수 있음을 시사한다. 제1장에서 우리는 많은 과거 집단학살 가해자들이 집단의 영향 때문에 학살에 가담했다고 주장한 것을 살펴보았다. 하지만 연구 결과가 보여주듯이 집단의 영향력은 긍정적인 효과를 가져올 수도 있다. 예를 들어 집단으로 구조 활동에 참여하는 경우가 그렇다. 이 경우 혼자서는 행동하지 않았을 사람이라도 집단이 제공하는 집단적 책임감과 지원 덕분에 타인을 도우려는 행동의 동기를 얻을 수 있다. 이는 해로운 행동이나 친사회적 행동을 모두 촉진할 수 있는 집단 영향의 복잡하고 때로는 모순적인 효과를 보여준다.

연구자들은 어떤 사람이 다른 사람보다 구조 활동에 참여할 가능성이 더 큰 것을 관찰했는데, 그 이유는 그들이 도움을 줄 수 있는 상황에 놓여 있었기 때문이었다. 예를 들어 연구자들은 구조 활동에 참여한 사람들이 일반 사람보다 대체로 나이가 많았기 때문에 나이가 중요하다고 보았다. 나이의 영향은 여러 가지 요인으로 설명할 수 있다. 고려해야 할 첫 번째 요소는 르완다 사회에서 노인의 역할이다. 노인은 존경을 받고 가족 내에서 영향력을 행사할 수 있기 때문이다.[298] 또 다른 요인은 집단학살 이전에 일부 정치 엘리트들이 '위험한' 투치족으로부터 주민을 보호하기 위해 젊은 민병대를 조직하도록 장려했다는 점이다. 이렇게 민병대가 된 사람들은 일자리나 집이 없는 20대나 30대의 청년들이었다.[299] 따라서 노인들은 상대적으로 증오 선전에의 노출이나 무장 민병대 참여가 덜했다. 홀로코스트 구조자를 대상으로 한 연구에서[295] 연구자들은 구조자의 나이가 방관자의 나이보다 약간 더 많다는 사실을 발견했다. 또한 구조자들이 방관자보다 교육을 더 오래 받았다는 것도 확인했다. 특히 이 시기에 교육은 반유대주의를 조장하는 외부 사회적 영향으로부터 보호해 주는 요소로 작용했을 수 있다.

르완다에서 실시한 연구에 따르면 구조자는 정식 직업을 가지고 있을 가능성이 더 컸다. 많은 구조 활동이 자신의 집에 누군가를 숨겨주는 형태로 이루어졌기 때문에 집을 소유하고 그에 상응하는 경제적 지위가 있어야 했다. 그러한 사람들은 이미 소득과 집이 있으므로 대개 피해자의 집을 약탈하는 것으로 끝을 맺는 집단 공격에 가담할 가능성이 작았을 것이다.

하지만 르완다에서는 많은 구조자가 아주 작은 집에 살면서도 수십 명의 사람을 숨겨주었다. 벨기에의 정신분석학자 자크 루아쟁Jacques Roisin의 인터뷰에 따르면 대학살 당시 최소 80명을 구한 르완다 여성 주라 카루힘비Zura Karuhimbi는 다음과 같은 사실을 밝혔다.

나는 집 안의 구석구석에 투치족을 숨겼습니다. 여기 작은 방에도, 저기 작은 방에도, 심지어 천장에까지 숨겼죠. 인테라함웨가 내 집을 불태웠기 때문에 천장을 보여줄 수는 없군요… 일부는 내 침대 아래에 숨겼고 일부는 집 밖 나무에 숨겼습니다. 집 바닥 아래나 마당에 숨은 사람들은 나뭇잎과 콩 껍질로 덮어주었죠… 나는 그들에게 음식을 가져다주고 변기통을 비워주었습니다.[*][281]

주라는 전통 치료사였으므로 마녀로 가장해 수십 명의 사람을 구출하고 숨길 수 있었다. 그녀는 요술, 질병, 죽음을 일으킬 수 있는 사악한 힘인 냐빙기Nyabingi를 가지고 있다고 알려져 있었다. 누군가 다가올 때마다 그녀는 그들에게 주문을 걸겠다고 위협했고 이는 공격자들을 겁먹게 했다. 주라도 공통된 인간성에 대한 인식을 보여주는 듯한 인터뷰를 한다. "인간으로서 우리는 모두 같습니다. 모두 같은 가족입니다."

더불어 가족의 경험과 본보기도 중요한 것으로 보인다. 인터뷰에 응한 35명 중 20명은 과거 폭력 사태가 있던 시기에 이미 부모나 조부모가 투치족을 구했다고 말했다. 주라는 이전 전쟁 중에도 그녀의 가족이 위협받는 사람들을 숨겼다고 설명했다. 그녀의 어머니가 나중에 자신도 사람을 구해야 한다고 말했다고 한다. 이는 교육과 가족이 한 세대에서 다음 세대로 도덕적 가치를 전수하는 데 중요한 요소라는 것을 시사한다. 실제로 많

---

[*] 연구자가 번역했다. 원문은 프랑스어다.

은 문화권에서 부모는 자녀의 도덕적 발달을 형성하는 데 중요한 역할을 한다. 부모는 아이들에게 무엇이 옳고 무엇이 그른지, 어떻게 타인을 존중하고 친절하게 대할지, 사회생활에 필요한 다른 중요한 가치는 무엇인지를 가르칠 수 있다.

따라서 맥락과 상황적 요인은 어떤 사람들이 구조 행동에 참여할지를 결정하는 데 중요한 것으로 보인다. 그러나 상황적 요인만으로 구조 행동이 항상 예측되는 것은 아니다. 집이 있거나 가족의 지지를 받는 모든 사람이 구조 행동에 나서는 것은 아니기 때문이다. 구조 행동은 연구하기 매우 복잡해서, 비슷한 상황이라 해도 어떤 사람들은 사람을 해치라는 명령에 저항할 것이고, 어떤 사람들은 그러한 명령을 따를 것이다. 비록 과거 연구를 통해 구조 행동에 유리한 성격적 특성과 사회적 요인 및 상황적 요인이 입증되었지만, 효율적인 개입 방법을 개발하는 데 중요한 일부 요소는 여전히 답안지에서 빠져 있다.

신경과학에서 구조 행동의 연구는 아직 초기 단계이지만 이미 표적으로 삼아 개입해 볼 만한 핵심 요소를 제공했다. 실험 연구는 도움 행위와 저항에 관한 연구를 보완하는 데 적합하다. 그 이유는 실험 연구에서는 환경 변수를 완벽하게 제어할 수 있지만, 현장 연구에서는 그러한 변수의 제어가 제한적이기 때문이다. 예를 들어 연구에 따르면 지지해 주는 집단의 존재가 사람들의 구조 노력 참여를 독려하지만 이 지지 '집단'의 구성원들이 모두 완전히 동일할 수는 없다. 그 행동을 지지한 사람들은 몇 명이었을까? 그들은 누구였고, 구조자와 어떤 관계였을까? 실험실 환경에서는 이러한 변수들을 제어할 수 있으며, 이를 통해 이러한 변수들이 행동과 관련 메커니즘에 미치는 영향이 무엇인지 새로운 해답을 얻을 수 있다.

비용이 많이 드는 도움 행위의 신경과학

사회학자와 사회심리학자들이 진행한 구조자 연구를 통해 우리는 구조 행동이 흔히 개인적으로 큰 위험을 감수하면서 이루어진다는 사실을 알게 되었다. 신경과학에서는 개인이 개인적인 비용을 들여 타인을 돕기로 정할 때 나타나는 친사회적 행동의 근저에 있는 신경 메커니즘을 이해하고자 여러 연구를 수행했다. 두 연구 분야 모두 개인이 비용이 많이 드는 도움 행위(예를 들어 구조 행동)에 참여하는 이유와 방식을 이해하는 데 관심을 둔다. 두 연구 분야의 통찰력을 결합함으로써, 개인이 상당한 개인적 희생을 감수해야 하는 상황에서도 구조 행동에 참여하게 만드는 요인을 좀 더 포괄적으로 이해할 수 있을 것이다.

과학 연구에서는 도움 행위를 연구하는 데 흔히 사용되는 방법으로 독재자 게임이 있다. 이 게임에서는 독재자라고 불리는 한 명의 플레이어가 일정 금액의 돈(예를 들어 10달러)을 받고, 그중 얼마를 수령자라고 불리는 다른 플레이어에게 줄 것인지 결정해야 한다. 수령자는 독재자의 결정에 전혀 관여할 수 없으며 독재자가 주기로 한 금액을 받을 수만 있다. 오로지 자기 이익만 추구한다면 독재자 역할을 하는 플레이어는 돈의 100퍼센트를 자신이 갖고 다른 플레이어에게는 아무것도 주지 않아야 한다.

하지만 실험실 실험에 따르면 모든 독재자가 이런 방식을 선택하지는 않는다. 일부는 수령자와 돈을 나눈다. 예를 들어 독재자 중 단 40퍼센트만이 돈을 전부 다 챙긴다는 사실이 드러났다. 일반적으로 다른 사람들은 수령자에게 10달러 중 최대 20퍼센트까지를 나눠준다.[300] 그러나 이러한 금액은 간단한 실험 조작에 따라 상당히 달라질 수 있으며 개인마다 크게

다를 수 있다.[301]

연구자들은 기능적 자기공명영상fMRI을 사용해 공감 관련 뇌 영역에서 활동성이 더 높은 참가자가 독재자 역할을 할 때 더 많은 금액을 나눠주었다는 사실을 관찰했는데, 이는 공감의 핵심적 역할을 시사한다.[302, 303] 연구자들은 공감과 관련된 뇌 영역의 활동이 높을수록 다른 사람의 고통을 줄이려는 기부가 더 많아지는 것을 관찰했다. 이러한 결과는 도움 결정에 비록 개인적 비용이 든다고 할지라도 공감이 도움 행위의 강력한 추진 요인임을 시사한다.

이러한 결론은 신경 조절 기술을 사용해 특정 뇌 영역의 활동을 증가시키거나 감소시킨 뒤 그에 따른 효과를 관찰함으로써, 다른 사람의 고통에 대한 신경 처리와 기부 사이에 인과 관계가 있음을 보여주는 연구로 뒷받침된다.* 2018년에 한 연구팀은 신경 조절 기술을 사용하여 체성 감각 피질 ISI의 활동을 조절했다.[304] 체성 감각 피질 I은 피질 표면 근처에 있으며 공감 신경망에 연결된 뇌 영역이다. 이 연구에서 연구자들은 참가자에게 다른 사람(실제로는 실험자와 공모한 사람)을 소개한 다음, 그들이 받은 돈을 기부하면 그 사람이 받을 고통의 강도를 줄일 수 있다고 말했다. 그런 다음 다른 사람을 옆방으로 옮겨 벨트로 손을 때렸는데, 때리는 강도는 점점 더 세졌고 참가자들은 카메라를 통해 그 모습을 지켜볼 수 있었다. 행동

---

* 주목해야 할 중요한 측면은 현재 신경과학 연구에 사용하는 경두 자기 자극TMS과 경두 직류 자극tDCS 같은 대부분의 신경 조절 기술로는 뇌의 깊은 영역까지 안정적으로 도달할 수 없다는 것이다. 예를 들어 공감의 감정적 요소와 관련한 뇌의 깊은 영역인 섬과 전 대상 피질은 안정적으로 자극할 수 없다. 따라서 신경과학자들은 일반적으로 피질 표면에 위치하면서도 목표 신경인지 과정과 기능적으로 연결되어 있다고 알려진 뇌 영역에 신경 조절 기술을 사용한다. 초점 초음파 같은 유망한 기술이 현재 개발 중이며, 이를 통해 더 깊은 뇌 영역까지 도달함으로써 뇌의 이해를 크게 향상할 기회가 올 것이다.

결과에 따르면 참가자들은 다른 사람이 고통받는 것을 더 많이 볼수록 더 많은 돈을 기부해 그 사람의 고통을 막고 도움을 주었다. 그런 다음 연구자들은 신경 조절 기술로 약한 전류를 방출해 SI의 활동을 방해했다. 이러한 간섭을 하고 나자 참가자들이 다른 사람을 도우려 기부하는 돈은 예전만큼 많지 않았다.

2018년의 또 다른 연구팀[305]도 동일한 신경 조절 기술을 사용했는데, 이번에는 사회적 의사 결정과 타인의 마음 상태를 이해하는 능력과 관련된 뇌 영역인 내측 전두엽 피질mPFC을 자극했다.[306] 참가자들은 각 실행에서 상대방에게 강력하고 해로운 전기 충격이 가해질 것이며, 돈을 줌으로써 그를 도울 수 있다고 생각했다. 예를 들어 어떤 실행에서는 90퍼센트의 확률로 상대방에게 전기 충격이 전달되는 것을 막을 기회를 얻을 수 있는데 그러려면 나중에 받을 보상액 중 1.42달러를 포기해야 하는 식이었다. 연구자들은 mPFC의 흥분성을 높이자 참가자들이 다른 사람이 전기 충격을 받는 것을 막기 위해 더 자주 돈을 포기하는 것을 관찰했다. 이로써 이 뇌 영역이 비용이 많이 드는 도움의 핵심적인 원인 역할을 한다는 것이 확인되었다.

흥미를 끄는 또 다른 메커니즘은 옥시토신이라는 신경화학물질인데 이 신경 펩타이드는 여러 가지 친사회적 행동[307] 및 공감과 관련이 있다.[308] 2007년 한 연구진은 독재자 게임과 참가자들에게 옥시토신이나 위약을 주입하는 실험을 결합했다.[309] 연구 결과에 따르면 옥시토신을 주사한 참가자들은 위약을 주사한 참가자들보다 80퍼센트 더 많은 돈을 관대하게 기부했다. 흥미로운 점은 옥시토신이 동물의 도움 행위도 개선한다는 것이다. 신경과학 연구에 따르면 도움 행위는 인간에게만 나타나는 것이 아니며 다른 종에서도 관찰할 수 있다. 예를 들어 2015년 한 연구진은 물에 젖어 괴로워하는 동종의 쥐를 대상 쥐가 도울 수 있는지 조사했다.[310] 연구자들은 괴로워하는 동료를 만난 쥐들이 그 친구를 구하기 위해 문을 여는 법을 재빨리 배운 것을 관찰했다. 다른 문을 열면 먹이를 보상으로 받을 수 있는 선택권이 주어졌을 때도 대부분 쥐는 먼저 괴로워하는 동료를 돕는 쪽을 선택했다. 2020년에 발표된 한 연구에서 연구자들은 옥시토신을 투여했을 때 쥐들이 물에 젖은 다른 쥐를 풀어주는 데 더 빨리 도움을 준다는 사실을 관찰했다. 이는 쥐들이 상대 쥐를 미리 알지 못했다 해도 마찬가지였다.[311]

공감은 도움 행위와 관련이 있는 중요한 메커니즘인 것으로 보이는데, 이는 비인간화 과정이 있었음에도 도움이 필요한 사람들에게 공감을 느꼈다고 고백한 몇몇 구조자의 말과 일치한다. 그러나 도움 행위를 조사하는 실험적 접근 방식은 자유로운 결정이라는 맥락에서 이루어지는 경우가 많다. 즉 그 방식에는 자신의 결정에 따라오는 금전적 대가 외에 도움 행위를 막을 수 있는 다른 방해 요인이 없다.

전쟁이나 집단학살이 일어나는 동안에는 표적 집단을 돕는 것이 일반적으로 불법이며 정부의 명확한 명령과 함께 강압적인 요소가 따라온다. 따라서 또 다른 실험적 접근 방식은 다른 사람이 고통받는 것을 막으려면 사람들이 금전적 이득을 잃는 동시에 권위자의 명령에도 불복종해야 하는 상황을 설정해, 그때에도 동일한 메커니즘이 작용하는지 이해하는 것이 된다.

사람들이 명령에 따라 왜 잔혹한 행동을 저지르는지에 관한 연구를 수년간 한 후, 나는 사람들이 부도덕한 명령에 저항하는 방식을 다루는 신경과학과 관련된 새롭고 보완적인 연구 분야를 개발하고 싶었다. 나는 일부 사람들이 명령에 반하는 행동임에도 도움을 주는 이유를 이해하고 싶었다.

아주 당연한 말이지만 실험 환경에서 불복종을 연구하려면 실제로 사람들이 명령에 불복종하는 것이 필요하다. 원칙이야 간단하지만 사람들이 내 명령에 불복종하게 하는 것이 아마도 내가 실험을 설계하며 부딪혔던 가장 큰 과제였을 것이다.

과학계에서는 연구자들이 참가자의 행동에 여러 가지 방법으로 편향을 줄 수 있다는 사실이 잘 알려져 있다. 예를 들어 연구자들은 참가자에게 기대하는 것의 단서나 힌트를 제공하거나 참가자의 반응에 영향을 미치는 방식으로 참가자와 상호작용 할 수 있다. 연구자가 연구 결과가 어때야 하는지를 두고 선입견이 있거나, 무의식적으로 참가자에게 자신의 기대 사항을 전달하면 의도치 않게 이런 편향이 발생할 수 있다. 그러나 불복종 연구에서는 이상하게도 이런 현상이 덜한 것처럼 보인다. 다른 사람을 해치라는 명령에 사람들이 저항할 것이라고 크게 기대했지만 전반적으로 예상했던 불복종을 얻는 데 실패했다.

제2장에서 언급했듯이 내가 개발한 고통스러운 전기 충격 연구에서 불복종률은 매우 (매우) 낮았다. 너무 낮아서 아무리 여러 번 실행해도 불복종에 관한 신뢰할 만한 통계 분석을 하기 힘들 정도였다. 그래서 나는 다

른 사람을 해치라는 명령에 저항하는 사람들이 최소한 몇 명은 있게 하려고 다른 접근 방식을 찾아야 했다. 참가자들이 내 명령에 따른 이유에 대한 사후 보고를 체계적으로 분석하고 여섯 개의 실험 연구를 더 하며 그렇게 하기까지 5년이 걸렸다.[312] 수년간의 고찰과 연구를 거치는 동안 여러 가지 가능한 해결책이 나타났는데, 다른 사람에게 고통스러운 충격을 주라는 명령에 저항의 정도가 다른 것에서 힌트를 얻었다.

나는 우선 참가자들과 거리를 두어야겠다고 결심했다. 스탠리 밀그램의 연구에서는 실험자가 같은 방에 물리적으로 존재하지 않고 전화로 명령을 내렸을 때 불복종이 현저하게 증가했다.[48] 그래서 나는 실험 참가자들을 항상 다른 방 실험실에 혼자 남겨두는 식으로 물리적 거리를 늘리는 것을 전반적인 규칙으로 삼았다.

나의 이전 연구에서는 참가자들이 두 가지 실험 조건을 수행해야 했는데, 하나는 내가 명령을 내리는 조건이고 다른 하나는 참가자들이 자유롭게 결정하는 조건이었다. 사후 설명을 읽거나 참가자들과 이야기를 나누면서 나는 많은 사람이 선택할 수 있는 상황이 있었기 때문에 자신의 복종을 정당화했다는 것을 깨달았다. 일부 사람은 두 조건 중 적어도 하나에서는 선택할 수 있어서, 다른 조건에서는 명령을 따르는 것이 문제가 되지 않았다고 명확하게 말했다. 그래서 어쩌면 이 자유 선택 조건을 없애고 그들이 오직 내 명령에만 복종하게 하면 불복종이 증가할 것이라는 생각이 들었다. 이후 나는 자유 선택 조건이 없는 참가자 그룹과 자유 선택 조건이 있는 참가자 그룹을 대상으로 과제를 수행해 이러한 조건 차이를 실험적으로 테스트했다. 그러나 그렇게 얻은 결과에 따르면 자유 선택 조건의 존재 여부는 친사회적 불복종률에 통계적인 영향을 미치지 않는 것으로 나타났다.

제2장에서 언급했듯이 일부 사람은 그저 명령을 따르면 되는 실험이었으므로, 책임감을 느낄 필요도 없이 충격을 가할 때마다 돈을 더 많이 벌게 되어 기뻤다고 분명하게 밝혔다. 따라서 사회적 불복종을 증가시킬 방법의 하나는 충격을 가할 때마다 주어지는 재정적 보상을 없애는 것일 수 있다. 과제의 한 변형에서 참가자들은 피해자에게 충격을 가할 때마다 0.05유로를 받았고, 다른 변형 과제에서는 충격을 주어도 어떠한 금전적 보상을 받지 못했다. 연구 결과에 따르면 사람들은 금전적 보상을 주지 않은 경우, 충격당 0.05유로를 주었을 때보다 두 배나 더 자주 불복종하는 것으로 나타났다. 또한 내 명령에 더 자주 불복종하는 사람이 바로 돈을 더 벌고 싶은 마음이 없다고 밝힌 사람이었다는 추가적인 상관관계도 있다. 이러한 결과는 0.05유로밖에 안 되는 적은 금액일지라도 일단 금전적 보상의 형태를 제공하면, 다른 사람을 해치라는 명령을 거부하지 못하게 막을 수 있음을 보여준다.

하지만 나는 실험적 접근 방식에서 친사회적 불복종을 증가시키려면 금전적 보상을 없애야 한다는 판단에 전적인 확신이 없었다. 구조자의 역사적 사례를 보면 다른 사람을 돕는 일에는 항상 비용이나 희생이 따르는 것을 알 수 있다. 실험적 맥락에서 그들이 포기해야 했던 이익은 금전적 보상이었다. 보상을 없애면 실험이 실제 상황과의 유사성이 줄어들면서 불복종을 더 쉽게 유도할 수 있다.

흥미로운 점은 일부 참가자들이 좋은 결괏값을 얻는 데 도움을 주고 싶었다는 이유로 자신의 복종을 정당화했다는 것이다. 내가 진행한 연구에서는 "연구 결과에 왜곡을 주지 않는 것이 당연하다고 생각했습니다", 또는 "과학적 맥락이 실험 방식에 정당성을 부여했기 때문에 명령을 따랐습니다", 또는 "내 복종이 이 연구의 결괏값에 중요하다고 생각했습니다" 같은 정당화를 볼 수 있었다. 흥미롭게도 많은 참가자들은 연구의 목적이 복종을 유도하는 것이라고 믿었기 때문에 명령에 따랐다고 답했다. 그들에게 그러한 사실을 전혀 말한 적도 없고 오히려 나는 어느 정도의 불복종이 나타나기를 기대했는데도 말이다.

때로는 마치 사람들이 자신의 행동에 정당성을 찾으려 하거나, 실제로 제시된 적도 없는 이유를 찾으려는 것 같았다. 예를 들어 비슷한 실험 방식을 사용해 르완다에서 수행한 다른 연구에서, 나는 참가자들에게 자신의 행동을 책임져야 하며 명령에 불복종할 수 있다는 사실이 명시적으로 적힌 문서에 서명하게 했다.[313] 그런데도 거의 아무도 불복종하지 않았으며 여전히 "(나는 불복종하지 않았습니다.) 왜냐하면 연구에 방해가 될 것이고 연구 결과가 부정확할 수 있기 때문입니다", 또는 "그것이 내 책임이었기 때문에 해야 할 모든 것을 했고 이 연구로 나올 결과에 어떠한 왜곡이나 오차도 일으키지 않기 위해 노력했습니다" 같은 이유를 댔다.

그래서 나는 복종에 대한 이유를 제공하면 불복종률이 낮아지는 것인지 시험해 보았다. 한 실험에서는 절차를 변형해 연구의 명확한 과학적 목적을 제시했다. 나는 참가자들에게 다른 연구자들이 참가자들이 지시를 받을 때 운동 피질에서 특정한 뇌 활동이 일어나는 것을 관찰했다고 말했다. 그래서 이번 연구는 버튼을 누를 때 운동 활동과 관련된 다양한 측면을 측정하기 위한 대조 연구라고 설명했다. 해당 절차의 진실성을 높이기 위해 손가락에 전극을 부착하고 실제 근전도EMG 장치에 연결하여 근육 활동을 기록하는 것처럼 보이도록 했다. 또 다른 변형 실험에서는 어떠한 목표도 제시하지 않았다. 통계적 결과에 따르면 실험에 대한 목표를 주었을 때 참가자들이 불복종하는 빈도는 두 배나 낮았다. 이러한 연구 결과는 사람들이 비난받는 행동을 정당화할 방법을 찾거나 제공받았을 때 좀 더 복종적으로 행동한다는 생각을 뒷받침했다.

또 다른 언급해야 할 측면은 충격이 얼마나 고통스러웠는가 하는 점이었다. 참가자의 통증 역치에 맞춰 조정되었지만 윤리적인 이유로 참가자에게 영구적인 손상을 입히지 않도록 설계되었다. 이러한 정보는 연구를 시작하기 전에 참가자에게 설명됐다. 그래서 때로 참가자들은 충격이 영구적인 손상을 입히지도 않고 끔찍할 정도의 고통 수준도 아니어서 복종했다고 설명하기도 했다. 예를 들어 "나는 그 사람이 견딜 수 있는 범위 내의 통증을 선택했다는 것을 알고 있었습니다", 또는 "나는 명령을 따르는 것이 언제나 더 나은 선택이라고 스스로 되뇌었습니다. 전기 충격도 이미 시험해 보았으니 명령을 따른다 해도 상대방이 심하게 다치지는 않을 것이라고 생각했죠", 또는 심지어 "고통은 잠깐일 뿐이고 장기적인 영향이 없다는 것을 알았기 때문에 그렇게 큰 문제가 아니었습니다" 같은 주장을 했다.

그렇다고 통증을 가하는 절차를 바꿀 수는 없었다. 실험 연구를 할 때 우리는 잠재적인 지원자의 안전을 보장하고, 그들에게 신체적 또는 정신적 피해가 발생하지 않도록 해야 했다. 그 대신 나는 사람들이 다른 사람에게 전기 충격을 가하라는 명령을 받는 횟수를 30회에서 64회로 늘려 참가자가 더 많은 전기 충격을 가하도록 바꾸었다. 내 바람은 친사회적 불복종을 증가시키는 것이었다.

결국 온갖 변종 실험을 시험해 보며 약 30퍼센트의 친사회적 불복종률을 얻을 수 있었다. 확실히 이 비율은 내가 이전에 연구한 것보다 훨씬 높았다. 그래서 나는 다양한 변형 실험과 사후 브리핑 분석에서 얻은 지식을 활용해, 다른 사람을 해치라는 명령에 대한 저항과 관련된 신경 메커니즘을 연구하기로 했다.

부도덕한 명령에 대한 저항의 신경과학

부도덕한 명령에 대한 저항과 관련된 과학적 연구를 시작할 때 나는 벨기에의 일반 대학생을 대상으로 그러한 연구를 하는 것은 그다지 흥미로운 시작점이 아니라고 생각했다. 그 당시 나는 이미 르완다에서 연구 활동을 하는 것을 생각하고 있었다. 르완다에서는 집단학살 이후 권위에 대한 복종을 우려하는 분위기가 실제로 커진 상태였는데, 그 이유는 많은 과거 가해자들이 권위에 대한 복종 때문에 집단학살에 가담했다고 보고했기 때문이다. 더불어 나는 복종 행위로 저지른 범죄 때문에 가족이 고통을 겪고 있는 현실이 부도덕한 명령의 복종에 어느 정도 영향을 미칠지도 궁금했다. 예를 들어 콜롬비아에서 실시한 한 연구에 따르면 무장 분쟁 중에 가족이 희생자가 된 것을 본 민간인은 주요 반군 집단에 불복종할 가능성이 더 큰 것으로 나타났다.[314]

그래서 나는 집단학살 이후 태어난 르완다인 첫 세대의 사회적 불복종을 표적으로 삼는 실험 방식을 사용하기로 했다.[313] 먼저 르완다 국가 윤리위원회에 승인을 요청한 뒤 휴대용 뇌파검사 장비와 전기 충격 전달 장치를 가지고 키갈리로 가는 비행기에 올라탔다.

나는 공동 연구자들과 함께 참가자를 두 명씩 쌍으로 모집하는 첫 번째 연구를 했는데 매우 일반적인 실험 모델을 따라 진행했다. 한 참가자는 '요원' 역할을 맡았고 다른 한 참가자는 '피해자' 역할을 맡았다. 그리고 실험 중간에 그들의 역할을 바꾸었다. 요원은 실험 실행의 70퍼센트에서 피해자에게 약간 고통스러운 충격을 주라는 명령을 받았다. 명령을 내리는 실험자가 바로 나였으므로 물리적 거리를 늘리기 위해 그들과 다른 방에 있었다. 참가자들은 헤드폰을 통해 내 (사전 녹음된) 명령을 들을 수 있었다. 그리고 부도덕한 명령에 대한 저항과 관련된 신경 과정을 연구하기 위해 실험 전체에 걸쳐 뇌파검사를 하며 뇌 활동을 기록했다.

이런 식으로 총 24명의 지원자를 검사했다. 예상하기로 우리는 여러 사람이 명령에 불복종할 것으로 보았지만, 실제로는 겨우 네 명의 참가자만이 명령에 불복종하는 모습을 보였다. 좀 더 자세히 살펴보면 친사회적 불복종이 더 낮은 것을 알 수 있는데, 네 명 중 단 한 명만이 친사회적 방식으로 불복종했고 그것도 단 한 번의 실행에서만 그렇게 했다. 나머지 세 명의 참가자는 피해자에게 충격을 주지 말라는 명령을 따르지 않았다. 내 명령에도 불구하고 그들은 충격 버튼을 눌렀는데, 나는 그것을 반사회적 불복종antisocial disobedience이라고 부른다. 친사회적 불복종에 관한 단 한 번의 실행으로는 통계적 분석이 불가능했다.

그래서 우리는 두 가지의 다른 변형 실험을 하기로 했는데 하나는 금전적 보상을 없애는 실험이고, 다른 하나는 개인의 책임을 강조하는 실험이었다. 후자의 변형 실험에서 우리는 참가자들에게 그들이 책임감 있는 성인이고 스스로 결정을 내릴 수 있으며 내 명령에 복종하지 않을 수 있다고 명확하게 말했다. 이러한 변형은 우리 연구의 현지 공동 연구자인 다리우스 기쇼마Darius Gishoma가 제안한 것인데, 그는 르완다에는 권위에 대한 복종이 문화적으로 너무 깊이 뿌리박혀 있어서 지원자들에게 그 측면을 명확하게 언급하는 것이 필요하다고 설명했다.

하지만 결과는 여전히 우리가 바랐던 수준에 미치지 못했다. 금전적 보상이 없는 변형 실험에서는 24명 중 두 명이 전기 충격을 보내라는 명령에 불복종했지만 매우 적은 횟수의 실험 실행에서만 그렇게 했다. 개인의 책임을 강조한 변형 실험에서는 24명 중 세 명이 전기 충격을 보내라는 명령을 따르지 않았지만 역시 매우 적은 횟수의 실행에서만 그렇게 했다. 총 72명을 대상으로 조사를 한 후에도 친사회적 불복종률은 3.66퍼센트에 불과했는데, 이 수치로는 친사회적 불복종에 대한 신뢰할 만한 통계 분석을 하기에 충분하지 않았다.

벨기에로 돌아와 나는 집단학살 이후에 태어난 르완다인 1세대 72명을 대상으로 동일한 세 가지 변형 실험을 했다. 나는 르완다에서 관찰된 낮은 친사회적 불복종률을 설명할 수 있는 문화적 요인들이 르완다에 사는 르완다인과 벨기에에 사는 르완다인 사이에서 차이가 있는지 이해하고 싶었다. 외국에 사는 사람들의 문화 적응 현상은 실제로 자주 볼 수 있다. 문화 적응이란 개인이나 집단이 원래 문화의 일부 측면을 유지하면서 새롭거나 다른 문화의 문화적 규범과 가치를 채택하는 과정을 말한다. 이 현상은 누군가가 다른 나라로 이주할 때 자주 발생한다.[315]

벨기에에서 동일한 연구를 수행한 후 나는 세 가지 변형 실험을 통틀어 친사회적 불복종률이 36.26퍼센트인 것을 확인했다. 이 수치는 실제로 일반 대학생을 대상으로 한 연구에서 얻은 비율과 유사했다. 그리고 불복종률이 더 높았기 때문에 더 친사회적인 불복종을 일으키는 메커니즘과 요인을 더 잘 이해할 수 있는 통계 분석을 마침내 할 수 있게 되었다.

이전 연구에 따르면 비용이 많이 드는 도움 행위와 공감이 강력하게 연관되어 있었기 때문에, 나는 먼저 참가자들의 타인의 고통에 대한 공감을 측정하기 위해 피해자가 손에 고통스러운 전기 충격을 받는 것을 보았을 때의 뇌 활동을 분석했다. 그렇게 얻은 결과는 가설과 일치했는데, 피해자의 고통에 대한 신경 반응이 높을수록 피해자를 다치게 하라는 명령에 저항하는 빈도가 더 높은 것을 확인했다. 그러나 흥미로운 점은 이 결과가 벨기에서 시험한 르완다인과 르완다에서 시험한 르완다인에게서 관찰된 차이를 설명하지 못한다는 것이다. 왜냐하면 두 그룹 모두 피해자의 통증에 유사한 신경 반응을 보였기 때문이다. 이는 공감이 부도덕한 명령의 저항에 중요한 결정 요인이기는 하지만 다른 요소들도 작용한다는 것을 시사했다.

또한 흥미롭게도 나는 실험자가 전달한 청각 명령을 처리하는 것과 관련된 특정 뇌 활동이 친사회적 불복종과 연관이 있는 것도 관찰했다. 우리가 정보를 들을 때 뇌는 그 정보를 여러 수준에서 처리하고 그 청각 정보에 얼마나 많은 주의를 기울일지 '결정'한다. 여기서 나는 참가자들이 실험자의 명령에 주의를 덜 기울일수록(전두엽에서 기록된 특정 뇌 활동이 이 경향을 반영했다), 명령에 불복종하는 경향이 더 큰 것을 관찰했다. 이는 개인이 권위자가 전달한 명령에 주의를 기울이지 않을 때 불복종이 촉진된다는 것을 의미할 수 있다. 연구 결과에 따르면 이러한 분리 현상은 권위와 문화적 관계가 약할수록 더욱 촉진되는 것으로 나타났다. 이미 언급했듯이 르완다에서는 권위자와 강력한 문화적 관계가 있다. 이 현상은 우리의 설문지에도 반영되었는데, 르완다에서 설문에 참가한 르완다인이 벨기에서 참가한 르완다인보다 위계질서에 대한 존중심을 평가하는 척도에서 더 높은 점수를 받은 것을 확인했다. 이러한 점수는 실험자의 명령을 들을 때의 뇌 활동과 상관관계가 있었다. 이런 결과는 부도덕한 명령에 대한 저항을 결정하는 데 문화가 중요한 역할을 할 수 있음을 보여준다. 권위 중심의 문화권에서는 사람들이 권위자의 행동이 옳은지 여부를 평가하지 않고 더 쉽게 따르는 경향이 있다는 것이 논문에서 제시되었다.[323] 일부 학자는 그러한 문화권에서 복종을 바탕으로 한 집단 잔혹행위가 일어날 가능성이 더 크다고 주장했다. 그렇다면 우리가 얻은 결과는 이러한 영향이 부분적으로 권위자의 말과 지시를 더 세심하게 따르는 경향에 의해 나타난다는 것을 시사한다.[313] 하지만 문화화culturation 가설의 증거를 좀 더 얻으려면 벨기에에 도착한 르완다인을 대상으로 한 종단적 연구 같은 것이 필요하다.

인간은 타인을 해치지 않으려는 본능을 가지고 있는 것으로 알려져 있다. 타인을 해치는 것에 대한 혐오감은 공감 능력 측정에서만 나타나는 것이 아니고 뇌 전두엽의 특정 신경 활동인 인지적 갈등을 반영하는 세타파 활동을 통해서도 나타날 수 있다. 일반적으로 더 높은 수준의 인지적 갈등은 선택한 행동이 다른 행동에 비해 가장 자연스러운 것이 아닐 때 따라오는 것으로서,[316] 예를 들어 다른 사람을 해치는 경우가 해당한다.[317] 우리 연구에서는 피해자에게 충격을 가하기 전에 세타파 활동이 가장 높았던 참가자들이 충격을 거부함으로써 가장 큰 불복종을 보이는 바로 그 참가자들이라는 사실을 발견했다. 이 결과는 누군가를 해치라는 명령을 따르기 전에 갈등을 더 많이 겪은 사람이 미래에 그러한 명령에 불복종할 가능성이 더 크다는 것을 보여준다.

그러나 우리가 얻은 결과는 다른 사람에게 고통을 가하는 것에 대한 혐오감이 금전적 보상을 받을 경우 완화될 수 있다는 점도 보여주었다. 우리는 실제로 돈의 중요성을 측정하는 척도에서 높은 점수를 받은 사람들이 고통스러운 충격을 주기 전에 세타파 활동이 더 감소하는 것을 관찰했다. 이 과정은 누군가를 해치기 전에 자연스럽게 경험하는 갈등을 줄임으로써, 돈이 어떻게 타인에 대한 친사회적 행동을 줄일 수 있는지 보여준다.

과거에 가족이 겪은 경험도 부도덕한 명령에 불복종하기로 한 결정을 어느 정도 설명해 주었다. 우리는 1994년 집단학살 당시 가족이 겪은 고통을 더 많이 언급한 참가자일수록 부도덕한 명령에 더 저항하는 모습을 관찰했다. 이 효과에 대한 한 가지 가능한 해석은 집단학살의 영향을 크게 받은 가족 출신의 개인은 복종 행동을 저지를 가능성이 작다는 것이다. 그러나 동시에 우리는 가족의 고통 수준을 높게 밝힐수록 다른 사람의 고통에 대한 신경 반응도 높아지는 것을 관찰했다. 따라서 다른 해석도 가능하다. 한편으로는 가족의 고통 수준이 높으면 타인의 고통에 민감성이 높아져,[318] 좀 더 친사회적인 행동을 보인 것일 수 있다. 다른 한편으로는 타인의 고통에 신경적 반응이 더 강한 사람들은 고통에 대한 민감성이 높아서 자기 가족의 고통도 더 크게 느꼈다고 추정할 수 있다. 집단학살 동안 가족이 겪는 고통과 부도덕한 명령의 복종 사이의 연관성을 더 잘 이해하기 위해서는 추가 연구가 필요할 것이다.

최근의 또 다른 연구에서는 부도덕한 명령에 저항하는 것과 관련된 잠재적 메커니즘도 밝혀졌다.[319] 연구자들은 제2장에서 이미 설명한 스탠리 밀그램의 연구를 가상현실에서 응용해, 아바타에게 충격을 전달하는 요원의 뇌를 스캔한 다음 신경 조절 기술로 자극해 뇌 활동에 영향을 준 뒤 다시 평가했다. 연구자들은 타인의 마음 상태를 이해하는 능력과 관련된 뇌 영역인 우측 측두두정 접합부의 활동을 조절했다.[320] 그들은 해당 영역의 뇌 활동이 감소한 참가자들은 가짜 자극을 받았을 때보다 가상 아바타를 더 빨리 해치려는 결정을 내리는 것을 관찰했다. 이러한 결과는 타인의 마음 상태를 이해하는 우리의 능력이 바뀌면, 복종해야 하는 상황에서 다른 사람을 해치는 데 주저함이 덜할 수 있음을 시사한다.

이 섹션에서 보았듯이 사람들이 권위자로부터 받은 명령에 저항할 때는 몇몇 신경인지 과정의 도움을 받는다. 공감은 핵심적인 역할을 하지만 그것만으로 다른 사람을 돕기 위해 불복종 행동을 할지 여부를 결정할 수는 없다. 부도덕한 명령의 저항에 관한 신경과학 분야의 현재 과학 문헌은 위에 언급한 두 가지 연구에 국한되어 있으므로 이 책이 얼마나 새로운 문제를 다루는 것인지 분명히 알 수 있다. 부도덕한 명령의 저항과 관련된 메커니즘을 명확히 알고 결론을 얻기 위해 더 많은 연구가 필요할 것으로 보인다.

결론

지금까지 친사회적 불복종의 신경적 메커니즘을 다룬 몇 안 되는 선구적인 연구 덕분에 공감, 타인의 관점을 이해하는 능력, 부도덕한 결과를 초래하는 행동을 수행하기 전에 경험할 수 있는 갈등 등 몇 가지 핵심적인 신경인지적 과정이 밝혀지기 시작했다.

하지만 여전히 중요한 의문이 남아 있다. 왜 또는 어떻게 이러한 신경인지 과정은 어떤 사람이 명령을 받았을 때 다른 사람보다 덜 약화되는 것일까? 어떤 사람이 강압의 영향을 덜 받는 것처럼 보이는 이유는 무엇일까? 답은 간단하지 않으며 맥락적, 사회적, 문화적 변수는 물론이고 고유한 성격 특성 등 여러 요인이 합쳐져 나타난다. 다양한 인구 집단과 신경과학 방법론을 통합한 향후 연구를 통해 이러한 메커니즘이 더욱 명확하게 밝혀질 것이다.

요약하자면 이 장에서는 비윤리적인 명령에 대한 부당한 복종을 방지하기 위해 효과적인 개입 방법을 발전시킬 잠재력이 어디에 있는지 찾아보았다. 우리가 관찰했듯이 평범한 남녀라도 다른 선택을 할 능력이 있으며 타인을 구하려는 용기를 보여준다. 이 사람들은 다른 선택이 가능하다는 것과 누구든지 연민을 발휘할 수 있다는 것을 보여주는 산 증인들이다. 그들은 가해자에게 권위자에 대한 맹목적인 복종이 아닌 다른 길도 있다는 신호를 보낸다.

최근 라디오를 듣다가 가수이자 작곡가인 장 자크 골드먼이 부른 샹송 〈17년에 라이덴슈타트에서 태어났다면Né en 17 à Leidenstadt〉을 재발견했다. 어렸을 때 이후로 이 노래를 들어본 적이 없었고 그때는 가사의 의미를 전혀 이해하지 못했었다. 이 노래를 번역하면 다음과 같다.

> 내가 1917년 라이덴슈타트에서 태어났다면
>
> 전장의 폐허에서 자라났다면
>
> 그들보다 더 나은 사람이 되었을까?
>
> 아니면 더 나쁜 사람이 되었을까?
>
> 내가 독일인으로 태어났다면
>
> 증오와 굴욕, 무지 속에서 길러지고
>
> 복수의 칼을 갈며 자랐다면
>
> 격랑 속에 흘리는 작은 눈물 한 방울처럼
>
> 흔들리지 않는 양심을 가질 수 있었을까?
>
> (…)
>
> 우리는 절대 알 수 없겠지
>
> 겉모습 뒤에 숨겨진 진짜 본성을
>
> 영웅의 영혼일까 공범자의 영혼일까

아니면 사형 집행자의 영혼일까?

최악일까 아니면 최선일까?

단지 말뿐이 아닌 행동과 신념으로 판단하며

우리는 저항했을까 아니면 그저 무리 속의 한 마리 양이었을까?

라이덴슈타트는 '비참한 도시'를 뜻하는 가상의 독일 도시 이름이다. 작곡자는 자신이 1951년 프랑스에서 유대인 부모에게서 태어난 대신 1917년 독일에서 태어나 제1차 세계대전 이후의 시대에 굴욕과 증오의 메시지 속에서 자랐다면, 자신이 어떤 선택을 했을지, 어떤 사람이 되었을 지를 되돌아본다. 그는 홀로코스트와 제2차 세계대전의 선전에 저항할 수 있었을까? 아니면 가해자가 되었을까?

일반적인 문화에서는 집단학살의 공포와 이해할 수 없는 잔혹성 때문에 가해자를 '정신병자'라고 낙인찍을 수도 있다. 사람들은 흔히 누군가가 어떻게 그런 끔찍한 짓을 저지를 수 있는지 이해하기 어려워한다. 결국 그들은 가해자를 '악인'이나 '괴물'로 낙인찍는 것처럼 단순하고 직관적인 설명을 찾으려 한다. 이렇게 분류하고 단순화하면 사람들은 집단학살이라는 고통스러운 현실과 직면하는 것을 피할 수 있고, 심리적 거리감과 감정적 안전감을 얻을 수 있다.

물론 집단학살을 저지른 사람 중에는 공감 부족이나 죄책감 결여와 같은 정신병적 특성을 보이는 사람도 있지만, 집단학살은 여러 요인이 복합적으로 작용하는 복잡한 현상이라는 점을 이해하는 것이 중요하다. 집단학살 가해자를 소극적으로 단순 분류하는 것은 사람들이 집단학살이나 기타 대량 말살 사건에 참여하게 된 더 광범위한 역사적, 경제적, 정치적,

사회적 맥락을 간과하는 것이다. 우리도 비슷한 삶의 역사를 가지고 같은 상황에 있었다면 무엇을 했을지 결코 알 수 없다는 것을 기억해야 한다.

우리는 신경과학적 관점으로 책 전반에서 공감, 죄책감, 주체성 같은 친사회적 행동에 여러 가지 신경인지적 메커니즘이 관여되어 있는 것을 살펴보았다. 더불어 집단학살 이전과 집단학살 중에 일어나는 많은 과정이 그 메커니즘을 쉽게 모호하게 만드는 것도 확인했다. 예를 들어 집단학살에는 증오 선전, 비인간화 과정, 개인이 폭력에 참여하도록 영향을 줄 수 있는 다른 형태의 심리적 조작이 포함되는 경우가 많다. 또한 집단학살은 오랜 갈등, 즉 '우리' 대 '그들'이라는 범주화의 증가로 발생하는 경우가 많다. 이런 긴장은 증오와 폭력을 부추길 수 있다. 더 나아가 사람들이 권위자의 명령에 따르기로 했을 때 그들의 친사회적 메커니즘 또한 변화하는 것을 보았다. 사람들은 피해자의 고통에 공감이 줄어드는 것과 죄책감과 책임감, 주체성이 약화되는 것을 경험한다. 이러한 영향은 자신이 하는 행동의 결과를 온전히 받아들이는 능력에 영향을 미친다.

집단학살을 저지른 자의 책임을 묻는 것도 중요하지만, 집단학살을 저지르는 데 이바지하는 무의식적 신경 활동 같은 복잡한 역학을 이해하기 위해 섬세한 학제 간 접근 방식을 취하는 것도 중요하다. 그런 다음 이러한 지식을 활용해 공감, 도덕적 용기, 독립적 사고를 촉진하는 개입 방안을 개발할 수 있다. 예방의 열쇠는 이해다.

특히 깊은 절망의 시기에 집단학살의 표적이 된 사람을 도운 구조자에 관한 연구는 다른 선택이 가능하다는 것을 일깨워 준다. 여러분이나 나 같은 평범한 시민이 집단학살 중에 표적 집단의 구성원을 보호하고 구하기 위해 종종 개인적인 큰 위험을 무릅쓰고 적극적으로 활동했다. 이러한 사람들은 다양한 배경을 가지고 있으며 그들의 행동을 정확하게 예측할 수 있는 단 하나의 요인은 존재하지 않는다. 어떤 구조자들은 종교적 신념이나 도덕적 신념에 따라 행동했지만 어떤 구조자들은 공감이나 보호하려는 욕구에 따라 행동했다. 그들은 표적 집단을 비인간화하고 악마화하는 것에 저항했고 오히려 그들을 보호해야 할 인간으로 보았다. 무엇이 그들을 인도했든 그들은 선전과 집단 압력의 영향에 저항하는 것이 가능함을 보여주었다. 인간은 윤리적이고 용감하게 행동하기로 결정할 수 있다.

의로운 사람에게 수여하는 메달에 새겨져 있듯이 "한 생명을 구하는 것은 온 우주를 구하는 것과 같다".

감사의 글

이 책과 여기에 보고된 과학 연구들은 많은 사람과 기관의 도움 없이는 결코 세상에 나올 수 없었을 것이다.

먼저 박사과정과 박사후과정 동안 지원해 주신 교수님들께 감사드리고 싶다. 벨기에의 브뤼셀자유대학교 인지 및 신경과학 연구 센터 소장인 악셀 클리어만스 교수는 나를 박사과정 학생으로 받아주며 학업 초기부터 지금까지 지원해 주었다. 그는 내가 독립적인 사고와 독자적인 연구를 펼치도록 귀중한 자유를 허락해 주었고, 덕분에 나만의 독특한 과학적 조사 분야를 개발할 수 있었다. 그 특별한 기회에 무한한 감사를 드린다. 박사과정을 밟는 동안 영국의 런던대학교 패트릭 해거드 교수의 지도를 받으며 1년 반 동안 일할 수 있는 행운도 얻었다. 그의 지도는 권위에 대한 복종이라는 나의 획기적인 연구를 성공적으로 이끄는 데 중요한 역할을 했다. 덕분에 내 전체 연구 방향의 토대가 마련됐다. 이 연구의 기본틀을 다듬기 위해 수많은 회의와 시간을 할애해 주신 것에 깊이 감사드린다. 또한 네덜란드신경과학연구소의 크리스티안 카이저스 교수님과 발레리아 가촐라 교수님께도 진심으로 감사드린다. 그 연구소에서 받아준 덕분에 2년간 박사후연구원으로 일하며 삶의 전환점을 맞이할 수 있었다. 그들이 가진 인간 행동과 고통에 대한 공감의 신경적 기반에 대한 전문 지식은 내가 수행한 많은 실험을 설계하고 방향을 설정하는 데 매우 귀중한 도움이 되었다.

교수님들의 지도, 지원, 멘토링은 나의 학업적 성장과 성취에 매우 중요한 역할을 했다. 그들이 내 잠재력을 믿어준 것이 내 연구를 발전시키는 원동력이 되었다. 이렇게 뛰어난 학자들과 함께 일할 기회를 얻은 것이 정말 행운이라고 생각한다.

수년에 걸쳐 나는 전 세계의 다양한 기관과 조직에서 일하는 이해관계자들로부터 지원을 받았다. 그들이 없었다면 책에서 언급한 특정 인구 집단을 모집할 수 없었을 것이다. 라디오 라 베네볼렌치야 인도주의 지원 도구 재단의 이사인 조르주 바이스에게 깊은 감사를 표하고 싶다. 조르주는 르완다에서 연구 활동을 시작하라는 아이디어를 주었는데, 그 제안이 없었다면 절대 그런 생각을 해보지 못했을 것이다. 우리 둘은 이 책에서 직접 언급하지 않은 다른 프로젝트에서도 함께 일했다. 그의 남다른 열정에 항상 감사하고 있다. 군과 함께 한 연구에 대해서는 벨기에 왕립육군사관학교의 살바토레 로 부에 중령 교수님께 진심으로 감사드린다. 덕분에 만나기 힘든 인구 집단에 접근할 수 있었다. 카림 엘 클림시와 여러 교도소 소장들께는 벨기에의 교도소에 접근할 수 있게 해준 것을 감사드리고 싶다. 그들은 모든 전자 장비에 대한 접근을 허가해 주고 수감자 중에서 연구 대상을 모집하도록 도와주었다. 르완다에서는 르완다대학교의 다리우스 기쇼마 교수와 클레망틴 카나자이레 박사, 그리고 펠릭스 비가보, 실라스, 프랑수아를 포함해 프리즌펠로십르완다에서 일하는 사람들로부터 도움을 받았다. 캄보디아에서는 바탐방국립대학교의 라타 셍의 도움을 받았고, 캄보디아문서센터의 소장인 유크 찬과 캄보디아 전역의 세 개 지역 센터 현지 소장들로부터도 지원을 받았다. 안롱벵평화센터의 리 속 켕, 캄퐁

참문서센터의 세상 첸다, 타케오문서센터의 펭 퐁 라시가 그들이다.

또한 이 책에 언급한 몇몇 프로젝트의 자료 수집을 도와준 모든 인턴, 석사과정 학생, 연구 조교, 박사과정 학생, 박사후연구원 여러분께도 진심으로 감사드린다. 권위에 대한 복종 연구 내내 귀중한 피드백과 지원을 해준 동료와 공동 저자들의 이름을 적으며 일일이 감사드리고 싶다. 그들의 연구 설계, 자료 수집(또는 획득), 자료 분석 분야의 전문성과 통찰력은 연구 개발에 크게 기여했다. 시간순으로 나열하면 줄리아 크리스텐슨, 프레데릭 바이에르, 칼리오피 이움파, 니콜라 쿠케, 니콜라 부르기뇽, 안토닌 로바이가 그들이다. 그들 중 몇몇은 좋은 친구가 되었다. 함께 일하며 즐겁게 지내게 해준 것에 더욱 감사의 말을 전하고 싶다. 또한 이 책의 한 장에 의견을 제시해 준 앨리슨 메리에게도 감사를 표하고 싶다.

이 책에 제시한 연구를 지원하는 데 아낌없는 자금 지원을 해준 많은 기관과 과학 단체에 진심으로 감사드린다. 벨기에 FRS-FNRS의 국가연구기금, 벨기에 FWO의 과학연구기금, 포르투갈의 BIAL재단, 유럽 위원회의 마리퀴리액션, 벨기에의 프랑쿼재단, 벨기에의 에반스재단, 벨기에의 브뤼셀자유대학교, 벨기에의 겐트대학교가 그들이다.

우리 가족 역시 이 책의 제작에 직간접적으로 많은 도움을 주었다. 인생의 파트너인 욤 페슈는 누구보다도 아낌없는 지원을 해주었다. 그는 본인의 연구도 진행해야 했지만 내 연구 활동 동안 기술적, 정서적 지원을 해주려고 르완다와 캄보디아까지 함께 와주었다. 또한 어린 시절부터 과학에 대한 열정을 보여주신 어머니 앤 하우저와 인도주의적 가치를 전해준 할머니 헨드리카 크레이머에게도 감사드리고 싶다.

또한 수년 동안 나를 지원해 준 가장 가까운 친구들에게도 감사를 표하고 싶다. 카타지나 수하녜츠카, 사라 밀러, 제니퍼 미힐스, 로렌 불욤, 롤라 셀, 줄리안 파르투아스, 이레네 코글리아티 데자, 안나 아타스, 오로르 부이에, 페드로 알렉상드르 마갈랴에스 드 살다냐 다 가마, 알베르 드 베이르, 휘트니 스티가 그들이다.

그리고 이 책의 중요한 초기 단계에서 도와준 편집자 얀카 로메로와 책 개발의 마지막 단계 동안 함께해 주신 편집자 에밀리 와튼, 콘텐츠 관리자 리사 카터, 그리고 케임브리지대학교 출판부의 로완 고트, 준 문, 데이비드 레페토에게도 진심으로 감사드리고 싶다. 이 책을 구성하는 데 도움을 준 엘레나 애벗에게도 특별한 감사를 전하고 싶다. 그녀가 대화 중에 보인 열정과 변함없는 적극성은 이 과정에서 참으로 소중했다.

그리고 당연하지만 글쓰기 과정 동안 함께 있어준 내 고양이 뉴턴과 유클리드에게도 고마움을 표해야 한다. 그들은 내 곁에서 자는 일이 대부분이었지만 다행히 내가 교정본을 읽고 교정하는 동안 제인, 스카이, 나폴레옹 같은 내 토끼들과는 달리 책 페이지를 먹어버리지는 않았다.

참고문헌

1   O. S. McDoom. Contested counting: Toward a rigorous estimate of the death toll in the Rwandan genocide. *Journal of Genocide Research* **22**(1) (2020), 83 –93.

2   L. Sillars. *Intended for Evil: A Survivor's Story of Love, Faith, and Courage in the Cambodian Killing Fields*. (Baker Books, 2016).

3   S. P. Singh. Magnetoencephalography: Basic principles. *Annals of the Indian Academy of Neurology* **17** (2014), S107 –S112.

4   J. Henrich. *The WEIRDest People in the World: How the West Became Psychologically Peculiar and Particularly Prosperous*. (Penguin UK, 2020).

5   J. J. Arnett. The neglected 95%: Why American psychology needs to become less American. *American Psychologist* **64** (2008), 571 –574.

6   S. M. Burns, L. N. Barnes, I. McCulloh, et al. Making social neuroscience less WEIRD: Using fNIRS to measure neural signatures of persuasive influence in a Middle East participant sample. *Journal of Personality and Social Psychology* **116** (2019), e1 –e11.

7   S. Han & Y. Ma. Cultural differences in human brain activity: A quantitative meta-analysis. *NeuroImage* **99** (2014), 293 –300.

8   D. L. Ames & S. T. Fiske. Cultural neuroscience. *Asian Journal of Social Psychology* **13** (2010), 72 –82.

9   M. R. Franks. Airline liability for loss, damage, or delay of passenger baggage. *Fordham Journal of Corporate & Financial Law* **12** (2007), 735 –752.

10   Bondarenko. Your chances of having an airline losing your bag are skyrocketing. *The Street* (2022).

11   M. Sageman. *Understanding Terror Networks*. (University of Pennsylvania Press, 2004).

12   H. Arendt. *Eichmann in Jerusalem: A Report on the Banality of Evil*. (Faber &

Faber, 1963).

13   R. J. Lifton. *The Nazi Doctors: Medical Killing and the Psychology of Genocide*. (Macmillan, 1986).

14   K. F. Anderson & E. Jessee (eds.). *Researching Perpetrators of Genocide* (Critical Human Rights). (University of Wisconsin Press, 2020).

15   J. Hatzfeld. *Machete Season: The Killers in Rwanda Speak*. (Macmillan, 2005).

16   L. Sok-Kheang. *Reconciliation Process in Cambodia: 1979-2007: Before the Khmer Rouge Tribunal*. (Documentation Center of Cambodia, 2017).

17   K. Anderson. "Who was I to stop the killing?" Moral neutralization among Rwandan genocide perpetrators. *Journal of Perpetrator Research* 1 (2017), 39-63.

18   L. A. Fujii. *Killing Neighbors: Webs of Violence in Rwanda*. (Cornell University Press, 2010).

19   S. Schaal, R. Weierstall, J.-P. Dusingizemungu, & T. Elbert. Mental health 15 years after the killings in Rwanda: Imprisoned perpetrators of the genocide against the Tutsi versus a community sample of survivors. *Journal of Traumatic Stress* 25 (2012), 446-453.

20   K. Barnes-Ceeney, L. Gideon, L. Leitch, & K. Yasuhara. Recovery after genocide: Understanding the dimensions of recovery capital among incarcerated genocide perpetrators in Rwanda. *Frontiers in Psychology* 10 (2019). doi: 10.3389/fpsyg.2019.00637

21   H. Rieder & T. Elbert. Rwanda − lasting imprints of a genocide: Trauma, mental health and psychosocial conditions in survivors, former prisoners and their children. *Conflict and Health* 7 (2013), 6.

22   D. Southerland. Cambodia Diary 6: Child Soldiers − driven by fear and hate. *Radio Free Asia* (2006). www.rfa.org/english/features/blogs/cambo diablog/blog6_cambodia_southerland-20060720.htmlhttp://www.rfa.org/english/features/blogs/cambo

23   P. Clark. *The Gacaca Courts, Post-Genocide Justice and Reconciliation in Rwanda: Justice without Lawyers*. (Cambridge University Press, 2010).

24   S. Straus. How many perpetrators were there in the Rwandan genocide? An estimate. *Journal of Genocide Research* 6 (2004), 85-98.

25 www.newtimes.co.rw/article/6638/National/pastor-showered-with-gifts-for-saving-people

26 R. G. Suny. *'They Can Live in the Desert but Nowhere Else': A History of the Armenian Genocide*. (Princeton University Press, 2015). doi: 10.1515/9781400865581

27 E. A. Caspar. Understanding individual motivations and deterrents: Interviews with genocide perpetrators from Rwanda and Cambodia. *Journal of Perpetrator Research* (2024, in press).

28 P. Verwimp. An economic profile of peasant perpetrators of genocide: Micro-level evidence from Rwanda. *Journal of Development Economics* **77** (2005), 297 - 323.

29 P. Clark. When the killers go home: Local justice in Rwanda. *Dissent* **52** (2005), 14 - 21.

30 J. Hatzfeld. *La stratégie des antilopes*. (Éditions du Seuil, 2011), p. 101.

31 J. A. Tayner. State sovereignty, bioethics, and political geographies: The practice of medicine under the Khmer Rouge. *Environment and Planning D: Society and Space* **30** (2012), 842 - 860.

32 A. L. Hinton. Why did you kill? The Cambodian genocide and the dark side of face and honor. *The Journal of Asian Studies* **57** (1998), 93 - 122.

33 C. Mironko. Igitero: Means and motive in the Rwandan genocide. *Journal of Genocide Research* **6**(1) (2004), 47 - 60.

34 C. R. Browning, *Ordinary Men: Reserve Police Battalion 101 and the Final Solution in Poland*. (New York: Harper Collins, 1992).

35 M. Badar. From the Nuremberg Charter to the Rome Statute: Defining the elements of crimes against humanity. *San Diego International Law Journal* **5** (2004), 73 .

36 M. A. King & J. S. King. Führerprinzip. In *The Encyclopedia of Political Thought*, pp. 1406 - 1407 (John Wiley & Sons, 2014). doi: 10.1002/9781118474396.wbept0396

37 S. M. Moss. Beyond conflict and spoilt identities: How Rwandan leaders justify a single recategorization model for post-conflict reconciliation. *Journal of Social and Political Psychology* **2** (2014), 435 - 449.

38 E. L. Paluck & D. P. Green. Deference, dissent, and dispute resolution: An

experimental intervention using mass media to change norms and behavior in Rwanda. *American Political Science Review* **103** (2009), 622‒644.

39   G. Prunier. *The Rwanda Crisis: History of a Genocide*. (C. Hurst & Co, 1998).

40   M. Lacey. A decade after massacres, Rwanda outlaws ethnicity. *The New York Times*, April 9, 2004.

41   A. Mukashema, T. Veldkamp, & S. Amer. Sixty percent of small coffee farms have suitable socio‒economic and environmental locations in Rwanda. *Agronomy for Sustainable Development* **36** (2016), 31.

42   L. Waldorf. Ordinariness and orders: Explaining popular participation in the Rwandan genocide. *Genocide Studies and Prevention* **2** (2007), 267‒269.

43   J. Hatzfeld. *Dans le nu de la vie. Récits des marais rwandais*. (Média Diffusion, 2009).

44   B. Nowrojee. *Shattered Lives: Sexual Violence During the Rwandan Genocide and Its Aftermath*. (Human Rights Watch, 1996).

45   J. A. Tyner, S. Kimsroy, C. Fu, Z. Wang, & X. Ye. An empirical analysis of arrests and executions at S‒21 security‒center during the Cambodian genocide. *Genocide Studies International* **10** (2016), 268‒286.

46   T. Williams & R. Neilsen. "They will rot the society, rot the party, and rot the army": Toxification as an ideology and motivation for perpetrating violence in the Khmer Rouge genocide? *Terrorism and Political Violence* **31** (2019), 494‒515.

47   N. Rafter. How do genocides end? Do they end? The Guatemalan genocide, 1981‒1983. In *The Crime of All Crimes: Toward a Criminology of Genocide*, 181‒201 (New York University Press, 2016). doi: 10.18574/nyu/9781479814916.003.0012

48   S. Milgram. *Obedience to Authority: An Experimental View*. (Harper & Row, 1974).

49   C. Landis. Studies of emotional reactions. II. General behavior and facial expression. *Journal of Comparative Psychology* **4** (1924), 447‒510.

50   J. D. Frank. Experimental studies of personal pressure and resistance: I. Experimental production of resistance. *The Journal of General Psychology* **30** (1944), 23‒41.

51   S. E. Asch. Effects of group pressure upon the modification and distortion of judgments. In H. Guetzkow (ed.), *Groups, Leadership and Men: Research in Human Relations*, 177‒190 (Carnegie Press, 1951).

52 S. Milgram. Behavioral study of obedience. *The Journal of Abnormal and Social Psychology* **67** (1963), 371 –378.

53 Milgram. *Obedience to Authority*, pp. 132 –134.

54 T. Blass. The Milgram paradigm after 35 years: Some things we now know about obedience to authority. *Journal of Applied Social Psychology* **29** (1999), 955 – 978.

55 S. A. Haslam & S. D. Reicher. 50 years of "obedience to authority": From blind conformity to engaged followership. *Annual Review of Law and Social Science* **13** (2017), 59 –78.

56 S. A. Haslam, S. D. Reicher, K. Millard, & R. McDonald. "Happy to have been of service": The Yale archive as a window into the engaged followership of participants in Milgram's "obedience" experiments. *British Journal of Social Psychology* **54** (2015), 55 –83.

57 L. Bègue, J. L. Beauvois, D. Courbet, D. Oberlé, J. Lepage, & A. A. Duke. Personality predicts obedience in a Milgram paradigm. *Journal of Personality* **83** (2015), 299 –306.

58 J. Rantanen, R.-L. Metsäpelto, T. Feldt, L. Pulkkinen, & K. Kokko. Long-term stability in the Big Five personality traits in adulthood. *Scandinavian Journal of Psychology* **48** (2007), 511 –518.

59 L. Bègue & K. Vezirian. Sacrificing animals in the name of scientific authority: The relationship between pro-scientific mindset and the lethal use of animals in biomedical experimentation. *Personality and Social Psychology Bulletin* **48** (2022), 1483 –1498.

60 M. Michael, L. Birke, & A. Arluke. The Sacrifice: How Scientific Experiments *Transform Animals and People*. (Purdue University Press, 2006).

61 N. Haslam, S. Loughnan, & G. Perry. Meta-Milgram: An empirical synthesis of the obedience experiments. *PLOS One* **9** (2014), e93927.

62 R. A. Griggs & G. I. Whitehead. Coverage of Milgram's obedience experiments in social psychology textbooks: Where have all the criticisms gone? *Teaching of Psychology* **42** (2015), 315 –322.

63 Milgram, *Obedience to Authority*, p. 171.

64 M. T. Orne & C. H. Holland. On the ecological validity of laboratory deceptions.

International Journal of Psychiatry **6** (1968), 282 – 293.

65 G. Perry. *Behind the Shock Machine: The Untold Story of the Notorious Milgram Psychology Experiments* (New Press, 2013).

66 M. Slater, A. Antley, A. Davison, et al. A virtual reprise of the Stanley Milgram obedience experiments. *PLOS One* **1** (2006), e39.

67 D. Baumrind. Some thoughts on ethics of research: After reading Milgram's "Behavioral study of obedience." *American Psychologist* **19** (1964), 421 – 423.

68 P. A. Moisander & E. Edston. Torture and its sequel – a comparison between victims from six countries. *Forensic Science International* **137** (2003), 133 – 140.

69 W. H. J. Meeus & Q. A. W. Raaijmakers. Obedience in modern society: The Utrecht studies. *Journal of Social Issues* **51** (1995), 155 – 175.

70 W. H. J. Meeus & Q. A. W. Raaijmakers. Administrative obedience: Carrying out orders to use psychological–administrative violence. *European Journal of Social Psychology* **16** (1986), 311 – 324.

71 L. Bègue. & K. Vezirian. The blind obedience of others: A better than average effect in a Milgram–like experiment. *Ethics & Behavior* **34** (2023), 1 – 11.

72 T. Blass. From New Haven to Santa Clara: A historical perspective on the Milgram obedience experiments. *American Psychologist* **64** (2009), 37 – 45.

73 E. A. Caspar, J. F. Christensen, A. Cleeremans, & P. Haggard. Coercion changes the sense of agency in the human brain. *Current Biology* **26** (2016), 585 – 592.

74 B. Gert & J. Gert. The definition of morality. In E. N Zalta (ed.), *The Stanford Encyclopedia of Philosophy.* (Metaphysics Research Lab, Stanford University, 2020).

75 A. Fenigstein. Milgram's shock experiments and the Nazi perpetrators: A contrarian perspective on the role of obedience pressures during the Holocaust. *Theory & Psychology* **25** (2015), 581 – 598.

76 M. Hopkin. Chimps make spears to catch dinner. *Nature* (2007). doi: 10.1038/news070219-11

77 T. Breuer, M. Ndoundou–Hockemba, & V. Fishlock. First observation of tool use in wild gorillas. *PLOS Biology* **3** (2005), e380.

78 P. Haggard & B. Eitam (eds.). *The Sense of Agency.* (Oxford University Press, 2015).

79 C. S. Mellor. First rank symptoms of schizophrenia: I. The frequency in schizophrenics on admission to hospital II. Differences between individual first rank symptoms. *The British Journal of Psychiatry* **117** (1970), 15 −23.

80 C. M. S. D. Sala. Disentangling the alien and anarchic hand. *Cognitive Neuropsychiatry* **3** (1998), 191 −207.

81 A. J. Marcel. The sense of agency: Awareness and ownership of action. In J. Roessler & N. Eilan (eds.), *Agency and Self-Awareness: Issues in Philosophy and Psychology*, 48 −93 (Clarendon Press, 2003).

82 L. Zapparoli, S. Seghezzi, F. Devoto, et al. Altered sense of agency in Gilles de la Tourette syndrome: Behavioural, clinical and functional magnetic resonance imaging findings. *Brain Communications* **2** (2020), fcaa204.

83 M. Carlén. What constitutes the prefrontal cortex? *Science* **358** (2017), 478 −482.

84 P. Haggard. Human volition: Towards a neuroscience of will. *Nature Reviews Neuroscience* **9** (2008), 934 −946.

85 C. S. Sherrington. The muscular sense. In E. A. Schäfer (ed.), *Textbook of Physiology*, 2: 1002 −1025 (Pentland, 1900).

86 A. Sirigu, E. Daprati, S. Ciancia, et al. Altered awareness of voluntary action after damage to the parietal cortex. *Nature Neuroscience* **7** (2004), 80 −84.

87 M. Desmurget, K. T. Reilly, N. Richard, et al. Movement intention after parietal cortex stimulation in humans. *Science* **324** (2009), 811 −813.

88 Associated Press. Georgia man wounds mother-in-law after bullet ricochets off armadillo. *The Guardian*, April 14, 2015.

89 J. M. Darley & B. Latane. Bystander intervention in emergencies: Diffusion of responsibility. *Journal of Personality and Social Psychology* **8** (1968), 377 −383.

90 37 who saw murder didn't call the police; Apathy at stabbing of Queens woman shocks inspector. *New York Times*, March 27, 1964, p. 1.

91 K. Kerson. The Kitty Genovese story was the prototype for fake news. *Observer*, January 5, 2017. https://observer.com/author/ken-kurson

92 P. Fischer, J. Krueger, T. Greitemeyer, et al. The bystander-effect: A meta-analytic review on bystander intervention in dangerous and non-dangerous emergencies. *Psychological Bulletin* **137** (2011), 517 −537.

93 F. Beyer, N. Sidarus, S. Bonicalzi, & P. Haggard. Beyond self-serving bias: Diffusion of responsibility reduces sense of agency and outcome monitoring. *Social Cognitive and Affective Neuroscience* **12** (2017), 138 −145.

94 A. Bandura. Selective activation and disengagement of moral control. *Journal of Social Issues* **46** (1990), 27 – 46.

95 M. Pina e Cunha, A. Rego, & S. R. Clegg. Obedience and evil: From Milgram and Kampuchea to normal organizations. *Journal of Business Ethics* **97** (2010), 291 – 309.

96 T. Williams, J. Bernath, B. Tann, & S. Kum. Justice and Reconciliation for the Victims of the Khmer Rouge? *Victim Participation in Cambodia's Transitional Justice Process.* (2018). https://edoc.unibas.ch/68564/

97 Ukrainian widow confronts Russian soldier accused of killing her husband. *BBC News*, May 19, 2022.

98 A. P. Brief, J. Dietz, R. R. Cohen, S. D. Pugh, & J. B. Vaslow. Just doing business: Modern racism and obedience to authority as explanations for employment discrimination. *Organizational Behavior and Human Decision Processes* **81** (2000), 72 – 97.

99 P. Haggard, S. Clark, & J. Kalogeras. Voluntary action and conscious awareness. *Nature Neuroscience* **5** (2002), 382 – 385.

100 W. H. Meck. Neuroanatomical localization of an internal clock: A functional link between mesolimbic, nigrostriatal, and mesocortical dopaminergic systems. *Brain Research* **1109** (2006), 93 – 107.

101 P. Nachev, C. Kennard, & M. Husain. Functional role of the supplementary and pre-supplementary motor areas. Nature Reviews Neuroscience 9 (2008), 856 – 869.

102 A. Meyer-Lindenberg, R. S. Miletich, P. D. Kohn, et al. Reduced prefrontal activity predicts exaggerated striatal dopaminergic function in schizophrenia. *Nature Neuroscience* **5** (2002), 267 – 271.

103 F. da Silva Alves, M. Figee, T. van Amelsvoort, D. Veltman, & L. de Haan. The revised dopamine hypothesis of schizophrenia: Evidence from pharmacological MRI studies with atypical antipsychotic medication. *Psychopharmacology Bulletin* **41** (2008), 121 – 132.

104 N. Akyuz, H. Marien, M. Stok, J. Driessen, J. de Wit, & H. Aarts. Revisiting the agentic shift: Obedience increases the perceived time between own action and results. *Preprint* (2023).

105 E. A. Caspar, F. Beyer, A. Cleeremans, & P. Haggard. The obedient mind and the volitional brain: A neural basis for preserved sense of agency and sense of responsibility under coercion. *PLoS One* **16**(10) (2021), e0258884.

106 S. Karch, C. Mulert, T. Thalmeier, et al. The free choice whether or not to respond after stimulus presentation. *Human Brain Mapping* **30** (2009), 2971–2985.

107 E. A. Caspar, S. Lo Bue, P. A. Magalhães De Saldanha da Gama, P. Haggard, & A. Cleeremans. The effect of military training on the sense of agency and outcome processing. *Nature Communications* **11** (2020), 4366.

108 E. A. Caspar, A. Cleeremans, & P. Haggard. Only giving orders? An experimental study of the sense of agency when giving or receiving commands. *PLoS One* **13** (2018), e0204027.

109 C. Peirs & R. P. Seal. Neural circuits for pain: Recent advances and current views. *Science* **354** (2016), 578–584.

110 T. Singer, B. Seymour, J. O'Doherty, H. Kaube, R. J. Dolan, & C. D. Frith. Empathy for pain involves the affective but not sensory components of pain. *Science* **303** (2004), 1157–1162.

111 M. R. Roxo, P. R. Franceschini, C. Zubaran, F. D. Kleber, & J. W. Sander. The limbic system conception and its historical evolution. *The Scientific World Journal* **11** (2011), 2427–2440.

112 H. Meffert, V. Gazzola, J. A. den Boer, A. A. J. Bartels, & C. Keysers. Reduced spontaneous but relatively normal deliberate vicarious representations in psychopathy. *Brain* **136** (2013), 2550–2562.

113 C. Keysers, *The Empathic Brain: How the Discovery of Mirror Neurons Changes Our Understanding of Human Nature*. (Social Brain Press, 2011).

114 G. Rizzolatti, R. Camarda, L. Fogassi, M. Gentilucci, G. Luppino, & M. Matelli. Functional organization of inferior area 6 in the macaque monkey. *Experimental Brain Research* **71** (1988), 491–507.

115 H. Haker, W. Kawohl, U. Herwig, & W. Rössler. Mirror neuron activity during contagious yawning — an fMRI study. *Brain Imaging and Behavior* **7** (2013), 28–34.

116 R. Mukamel, A. D. Ekstrom, J. Kaplan, M. Iacoboni, & I. Fried. Single-neuron responses in humans during execution and observation of actions. *Current Biology* **20** (2010), 750–756.

117   J. Hernandez-Lallement, A. T. Attah, E. Soyman, C. M. Pinhal, V. Gazzola, & C. Keysers. Harm to others acts as a negative reinforcer in rats. *Current Biology* **30** (2020), 949–961.e7.

118   D. Jeon, S. Kim, M. Chetana, et al. Observational fear learning involves affective pain system and Cav1.2 Ca2+ channels in ACC. *Nature Neuroscience* **13** (2010), 482–488.

119   B. M. Basile, J. L. Schafroth, C. L. Karaskiewicz, S. W. C. Chang, & E. A. Murray. The anterior cingulate cortex is necessary for forming prosocial preferences from vicarious reinforcement in monkeys. *PLoS Biology* **18** (2020), e3000677.

120   J. P. Demuth, T. D. Bie, J. E. Stajich, N. Cristianini, & M. W Hahn. The evolution of mammalian gene families. *PLoS One* **1** (2006), e85.

121   K. A. Cronin. Prosocial behaviour in animals: The influence of social relationships, communication and rewards. *Animal Behaviour* **84** (2012), 1085–1093.

122   G. Hein, G. Silani, K. Preuschoff, C. D. Batson, & T. Singer. Neural responses to ingroup and outgroup members' suffering predict individual differences in costly helping. *Neuron* **68** (2010), 149–160.

123   J. Decety & J. M. Cowell. Empathy, justice, and moral behavior. *AJOB Neuroscience* **6** (2015), 3–14.

124   P. A. Thoits & L. N. Hewitt. Volunteer work and well-being. *Journal of Health and Social Behavior* **42** (2001), 115–131.

125   E. W. Dunn, L. B. Aknin, & M. I. Norton. Spending money on others promotes happiness. *Science* **319** (2008), 1687–1688.

126   J. Moll, F. Krueger, R. Zahn, M. Pardini, R. de Oliveira-Souza, & J. Grafman. Human fronto-mesolimbic networks guide decisions about charitable donation. *Proceedings of the National Academy of Sciences* **103** (2006), 15623–15628.

127   J. P. O'Doherty, R. Deichmann, H. D. Critchley, & R. J. Dolan. Neural responses during anticipation of a primary taste reward. *Neuron* **33** (2002), 815–826.

128   B. Knutson, C. M. Adams, G. W. Fong, & D. Hommer. Anticipation of increasing monetary reward selectively recruits nucleus accumbens. *Journal of Neuroscience* **21** (2001), RC159–RC159.

129   P. Bloom. *Against Empathy: The Case for Rational Compassion*. (Ecco Press, 2016).

130 E. A. Caspar, K. Ioumpa, C. Keysers, & V. Gazzola. Obeying orders reduces vicarious brain activation towards victims' pain. *NeuroImage* **222** (2020), 117251.

131 G. P. Pech & E. A. Caspar. Does the cowl make the monk? The effect of military and Red Cross uniforms on empathy for pain, sense of agency and moral behaviors. *Frontiers in Psychology* **14** (2023).

132 J. Decety, C. Chen, C. Harenski, & K. Kiehl. An fMRI study of affective perspective taking in individuals with psychopathy: Imagining another in pain does not evoke empathy. *Frontiers in Human Neuroscience* **7** (2013). https://doi.org/10.3389/fnhum.2013.00489

133 R. T. Salekin, C. Worley, & R. D. Grimes. Treatment of psychopathy: A review and brief introduction to the mental model approach for psychopathy. *Behavioral Sciences & the Law* **28** (2010), 235 – 266.

134 E. Caspar, E. Nicolay, & G. Pech. *Volition as a modulator of the intergroup empathy bias.* (2024). PsyArXiv Preprints.

135 N. I. Eisenberger, M. D. Lieberman, & K. D. Williams. Does rejection hurt? An fMRI study of social exclusion. *Science* **302** (2003), 290 – 292.

136 G. Macdonald & M. R. Leary. Why does social exclusion hurt? The relationship between social and physical pain. *Psychological Bulletin* **131** (2005), 202 – 223.

137 H. Tajfel, M. Billig, R. Bundy, & C. Flament. Social categorization and intergroup behavior. *European Journal of Social Psychology* **1** (1971), 149 – 178.

138 T. Ito & G. Urland. Race and gender on the brain: Electrocortical measures of attention to the race and gender of multiply categorizable individuals. *Journal of Personality and Social Psychology* **85** (2003), 616 – 626.

139 D. M. Amodio & M. Cikara. The social neuroscience of prejudice. *Annual Review of Psychology* **72** (2021), 439 – 469.

140 J. M. Contreras, M. R. Banaji, & J. P. Mitchell. Dissociable neural correlates of stereotypes and other forms of semantic knowledge. *Social Cognitive and Affective Neuroscience* **7** (2012), 764 – 770.

141 S. Quadflieg & C. N. Macrae. Stereotypes and stereotyping: What's the brain got to do with it? *European Review of Social Psychology* **22** (2011), 215 – 273.

142 X. Xu, X. Zuo, X. Wang, & S. Han. Do you feel my pain? Racial group membership modulates empathic neural responses. *Journal of Neuroscience.* **29** (2009),

8525 – 8529.

143 E. A. Caspar, G. P. Pech, D. Gishoma, & C. Kanazayire. On the impact of the genocide on the intergroup empathy bias between former perpetrators, survivors, and their children in Rwanda. *American Psychologist* (2022). doi: 10.1037/amp0001066

144 G. P. Pech & E. A. Caspar. A novel EEG-based paradigm to measure intergroup prosociality: An intergenerational study in the aftermath of the genocide in Rwanda. *Journal of Experimental Psychology: General*. Forthcoming.

145 E. C. Nook, D. C. Ong, S. A. Morelli, J. P. Mitchell, & J. Zaki. Prosocial conformity: Prosocial norms generalize across behavior and empathy. *Personality and Social Psychology Bulletin* **42** (2016), 1045 – 1062.

146 M. Tarrant, S. Dazeley, & T. Cottom. Social categorization and empathy for outgroup members. *British Journal of Social Psychology* **48** (2009), 427 – 446.

147 X. Zuo & S. Han. Cultural experiences reduce racial bias in neural responses to others' suffering. *Culture and Brain* **1** (2013), 34 – 46.

148 B. K. Cheon, D. M. Im, T. Harada, et al. Cultural influences on neural basis of intergroup empathy. *NeuroImage* **57** (2011), 642 – 650.

149 D. de Varennes & N. Podlesny. *A Glimpse of Evil: Part I of a Trilogy.* (HAF Books, 2018).

150 A. Cuddy, M. Rock, & M. Norton. Aid in the aftermath of Hurricane Katrina: Inferences of secondary emotions and intergroup helping. *Group Processes & Intergroup Relations* **10** (2007), 107 – 118.

151 S. Demoulin, J.-P. Leyens, M. P. Paladino, et al. Dimensions of "uniquely" and "non-uniquely" human emotions. *Cognition and Emotion* **18** (2004), 71 – 96.

152 J.-P. Leyens, A. Rodríguez-Pérez, R. Rodríguez-Torres, et al. Psychological essentialism and the differential attribution of uniquely human emotions to ingroups and outgroups. *European Journal of Social Psychology* **31** (2001), 395 – 411.

153 S. Zebel, A. Zimmermann, G. Tendayi Viki, & B. Doosje. Dehumanization and guilt as distinct but related predictors of support for reparation policies. *Political Psychology* **29** (2008), 193 – 219.

154 G. T. Viki, D. Osgood, & S. Phillips. Dehumanization and self-reported proclivity

to torture prisoners of war. *Journal of Experimental Social Psychology* **49** (2013), 325–328.

155 A. Bandura, B. Underwood, & M. E. Fromson, Disinhibition of aggression through diffusion of responsibility and dehumanization of victims. *Journal of Research in Personality* **9** (1975), 253–269.

156 L. T. Harris & S. T. Fiske. Dehumanizing the lowest of the low: Neuroimaging responses to extreme out-groups. *Psychological Science* **17** (2006), 847–853.

157 J. Vaes, F. Meconi, P. Sessa, & M. Olechowski. Minimal humanity cues induce neural empathic reactions towards non-human entities. *Neuropsychologia* **89** (2016), 132–140.

158 J. Haidt. The moral emotions. In R. J. Davidson, K. R. Sherer, & H. H. Goldsmith (eds.), *Handbook of Affective Sciences*, 852–870 (Oxford University Press, 2003).

159 J. P. Tangney, J. Stuewig, & A. G. Martinez. Two faces of shame: The roles of shame and guilt in predicting recidivism. *Psychological Science* **25** (2014), 799–805.

160 S. G. Michaud & H. Aynesworth. *Ted Bundy: Conversations with a Killer*. (Authorlink, 2000).

161 B. Bastian, J. Jetten, & F. Fasoli. Cleansing the soul by hurting the flesh: The guilt-reducing effect of pain. *Psychological Sciences* **22** (2011), 334–335.

162 R. M. A. Nelissen & M. Zeelenberg. When guilt evokes self-punishment: Evidence for the existence of a Dobby Effect. *Emotion* **9** (2009), 118–122.

163 P. Kanyangara, B. Rimé, P. Philippot, & V. Yzerbyt. Collective rituals, emotional climate and intergroup perception: Participation in "Gacaca" tribunals and assimilation of the Rwandan genocide. *Journal of Social Issues* **63** (2007), 387–403.

164 D. J. Goldhagen. *Worse than War: Genocide, Eliminationism and the Ongoing Assault on Humanity*. (Hachette UK, 2010).

165 R. Zhu, C. Feng, S. Zhang, X. Mai, & C. Liu. Differentiating guilt and shame in an interpersonal context with univariate activation and multivariate pattern analyses. *NeuroImage* **186** (2019), 476–486.

166 N. Mclatchie, R. Giner-Sorolla, & S. W. G. Derbyshire. "Imagined guilt" vs. "recollected guilt": Implications for fMRI. *Social Cognitive and Affective Neuroscience* **11** (2016), 703–711.

167 J. P. Tangney, J. Stuewig, & D. J. Mashek. Moral emotions and moral behavior. *Annual Review of Psychology* **58** (2007), 345 –372.

168 Acton, letter on historical integrity, 1887. https://history.hanover.edu/courses/excerpts/165acton.html

169 A. J. King, D. D. P. Johnson, & M. Van Vugt. The origins and evolution of leadership. *Current Biology* **19** (2009), R911 –R916.

170 M. Van Vugt, R. Hogan, & R. B. Kaiser. Leadership, followership, and evolution: Some lessons from the past. *American Psychologist* **63** (2008), 182 –196.

171 T. A. Judge & J. E. Bono. Relationship of core self-evaluations traits –self-esteem, generalized self-efficacy, locus of control, and emotional stability – with job satisfaction and job performance: A meta-analysis. *Journal of Applied Psychology* **86** (2001), 80 –92.

172 T. A. Judge, R. F. Piccolo, & T. Kosalka. The bright and dark sides of leader traits: A review and theoretical extension of the leader trait paradigm. *The Leadership Quarterly* **20** (2009), 855 –875.

173 H. N. Southern. Review of The Spotted Hyena: A Study of Predation and Social Behavior. *Journal of Animal Ecology* **42** (1973), 822 –824.

174 C. Vullioud, E. Davidian, B. Wachter, F. Rousset, A. Courtiol, & O. P. Höner. Social support drives female dominance in the spotted hyaena. *Nat Ecology & Evolution* **3** (2019), 71 –76.

175 R. H. Walker, A. J. King, J. W. McNutt, & N. R. Jordan. Sneeze to leave: African wild dogs (Lycaon pictus) use variable quorum thresholds facilitated by sneezes in collective decisions. *Proceedings of the Royal Society B: Biological Sciences* **284** (2017), 20170347.

176 C. A. H. Bousquet, D. J. T. Sumpter, & M. B. Manser. Moving calls: A vocal mechanism underlying quorum decisions in cohesive groups. *Proceedings of the Royal Society B: Biological Sciences* **278** (2010), 1482 –1488.

177 H. H. T. Prins. Selecting grazing grounds: A case of voting. In H. H. T. Prins (ed.), *Ecology and Behaviour of the African Buffalo: Social Inequality and Decision Making*, 218 –236 (Springer Netherlands, 1996).

178 J. Goodall. The chimpanzees of Gombe: Patterns of behavior. *eweb:64029* (1986). https://repository.library.georgetown.edu/handle/10822/811357

179 R. Wood & A. Bandura. Social cognitive theory of organizational management. *The Academy of Management Review* **14** (1989), 361 −384.

180 C. Moore, D. M. Mayer, F. F. T. Chiang, C. Crossley, M. J. Karlesky, & T. A. Birtch. Leaders matter morally: The role of ethical leadership in shaping employee moral cognition and misconduct. *Journal of Applied Psychology* **104** (2019), 123 −145.

181 A. Bandura. Toward a psychology of human agency. *Perspectives on Psychological Science* **1** (2006), 164 −180.

182 J. D. Ciorciari & A. Heindel. *Hybrid Justice: The Extraordinary Chambers in the Courts of Cambodia.* (University of Michigan Press, 2014).

183 H. Ryan. And then, finally, a judge wrote the shameful end of the Khmer Rouge Tribunal. *JusticeInfo.net* (2022).www.justiceinfo.net/en/87248−fin ally−judge−wrote−shameful−end−khmer−rouge−tribunal.htmlhttp://www.justiceinfo.net/en/87248−fin

184 Associated Press. No more Khmer Rouge prosecutions, says Cambodia. *The Guardian*, November 18, 2018.

185 *The Last Interview with Pol Pot* (video, English subtitles). (Raudonasis Khmeras, 2014).

186 Profile: Khmer Rouge leaders Nuon Chea and Khieu Samphan. *BBC News*, August 7, 2014.

187 Former Khmer Rouge leader denies role in genocide. *The New York Times*, July 19, 2007.

188 Khmer Rouge leader Nuon Chea expresses "remorse." *BBC News*, May 31, 2013.

189 T. Chy. *When the Criminal Laughs.* (Documentation Center of Cambodia, 2014).

190 W. Kilham & L. Mann. Level of destructive obedience as a function of transmitter and executant roles in the Milgram obedience paradigm. *Journal of Personality and Social Psychology* **29** (1974), 696 −702.

191 E. A. Caspar, K. Ioumpa, I. Arnaldo, L. Di Angelis, V. Gazzola, & C. Keysers. Commanding or being a simple intermediary: How does it affect moral behavior and related brain mechanisms? *eNeuro* **9** (2022). doi: 10.1523/ENEURO.0508−21.2022

192 S. S. Obhi, K. M. Swiderski, & S. P. Brubacher. Induced power changes the sense of agency. *Consciousness and Cognition* **21** (2012), 1547 −1550.

193 C. M. Galang, M. Jenkins, G. Fahim, & S. S. Obhi. Exploring the relationship between social power and the ERP components of empathy for pain. *Social Neuroscience* **16** (2021), 174 – 188.

194   P. Babiak & R. D Hare. *Snakes in Suits: When Psychopaths Go to Work*. (Regan Books/HarperCollins, 2006).

195   H. Cleckley. *The Mask of Sanity: An Attempt to Reinterpret the So-Called Psychopathic Personality* (Mosby, 1941).

196   C. Mynatt & S. J. Sherman. Responsibility attribution in groups and individuals: A direct test of the diffusion of responsibility hypothesis. *Journal of Personality and Social Psychology* **32** (1975), 1111 – 1118.

197   F. Ciardo, F. Beyer, D. De Tommaso, & A. Wykowska. Attribution of intentional agency towards robots reduces one's own sense of agency. *Cognition* **194** (2020), 104109.

198   P. Kanyangara, B. Rimé, D. Paez, & V. Yzerbyt. Trust, individual guilt, collective guilt and dispositions toward reconciliation among Rwandan survivors and prisoners before and after their participation in postgenocide Gacaca courts in Rwanda. *Journal of Social and Political Psychology* **2** (2014), 401 – 416.

199   A. H. Jordan, E. Eisen, E. Bolton, W. P. Nash, & B. T. Litz. Distinguishing war-related PTSD resulting from perpetration- and betrayal-based morally injurious events. *Psychological Trauma: Theory, Research, Practice, and Policy* **9** (2017), 627 – 634.

200   K. Papazoglou, D. M. Blumberg, V. B. Chiongbian, et al. The role of moral injury in PTSD among law enforcement officers: A brief report. *Frontiers in Psychology* **11** (2020). doi: 10.3389/fpsyg.2020.00310.

201   American Psychiatric Association, *Diagnostic and Statistical Manual of Mental Disorders: DSM-5-TR*. (American Psychiatric Association Publishing, 2022).

202   J. N. Semiatin, S. Torres, A. D. LaMotte, G. A. Portnoy, & C. M. Murphy. Trauma exposure, PTSD symptoms, and presenting clinical problems among male perpetrators of intimate partner violence. *Psychology of Violence* **7** (2017), 91 – 100.

203   M. L. Pacella, B. Hruska, & D. L. Delahanty. The physical health consequences of PTSD and PTSD symptoms: A meta-analytic review. *Journal of Anxiety Disorders* **27** (2013), 33 – 46.

204 C. Benjet, E. Bromet, E. G. Karam, et al. The epidemiology of traumatic event exposure worldwide: Results from the World Mental Health Survey Consortium. *Psychological Medicine* **46** (2016), 327 – 343.

205 J. D. Kinzie, J. K. Boehnlein, C. Riley, & L. Sparr. The effects of September 11 on traumatized refugees: Reactivation of posttraumatic stress disorder. *The Journal of Nervous and Mental Disease* **190** (2002), 437.

206 S. L. Sayers, V. A. Farrow, J. Ross, & D. W. Oslin. Family problems among recently returned military veterans referred for a mental health evaluation. Journal of Clinical Psychiatry **70** (2009), 163 – 170.

207 L. M. Shin, S. L. Rauch, & R. K. Pitman. Amygdala, medial prefrontal cortex, and hippocampal function in PTSD. *Annals of the New York Academy of Sciences* **1071** (2006), 67 – 79.

208 E. A. Phelps & J. E. LeDoux. Contributions of the amygdala to emotion processing: From animal models to human behavior. *Neuron* **48** (2005), 175 – 187.

209 A. Gilboa, A. Y. Shalev, L. Laor, H. Lester, Y. Louzoun, R. Chisin, & O. Bonne. Functional connectivity of the prefrontal cortex and the amygdala in posttraumatic stress disorder. *Biological Psychiatry* **55**(3) (2004), 263 – 272.

210 S. L. Rauch, P. J. Whalen, L. M. Shin, et al. Exaggerated amygdala response to masked facial stimuli in posttraumatic stress disorder: A functional MRI study. *Biological Psychiatry* **47** (2000), 769 – 776.

211 S. A. Lowrance, A. Ionadi, E. McKay, X. Douglas, & J. D. Johnson. Sympathetic nervous system contributes to enhanced corticosterone levels following chronic stress. *Psychoneuroendocrinology* **68** (2016). 163 – 170.

212 R. M. Sapolsky, H. Uno, C. S. Rebert, & C. E. Finch. Hippocampal damage associated with prolonged glucocorticoid exposure in primates. *Journal of Neuroscience* **10** (1990), 2897 – 2902.

213 E. Tulving & H. J. Markowitsch. Episodic and declarative memory: Role of the hippocampus. *Hippocampus* **8** (1998), 198 – 204.

214 N. Raz, U. Lindenberger, K. M. Rodrigue, et al. Regional brain changes in aging healthy adults: General trends, individual differences and modifiers. *Cerebral Cortex* **15** (2005), 1676 – 1689.

215 A. M. Fjell, K. B. Walhovd, C. Fennema –Notestine, et al. One –year brain atrophy evident in healthy aging. *Journal of Neuroscience* **29** (2009), 15223 – 15231.

216   L. K. Lapp, C. Agbokou, & F. Ferreri. PTSD in the elderly: The interaction between trauma and aging. *International Psychogeriatrics* **23** (2011), 858 – 868.

217   F. L. Woon, S. Sood, & D. W. Hedges. Hippocampal volume deficits associated with exposure to psychological trauma and posttraumatic stress disorder in adults: A meta-analysis. *Progress in Neuro-Psychopharmacology and Biological Psychiatry* **34** (2010), 1181 – 1188.

218   M.-L. Meewisse, J. B. Reitsma, G.-J. D. Vries, B. P. R. Gersons, & M. Olff. Cortisol and post-traumatic stress disorder in adults: Systematic review and meta-analysis. *The British Journal of Psychiatry* **191** (2007), 387 – 392.

219   M. W. Gilbertson, M. E. Shenton, A. Ciszewski, et al. Smaller hippocampal volume predicts pathologic vulnerability to psychological trauma. *Nature Neuroscience* **5** (2002), 1242 – 1247.

220   R. Garcia, R.-M. Vouimba, M. Baudry & R. F. Thompson. The amygdala modulates prefrontal cortex activity relative to conditioned fear. *Nature* **402** (1999), 294 – 296.

221   L. M. Shin, C. I. Wright, P. A. Cannistraro, et al. A functional magnetic resonance imaging study of amygdala and medial prefrontal cortex responses to overtly presented fearful faces in posttraumatic stress disorder. *Archives of General Psychiatry* **62** (2005), 273 – 281.

222   P. Yang, Wu M.-T., Hsu C.-C., & J.-H. Ker. Evidence of early neurobiological alternations in adolescents with posttraumatic stress disorder: A functional MRI study. *Neuroscience Letters* **370** (2004), 13 – 18.

223   L. M. Shin, S. P. Orr, M. A Carson, et al. Regional cerebral blood flow in the amygdala and medial prefrontal cortex during traumatic imagery in male and female Vietnam veterans with PTSD. *Archives of General Psychiatry* **61** (2004), 168 – 176.

224   L. M. Williams, A. H. Kemp, K. Felmingham, et al. Trauma modulates amygdala and medial prefrontal responses to consciously attended fear. *NeuroImage* **29** (2006), 347 – 357.

225   M. R. Delgado, L. E. Nystrom, C. Fissell, D. C. Noll, & J. A. Fiez. Tracking the hemodynamic responses to reward and punishment in the striatum. *Journal of Neurophysiology* **84**(6) (2000), 3072 – 3077.

226 U. Sailer, S. Robinson, F. P. S. Fischmeister, D. König, C. Oppenauer, B. Lueger-Schuster, ⋯ & H. Bauer. Altered reward processing in the nucleus accumbens and mesial prefrontal cortex of patients with posttraumatic stress disorder. *Neuropsychologia* **46**(11) (2008), 2836-2844.

227 E. A. Olson, R. H. Kaiser, D. A. Pizzagalli, S. L. Rauch, & I. M. Rosso. Anhedonia in trauma-exposed individuals: Functional connectivity and decision-making correlates. *Biological Psychiatry: Cognitive Neuroscience and Neuroimaging* **3**(11) (2018), 959-967.

228 B. C. Kok, R. K. Herrell, J. L. Thomas, & C. W. Hoge. Posttraumatic stress disorder associated with combat service in Iraq or Afghanistan: Reconciling prevalence differences between studies. *The Journal of Nervous and Mental Disease* **200** (2012), 444.

229 B. P. Dohrenwend, J. B. Turner, N. A. Turse, et al. The psychological risks of Vietnam for U.S. veterans: A revisit with new data and methods. *Science* **313** (2006), 979-982.

230 M. Vythilingam, D. A. Luckenbaugh, T. Lam, et al. Smaller head of the hippocampus in Gulf War-related posttraumatic stress disorder. *Psychiatry Research: Neuroimaging* **139** (2005), 89-99.

231 J. D. Bremner, P. Randall, T. M. Scott, et al. MRI-based measurement of hippocampal volume in patients with combat-related posttraumatic stress disorder. *American Journal of Psychiatry* **152** (1995), 973-981.

232 J. C. Chapman & R. Diaz-Arrastia. Military traumatic brain injury: A review. *Alzheimer's &Dementia* **10** (2014), S97-S104.

233 R. E. Jorge, L. Acion, S. E. Starkstein, & V. Magnotta. Hippocampal volume and mood disorders after traumatic brain injury. *Biological Psychiatry* **62** (2007), 332-338.

234 J. D. Bremner, M. Hoffman, N. Afzal, et al. The environment contributes more than genetics to smaller hippocampal volume in posttraumatic stress disorder (PTSD). *Journal of Psychiatric Research* **137** (2021), 579-588.

235 R. A. Morey, A. L. Gold, K. S. LaBar, et al. Amygdala volume changes in posttraumatic stress disorder in a large case-controlled veterans group. *Archives of General Psychiatry* **69** (2012), 1169-1178.

236 L. M. Shin, S. M. Kosslyn, R. J. McNally, et al. Visual imagery and perception in posttraumatic stress disorder: A positron emission tomographic investigation. *Archives of General Psychiatry* **54** (1997), 233 – 241.

237 A. Pissiota, O. Frans, M. Fernandez, et al. Neurofunctional correlates of posttraumatic stress disorder: A PET symptom provocation study. *European Archives of Psychiatry and Clinical Neurosciences* **252** (2002), 68 – 75.

238 B. T. Litz, N. Stein, E. Delaney, et al. Moral injury and moral repair in war veterans: A preliminary model and intervention strategy. *Clinical Psychology Review* **29** (2009), 695 – 706.

239 A. Nazarov, R. Jetly, H. McNeely, et al. Role of morality in the experience of guilt and shame within the armed forces. *Acta Psychiatrica Scandinavica* **132** (2015), 4 – 19.

240 C. J. Bryan, B. Ray-Sannerud, C. E. Morrow, & N. Etienne. Guilt is more strongly associated with suicidal ideation among military personnel with direct combat exposure. *Journal of Affective Disorders* **148** (2013), 37 – 41.

241 E. Caspar, G. Pech, & P. Ros. Long-term affective and non-affective brain alterations across three generations following the genocide in Cambodia (under review).

242 D. Meichenbaum, *A Clinical Handbook/Practical Therapist Manual for Assessing and Treating Adults with Post-Traumatic Stress Disorder (PTSD)* (Institute Press, 1994).

243 L. S. Bishop, V. E. Ameral, & K. M. Palm Reed. The impact of experiential avoidance and event centrality in trauma-related rumination and posttraumatic stress. *Behavior Modification* **42** (2018), 815 – 837.

244 R. F. Mollica, K. McInnes, T. Pham, et al. The dose – effect relationships between torture and psychiatric symptoms in Vietnamese ex-political detainees and a comparison group. *The Journal of Nervous and Mental Disease* **186** (1998), 543.

245 S. Priebe & S. Esmaili. Long-term mental sequelae of torture in Iran – Who seeks treatment? *The Journal of Nervous and Mental Disease* **185** (1997), 74.

246 H. Johnson & A. Thompson. The development and maintenance of post-traumatic stress disorder (PTSD) in civilian adult survivors of war trauma and torture: A review. *Clinical Psychology Review* **28** (2008), 36 – 47.

247 M. Olff. Sex and gender differences in post-traumatic stress disorder: An update. *European Journal of Psychotraumatology* **8** (2017), 1351204.

248 S. Schmitt, K. Robjant, T. Elbert, & A. Koebach. To add insult to injury: Stigmatization reinforces the trauma of rape survivors — Findings from the DR Congo. *SSM—Population Health* **13** (2021), 100719.

249 D. M. Mukwege & C. Nangini. Rape with extreme violence: The new pathology in South Kivu, Democratic Republic of Congo. PLoS Medicine 6 (2009), e1000204.

250 A. Schneider, D. Conrad, A. Pfeiffer, T. Elbert, I. T. Kolassa, & S. Wilker. Stigmatization is associated with increased PTSD risk after traumatic stress and diminished likelihood of spontaneous remission — A study with East-African conflict survivors. *Frontiers in Psychiatry* **9** (2018), 423.

251 I. Ba & R. S. Bhopal. Physical, mental and social consequences in civilians who have experienced war-related sexual violence: A systematic review (1981-2014). *Public Health* **142** (2017), 121-135.

252 R. C. Carpenter. *Born of War: Protecting Children of Sexual Violence Survivors in Conflict Zones.* (Kumarian Press, 2007).

253 W. G. Niederland. The survivor syndrome: Further observations and dimensions. *Journal of the American Psychoanalytic Association* **29** (1981), 413-425.

254 J. Leskela, M. Dieperink, & P. Thuras. Shame and posttraumatic stress disorder. *Journal of Traumatic Stress* **15** (2002), 223-226.

255 U. Orth, L. Montada & A. Maercker. Feelings of revenge, retaliation motive, and posttraumatic stress reactions in crime victims. *Journal of Interpersonal Violence* **21** (2006), 229-243.

256 C. P. Bayer, F. Klasen, & H. Adam. Association of trauma and PTSD symptoms with openness to reconciliation and feelings of revenge among former Ugandan and Congolese child soldiers. *JAMA* **298** (2007), 555-559.

257 Resilience. www.apa.org/topics/resiliencehttp://www.apa.org/topics/resilience

258 A. Maercker & A. B. Horn. A socio-interpersonal perspective on PTSD: The case for environments and interpersonal processes. *Clinical Psychology & Psychotherapy* **20** (2013), 465-481.

259 B. V. Schaack, D. Reicherter, & Y. Chhang. *Cambodia's Hidden Scars: Trauma Psychology in the Wake of the Khmer Rouge: An Edited Volume on Cambodia's*

Mental Health. (Documentation Center of Cambodia, 2011).

260   B. Münyas. Genocide in the minds of Cambodian youth: Transmitting (hi)stories of genocide to second and third generations in Cambodia. *Journal of Genocide Research* **10** (2008), 413 – 439.

261   J. Platt, K. M. Keyes, & K. C. Koenen. Size of the social network versus quality of social support: which is more protective against PTSD? *Social Psychiatry & Psychiatric Epidemiology* **49** (2014), 1279 – 1286.

262   B. Andrews, C. R. Brewin, & S. Rose. Gender, social support, and PTSD in victims of violent crime. *Journal of Trauma Stress* **16** (2003), 421 – 427.

263   About us. *United Nations Population Fund*. www.unfpa.org/about-ushttp://www.unfpa.org/about-us

264   N. M. Shrestha, B. Sharma, M. Van Ommeren, et al. Impact of torture on refugees displaced within the developing world: Symptomatology among Bhutanese refugees in Nepal. *JAMA* **280** (1998), 443 – 448.

265   C. Rousseau, A. Mekki-Berrada, & S. Moreau. Trauma and extended separation from family among Latin American and African refugees in Montreal. Psychiatry: *Interpersonal and Biological Processes* **64** (2001), 40 – 59.

266   A. Phillips. Analysis. "They're rapists." President Trump's campaign launch speech two years later, annotated. *Washington Post*, June 16, 2021.

267   R. Yehuda, J. Schmeidler, E. L. Giller, L. J. Siever, & K. Binder-Brynes. Relationship between posttraumatic stress disorder characteristics of Holocaust survivors and their adult offspring. *The American Journal of Psychiatry* **155** (1998), 841 – 843.

268   Z. Solomon, M. Kotler, & M. Mikulincer. Combat-related posttraumatic stress disorder among second-generation Holocaust survivors: Preliminary findings. *The American Journal of Psychiatry* **145** (1988), 865 – 868.

269   N. C. Auerhahn & D. Laub. Intergenerational memory of the Holocaust. In Y. Danieli (ed.), *International Handbook of Multigenerational Legacies of Trauma*, 21 – 41 (Springer US, 1998). doi: 10.1007/978-1-4757-5567-1_2

270   R. Thornton. American Indian Holocaust and Survival: A Population History Since 1492. (University of Oklahoma Press, 1987).

271   N. P. Field, S. Muong, & V. Sochanvimean. Parental styles in the intergenerational transmission of trauma stemming from the Khmer Rouge regime in Cambodia.

American Journal of Orthopsychiatry **83** (2013), 483–494.

272 T. B. Franklin, H. Russig, I. C. Weiss, et al. Epigenetic transmission of the impact of early stress across generations. *Biological Psychiatry* **68** (2010), 408–415.

273 R. Yehuda & A. Lehrner. Intergenerational transmission of trauma effects: Putative role of epigenetic mechanisms. *World Psychiatry* **17** (2018), 243–257.

274 N. Perroud, E. Rutembesa, A. Paoloni-Giacobino, et al. The Tutsi genocide and transgenerational transmission of maternal stress: Epigenetics and biology of the HPA axis. *The World Journal of Biological Psychiatry* **15** (2014), 334–345.

275 D. L. Costa, N. Yetter, & H. DeSomer. Intergenerational transmission of paternal trauma among US Civil War ex-POWs. *Proceedings of the National Academy of Sciences* **115** (2018), 11215–11220.

276 B. Bezo & S. Maggi. Living in "survival mode": Intergenerational transmission of trauma from the Holodomor genocide of 1932–1933 in Ukraine. *Social Science &Medicine* **134** (2015), 87–94.

277 O. Subtelny. *Ukraine: A History*, 4th ed. (University of Toronto Press, 2009).

278 K. Gapp, J. Bohacek, J. Grossmann, et al. Potential of environmental enrichment to prevent transgenerational effects of paternal trauma. *Neuropsychopharmacology* **41** (2016), 2749–2758.

279 J. A. Arai, S. Li, D. M. Hartley, & L. A. Feig. Transgenerational rescue of a genetic defect in long-term potentiation and memory formation by juvenile enrichment. *Journal of Neuroscience* **29** (2009), 1496–1502.

280 S. Dicklitch & A. Malik. Justice, human rights, and reconciliation in postconflict Cambodia. *Human Rights Review* **11** (2010), 515–530.

281 J. Roisin. *Dans la nuit la plus noire se cache l'humanité. Récits des justes du Rwanda*. (Les Impressions Nouvelles, 2017).

282 D. Rothbart & J. Cooley. Hutus aiding Tutsis during the Rwandan genocide: Motives, meanings and morals. *Genocide Studies and Prevention: An International Journal* **10** (2016). doi: 10.5038/1911-9933.10.2.1398

283 S. E. Brown. Faith and women rescuers in Rwanda. In S. E. Brown & S. D. Smith (eds.), *The Routledge Handbook of Religion, Mass Atrocity, and Genocide* (Routledge, 2021).

284 J. Casiro. Argentine rescuers: A study on the "banality of good." *Journal of*

Genocide Research **8** (2006), 437 −454.

285 B. Campbell. Contradictory behavior during genocides. *Sociological Forum* **25** (2010), 296 −314.

286 L. Watson. The man who saved the world: The Soviet submariner who single− handedly averted WWIII at height of the Cuban Missile Crisis. *Mail Online* www. dailymail.co.uk/news/article−2208342/Soviet−submariner−si ngle−handedly− averted−WWIII−height−Cuban−Missile−Crisis.html (2012).http://www.dailymail. co.uk/news/article−2208342/Soviet−submariner−si

287 Cuban Missile Crisis, Russian Submarines − Johnson's Russia List 6 − 22 − 02. https://web.archive.org/web/20110530221205/http://65.120.76.2ht tp://65.120.76.2/52/russia/johnson/6320−12.cfm.

288 Gariwo: The Gardens of the Righteous. https://en.gariwo.net

289 F. Varese & M. Yaish. Altruism: The importance of being asked. The rescue of Jews in Nazi Europe. *Rationality and Society* **12** (2000), 307 −334.

290 M. Paldiel. The Righteous Among the Nations at Yad Vashem. *The Journal of Holocaust Education* **7** (1998), 45 −66.

291 Names of Righteous by country. www.yadvashem.org/righteous/statishttp://www. yadvashem.org/righteous/statistics.html

292 W. M. Landes & R. A. Posner. Salvors, finders, good Samaritans, and other rescuers: An economic study of law and altruism. *The Journal of Legal Studies* **1** (1978), 83 −128.

293 S. P. Oliner & P. M. Oliner. *The Altruistic Personality: Rescuers of Jews in Nazi Europe.* (Free Press, 1988).

294 P. Suedfeld & S. de Best. Value hierarchies of Holocaust rescuers and resistance fighters. *Genocide Studies and Prevention* **3** (2008), 31 −42.

295 S. Fagin−Jones & E. Midlarsky. Courageous altruism: Personal and situational correlates of rescue during the Holocaust. *The Journal of Positive Psychology* **2** (2007), 136 −147.

296 N. Fox & H. Nyseth Brehm. "I decided to save them": Factors that shaped participation in rescue efforts during genocide in Rwanda. *Social Forces* **96** (2018), 1625 −1648.

297 L. A. Fujii. *Killing Neighbors: Webs of Violence in Rwanda.* (Cornell University

Press, 2010).

298 J. Adekunle. *Culture and Customs of Rwanda*. (Greenwood Press, 2007).

299 H. Nyseth Brehm, C. Uggen, & J.-D. Gasanabo. Age, gender, and the crime of crimes: Toward a life-course theory of genocide participation. *Criminology* **54** (2016), 713–743.

300 R. Forsythe, J. L., Horowitz, N. E. Savin, & M. Sefton. Fairness in simple bargaining experiments. *Games and Economic Behavior* **6** (1994), 347–369.

301 D. Klinowski. Gender differences in giving in the Dictator Game: The role of reluctant altruism. *Journal of the Economic Science Association* **4** (2018), 110–122

302 O. Feldman Hall, T. Dalgleish, D. Evans, & D. Mobbs. Empathic concern drives costly altruism. *NeuroImage* **105** (2014), 347–356.

303 L. Christov-Moore & M. Iacoboni. Self-other resonance, its control and prosocial inclinations: Brain–behavior relationships. *Human Brain Mapping* **37** (2016), 1544–1558.

304 S. Gallo, R. Paracampo, L. Müller-Pinzler, et al. The causal role of the somatosensory cortex in prosocial behaviour. *eLife* **7** (2018), e32740.

305 C. Liao, S. Wu, Y. Luo, Q. Guan, & F. Cui. Transcranial direct current stimulation of the medial prefrontal cortex modulates the propensity to help in costly helping behavior. *Neuroscience Letters* **674** (2018), 54–59.

306 C. L. Sebastian, N. M. Fontaine, G. Bird, et al. Neural processing associated with cognitive and affective Theory of Mind in adolescents and adults. *Social Cognitive and Affective Neuroscience* **7** (2012), 53–63.

307 I. D. Neumann. Brain oxytocin: A key regulator of emotional and social behaviours in both females and males. *Journal of Neuroendocrinology* **20** (2008), 858–865.

308 J. A. Barraza & P. J. Zak. Empathy toward strangers triggers oxytocin release and subsequent generosity. *Annals of the New York Academy of Sciences* **1167** (2009), 182–189.

309 P. J. Zak, A. A. Stanton, & S. Ahmadi. Oxytocin increases generosity in humans. *PLoS One* **2** (2007), e1128.

310 N. Sato, L. Tan, K. Tate, & M. Okada. Rats demonstrate helping behavior toward a soaked conspecific. *Animal Cognition* **18** (2015), 1039–1047.

311 A. Yamagishi, M. Okada, M. Masuda, & N. Sato. Oxytocin administration modulates rats' helping behavior depending on social context. *Neuroscience Research* **153** (2020), 56–61.

312 E. A. Caspar. A novel experimental approach to study disobedience to authority. *Scientific Reports* **11** (2021), 22927.

313 E. A. Caspar, D. Gishoma, & P. A. Magalhaes de Saldanha da Gama. On the cognitive mechanisms supporting prosocial disobedience in a post-genocidal context. *Scientific Reports* **12** (2022), 21875.

314 G. Agneman. Conflict victimization and civilian obedience: Evidence from Colombia. HiCN Working Papers (2022).

315 P. Lakey. Acculturation: A review of the literature. *Intercultural Communication Studies* **12** (2003), 103–118.

316 D. M. Amodio, P. G. Devine, & E. Harmon-Jones. Individual differences in the regulation of intergroup bias: The role of conflict monitoring and neural signals for control. *Journal of Personality and Social Psychology* **94** (2008), 60–74.

317 E. Caspar & G. P. Pech. Obedience to authority reduces cognitive conflict before an action. (2024). PsyArXiv

318 R. G. Tedeschi. Violence transformed: Posttraumatic growth in survivors and their societies. *Aggression and Violent Behavior* **4** (1999), 319–341.

319 Y. Cheng, Y.-C Chen, Y.-T Fan, & C. Chen. Neuromodulation of the right temporoparietal junction alters amygdala functional connectivity to authority pressure. *Human Brain Mapping* **43** (2022), 5605–5615.

320 A. K. Martin, K. Kessler, S. Cooke, J. Huang, & M. Meinzer. The right temporoparietal junction is causally associated with embodied perspective-taking. *Journal of Neuroscience* **40** (2020), 3089–3095.

321 L. A. Fujii. The power of local ties: Popular participation in the Rwandan genocide. *Security Studies* **17**(3) (2008), 568–597.

322 Human Rights Watch. Report: www.hrw.org/reports/2003/usa1203/4http://www.hrw.org/reports/2003/usa1203/4.5.htm.

323 E. Staub. Obeying, joining, following, resisting, and other processes in the Milgram studies, and in the Holocaust and other genocides: Situations, personality, and bystanders. *Journal of Social Issues* **70**(3) (2014), 501–514.

찾아보기